国家示范性高等职业院校建设规划教材
建筑工程技术专业理实一体化特色教材

屋面与装饰工程

（修订版）

主　编　姚春梅
副主编　李　涛　杨　浩
　　　　曹小凌　汪校强
主　审　满广生

黄河水利出版社
·郑　州·

内 容 提 要

本书是国家示范性高等职业院校建设规划教材、建筑工程技术专业理实一体化特色教材，是安徽省地方高水平大学理实一体化项目建设系列教材之一，根据高职高专教育屋面与装饰工程课程标准及理实一体化教学要求编写完成。本书主要内容包括屋面工程、防水工程、抹灰工程、涂饰工程、饰面板(砖)工程、吊顶工程、楼地面工程、门窗工程、幕墙工程、其他装饰工程。

本书可供高职高专建筑工程技术专业教学使用，也可供土建类相关专业及从事建筑工程专业技术人员学习参考。

图书在版编目(CIP)数据

屋面与装饰工程/姚春梅主编.—郑州：黄河水利出版社，2017.11 (2021.7 修订版重印)
国家示范性高等职业院校建设规划教材
ISBN 978-7-5509-1881-8

Ⅰ.①屋… Ⅱ.①姚… Ⅲ.①屋面工程-高等职业教育-教材②建筑装饰-高等职业教育-教材 Ⅳ.①TU765 ②TU238

中国版本图书馆 CIP 数据核字(2017)第 273196 号

组稿编辑：王路平 电话：0371-66022212 E-mail：hhslwlp@ 163.com

出 版 社：黄河水利出版社 网址：www.yrcp.com
地址：河南省郑州市顺河路黄委会综合楼 14 层 邮政编码：450003
发行单位：黄河水利出版社
发行部电话：0371-66026940、66020550、66028024、66022620(传真)
E-mail：hhslcbs@ 126. com
承印单位：河南承创印务有限公司
开本：787 mm×1 092 mm 1/16
印张：16
字数：370 千字 印数：2 001—3 000
版次：2017 年 11 月第 1 版 印次：2021 年 7 月第 2 次印刷
2021 年 7 月修订版

定价：40.00 元

前 言

本书是根据高职高专教育建筑工程技术专业人才培养方案和课程建设目标并结合安徽省地方高水平大学立项建设项目的建设要求进行编写的。

本套教材在编写过程中,充分汲取了高等职业教育探索培养技术应用型专门人才方面取得的成功经验和研究成果,使教材编写更符合高职学生培养的特点;教材内容体系上坚持"以够用为度,以实用为主,注重实践,强化训练,利于发展"的理念,淡化理论,突出技能培养这一主线;教材内容组织上兼顾"理实一体化"教学的要求,将理论教学和实践教学进行有机结合,便于教学组织实施;注重课程内容与现行规范和职业标准的对接,及时引入行业新技术、新材料、新设备、新工艺,注重教材内容设置的新颖性、实用性、可操作性。

屋面与装饰工程主要分为屋面施工和装饰施工两部分。屋面与装饰工程以建筑材料为基础,以建筑构造、建筑设计、室内设计、装饰施工组织,以及其他工程技术课程等有关知识相配合,主要研究屋面与装饰施工过程中常用的施工方法、施工工艺。本书详细叙述了屋面与装饰各项工程的施工工艺的一般规律和技术及质量的验收标准,突出先进性、全面性、实用性和规范性相结合的原则,强调现代技术的应用。本书以新材料、新工艺、新技术的应用为重点,注重对学生能力的培养,使其成为具备综合性职业能力的人才。

本门课程与生产实践联系非常紧密,生产实践是施工发展的源泉,而技术的发展日新月异,给屋面和装饰施工提供了日益丰富的技术内容。因此,这是一门综合性、时效性、实践性很强的专业课程。

为了不断提高教材质量,编者于2021年7月,根据近年来国家及行业最新颁布的标准、规范等,以及在教学实践中发现的问题和错误,对全书进行了全面修订、完善。

本书由安徽水利水电职业技术学院主持编写工作,编写人员及编写分工如下:姚春梅负责编写学习项目1和学习项目3;曹小凌负责编写学习项目4和学习项目7;杨浩负责编写学习项目5和学习项目6;李涛负责编写学习项目8、学习项目9和学习项目10;安徽省城建设计研究总院股份有限公司汪校强负责编写学习项目2。本书由姚春梅担任主编并负责全书统稿,由李涛、杨浩、曹小凌、汪校强担任副主编,由满广生教授担任主审。

本书的编写出版,得到了安徽水利水电职业技术学院各级领导、建筑工程学院领导及专业老师,以及黄河水利出版社的大力支持,在此一并表示衷心的感谢!

由于编者水平有限,书中难免存在错漏和不足之处,恳请广大师生及专家、读者批评指正。

编 者

2021年7月

目 录

SFJC

学习项目1 屋面工程

【学习目标】

1.掌握卷材防水屋面、涂膜防水屋面的施工过程、工艺流程和施工操作要点。

2.掌握屋面施工的相关质量验收标准和检验方法。

【学习重点】

通过本项目的学习和实训,熟悉卷材防水屋面和涂膜防水屋面工程的各种材料,掌握施工的工艺流程及操作要点,熟悉施工过程的各项质量标准。要求能掌握要点,能独立操作。

屋面按其形式可分为平屋面、坡屋面和异型屋面;依据其防水材质不同,则又可分为卷材防水屋面、涂膜防水屋面、平瓦(金属)板材防水屋面。本项目主要阐述卷材防水屋面与涂膜防水屋面的施工。

1.1 卷材防水屋面

1.1.1 卷材防水屋面构造

1.1.1.1 卷材防水屋面构造概述

以原纸、纤维毡、纤维布、金属箔、塑料膜或纺织物等材料中的一种或数种复合为胎基,浸涂石油沥青、煤沥青、高聚物改性沥青而成的或以合成高分子材料为基料加入添加剂、填充剂经过多种工艺加工而成的长条片状成卷供应并起防水作用的产品称为防水卷材。

防水材料铺贴成为一整体,形成起到防水作用的屋面覆盖层。卷材防水屋面常用的材料有沥青防水卷材、高聚物改性沥青防水卷材、合成高分子防水卷材。胶结材料的选用取决于卷材的种类,若采用沥青防水卷材,则以沥青胶结材料做结合层,一般为热铺;若采用高聚物改性沥青防水卷材或合成高分子防水卷材,则以特制的胶黏剂做结合层,一般为冷铺。

卷材防水屋面的优点是:重量轻、防水性能较好、柔韧性良好、能够适应一定程度的结构变形。

卷材防水屋面的缺点是:造价较高,易老化、起鼓,耐久性较差,施工工序多、维修工作量大,且在发生渗漏时修补和找漏困难。

卷材防水屋面主要由结构层、找坡层、找平层、保温层、找平层、防水层、隔离层、保护层组成,基本构造层次如表1-1所示。一般分正置式和倒置式构造,如图1-1所示。

表 1-1　屋面的基本构造层次

屋面类型	基本构造层次(自上而下)
卷材、涂膜屋面	保护层、隔离层、防水层、找平层、保温层、找平层、找坡层、结构层
	保护层、保温层、防水层、找平层、找坡层、结构层
	种植隔热层、保护层、耐根穿刺防水层、防水层、找平层、保温层、找平层、找坡层、结构层
	架空隔热层、防水层、找平层、保温层、找平层、找坡层、结构层
	蓄水隔热层、隔离层、防水层、找平层、保温层、找平层、找坡层、结构层

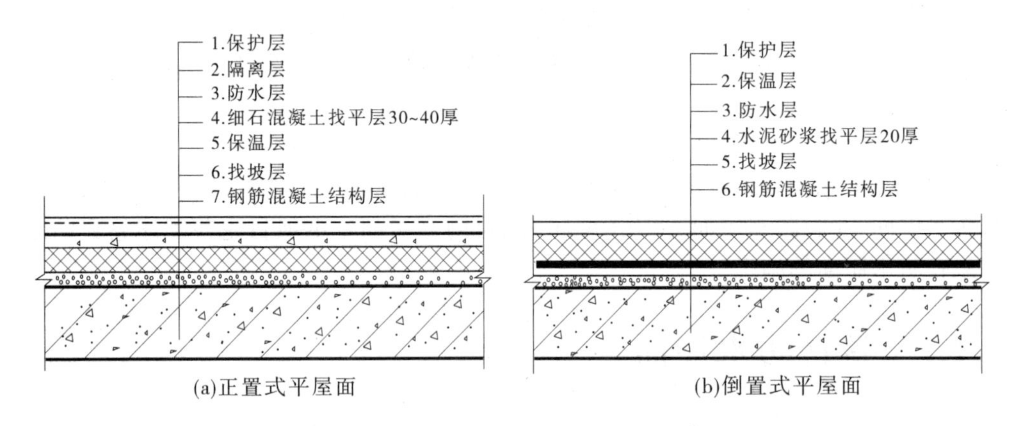

(a)正置式平屋面　　(b)倒置式平屋面

图 1-1　卷材防水屋面的构造

屋面防水工程一般根据建筑物的类别、重要程度、使用功能要求确定防水等级,并按相应防水等级进行防水设防。屋面防水一般分为两级,重要建筑和高层建筑设防等级为Ⅰ级,需两道防水设防;一般建筑设防等级为Ⅱ级,需一道防水设防。主要做法如表 1-2 所示。

表 1-2　卷材、涂膜屋面防水等级和防水做法

防水等级	防水做法
Ⅰ级	卷材防水层和卷材防水层、卷材防水层和涂膜防水层、复合防水层
Ⅱ级	卷材防水层、涂膜防水层、复合防水层

注:在Ⅰ级屋面防水做法中,防水层仅作单层卷材时,应符合有关单层防水卷材屋面技术的规定。

1.1.1.2　屋面细部构造

屋面的檐口、檐沟和天沟、女儿墙和山墙、水落口、变形缝、深处屋面管道、屋面出入口、反水过水孔、设施基础、屋脊、屋顶窗等部位,都是屋面工程中容易出现渗漏的薄弱环节。调查表明,屋面渗漏中 70% 是由细部构造的防水处理不当引起的,说明细部构造设防较难,是屋面工程设计的重点。

1.屋面檐口

檐口部位的卷材防水层收头和滴水是檐口防水处理的关键，空铺、点粘、条粘的卷材在檐口部800 mm范围内应满粘，卷材防水层收头压入找平层的凹槽内，用金属压条钉压牢固并进行密封处理，钉距宜为500~800 mm，防止卷材防水层收头翘边或被风揭起。从防水层收头向外的檐口上端、外檐至檐口下部均应采用聚合物水泥砂浆铺抹，以提高檐口的防水能力。由于檐口做法属于无组织排水，檐口雨水冲刷量大，为防止雨水沿檐口下端流向外墙，檐口下端应同时做鹰嘴和滴水槽，如图1-2所示。

涂膜防水层与基层黏结较好，在檐口涂膜防水层收头可以采用涂料多遍涂刷，以提高防水层的耐水冲刷能力，防止防水层收头翘边或被风揭起。檐口端部和滴水处理方式参见卷材防水檐口的做法，如图1-3所示。

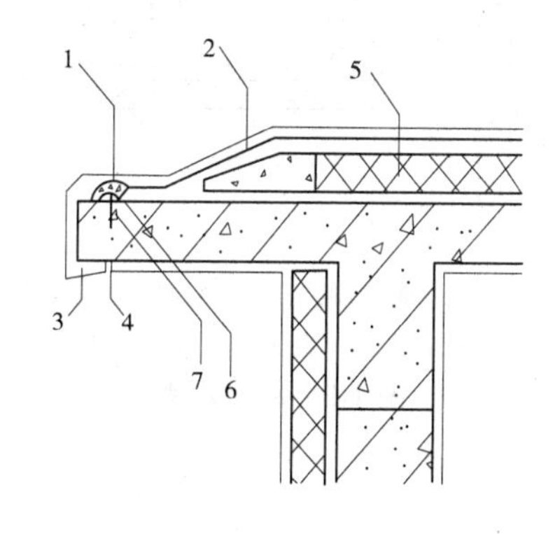

1—密封材料；2—卷材防水材料；3—鹰嘴；4—滴水槽；5—保温层；6—金属条；7—水泥钉

图1-2　卷材防水屋面檐口

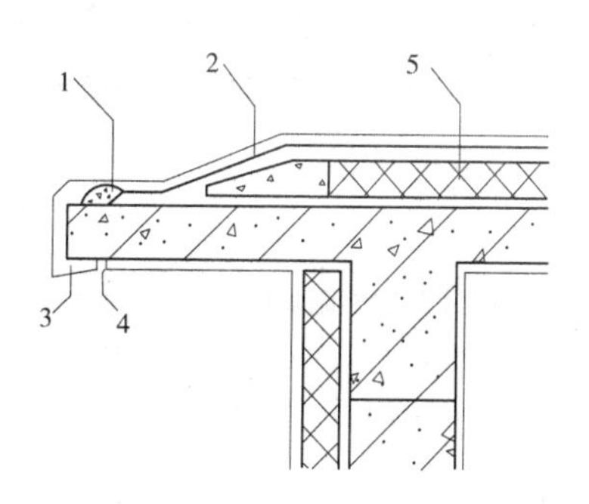

1—涂料遍涂刷；2—涂膜防水层；3—鹰嘴；4—滴水槽；5—保温层

图1-3　涂膜防水屋面檐口

2.檐沟和天沟

檐沟和天沟(见图1-4)是排水最集中的部位，因此应增铺附加层，附加层伸入屋面的宽度不小于250 mm；且附加层应由沟底翻上至外侧顶部。卷材收头应用压条钉压，并用密封材料封严，涂膜收头应用防水涂料多遍涂刷；檐沟外侧或下端应做鹰嘴或滴水槽，檐沟外侧高于结构板时应设置溢水口。

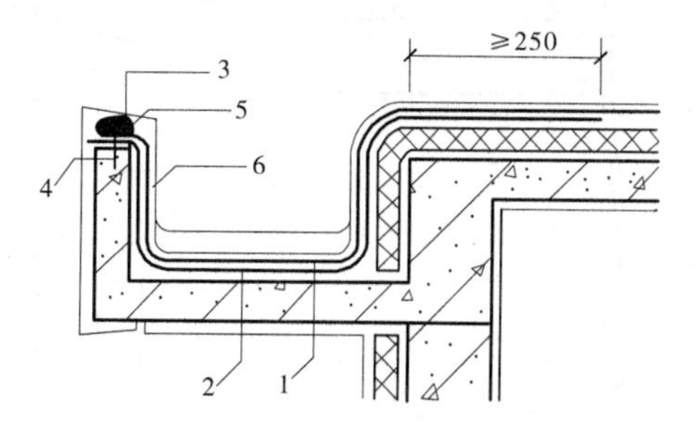

1—防水层；2—附加层；3—密封材料；4—水泥钉；5—金属压条；6—保护层

图1-4　卷材、涂膜防水屋面檐沟和天沟

3.女儿墙

女儿墙防水处理的重点是压顶、泛水、防水层收头的处理(见图1-5、图1-6)。压顶防水处理不当,雨水会从压顶进入女儿墙的裂缝,顺缝从防水层背后渗入室内,因此女儿墙压顶可采用混凝土或金属制品,压顶向内排水坡度不应小于5%,压顶内侧下端作滴水处理;女儿墙泛水处的防水层下应增设附加层,附加层在平面和立面的宽度不应小于250 mm。

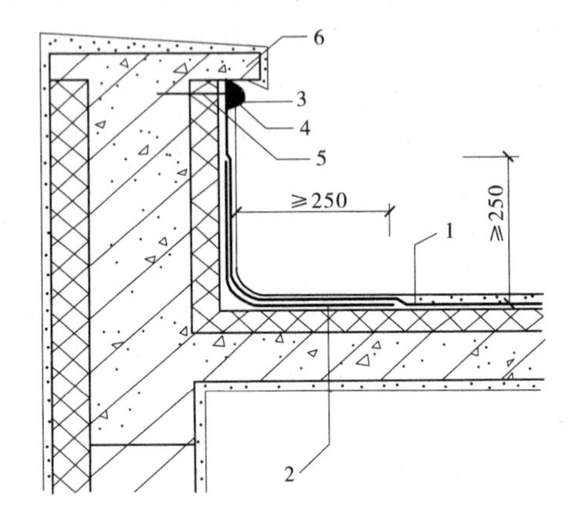

1—防水层;2—附加层;3—密封材料;
4—金属压条;5—水泥钉;6—压顶

图1-5　低女儿墙

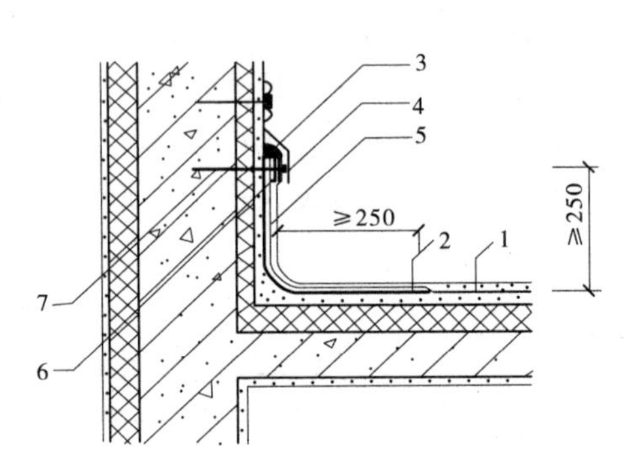

1—防水层;2—附加层;3—密封材料;4—金属盖板;
5—保护层;6—金属压条;7—水泥钉

图1-6　高女儿墙

4.水落口

重力式排水为传统的排水方式,水落口材料包括金属制品和塑料制品两种,并且水落口的金属配件均应作防腐处理。水落口杯应牢固地固定在承重结构上,水落口周围500 mm范围内坡度不小于5%,防水层下增设防水附加层。防水层和附加层深入水落口杯内不小于50 mm并黏结牢固,避免渗漏,如图1-7、图1-8所示。

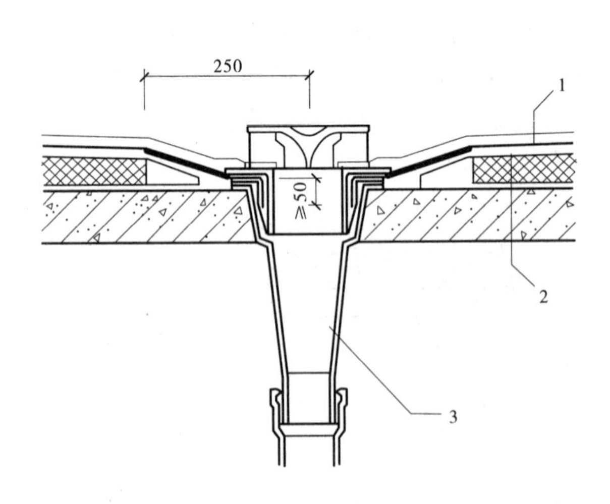

1—防水层;2—附加层;3—水落口

图1-7　直式水落口

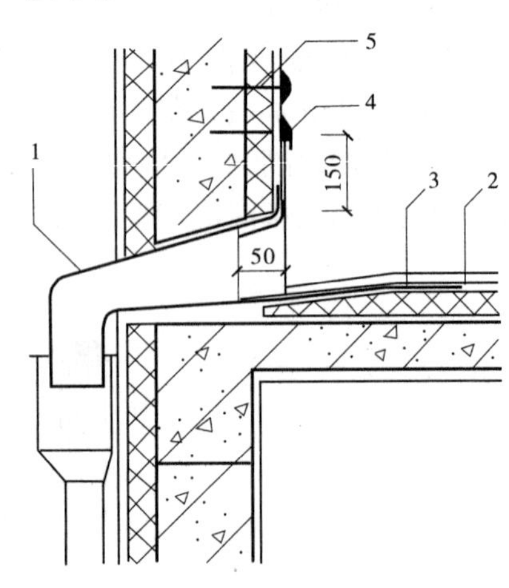

1—水落斗;2—防水层;3—附加层;
4—密封材料;5—水泥钉

图1-8　横式水落口

5.变形缝

变形缝泛水处的防水层下应增设附加层,附加层在平面和里面的宽度不应小于 250 mm 且防水层应铺贴或涂刷至泛水墙的顶部;变形缝内预填不燃保温材料作为防水卷材封盖的承托上部采用防水卷材封盖并加扣混凝土或金属盖板,如图 1-9、图 1-10 所示。

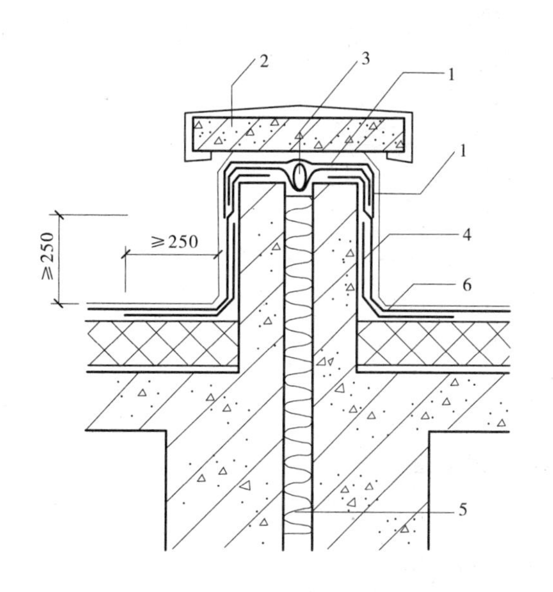

1—卷材封盖; 2—混凝土盖板;3—衬垫材料 ;
4—附加层;5—不燃保温材料;6—防水层

图 1-9 等高变形缝

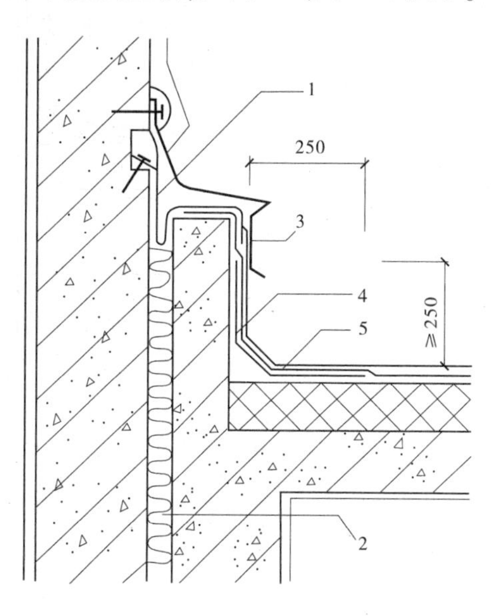

1—卷材封盖;2—不燃保温材料;3—金属盖板;
4—附加层;5—防水层

图 1-10 高低跨变形缝

6.伸出屋面管道

为确保屋面工程质量在管道周围的找平层应抹出高度不小于 30 mm 的排水坡度,周围泛水处下应增设附加层,附加层在平面和里面的宽度不应小于 250 mm,卷材收头用金属箍紧固和密封材料封严,涂膜收头应用防水涂料多变涂刷,如图 1-11 所示。

7.屋面出入口

屋面垂直出入口应防止雨水从盖板下倒灌入室内,故泛水高度不得小于 250 mm,且在防水施工前应先做附加增强处理且附加层的平面和里面的宽度均不应小于 250 mm ,防水层的收头应在混凝土压顶圈下面,如图 1-12 所示。

屋面水平出入口泛水和附加层做法与垂直出入口相同,防水层收头压在踏步混凝土底下,如图 1-13 所示。

1.1.2 材料

1.1.2.1 基层处理剂

基层处理剂是为了增强防水材料与基层之间的黏结力,在防水层施工前,预先涂刷在基层上的稀质涂料。常用的基层处理剂有冷底子油及高聚物改性沥青卷材和合成高分子卷材配套的底胶,它与卷材的材性应相容,以免与卷材发生腐蚀或黏结不良。

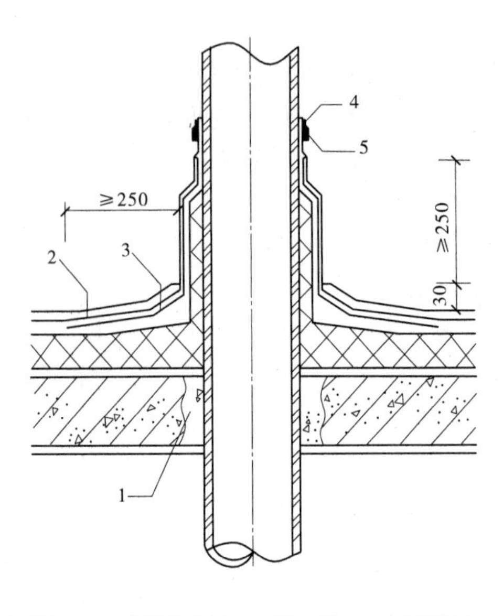

1—细石混凝土;2—卷材防水层;3—附加层;4—密封材料;5—金属箍

图 1-11　伸出屋面管道

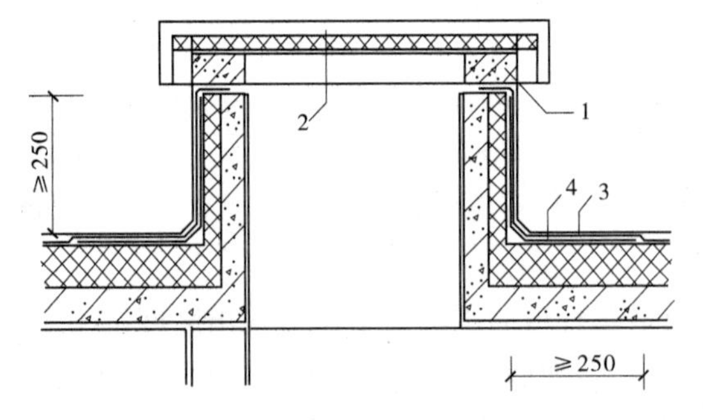

1—混凝土压顶圈;2—上人孔盖;3—防水层;4—附加层

图 1-12　垂直出入口

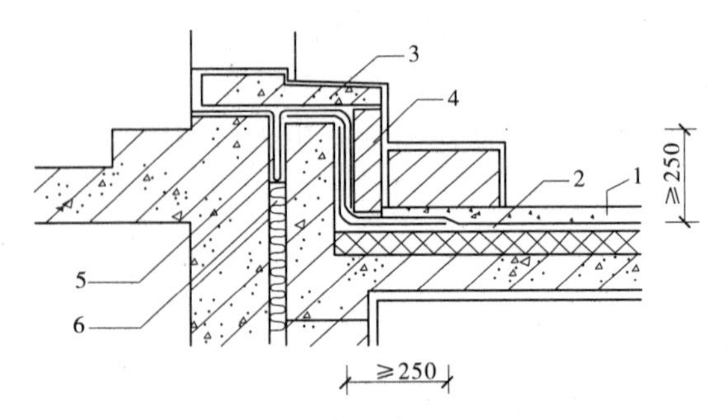

1—防水层;2—附加层;3—踏步;4—护墙;5—防水卷材封盖;6—不燃保温材料

图 1-13　水平出入口

1.沥青卷材防水层的基层处理剂

沥青卷材防水层的基层处理剂是冷底子油。冷底子油是用10号或30号石油沥青加入挥发性溶剂配制而成的溶液。石油沥青与轻柴油或煤油以4:6的配合比调制而成的冷底子油为慢挥发性冷底子油,喷涂12~48 h后干燥;石油沥青与汽油以3:7的配合比调制而成的为快挥发性冷底子油,喷涂5~10 h后干燥。调制时应先将熬制好的沥青倒入料桶,再加入溶剂并不停地搅拌均匀。调制方法有三种。

方法一:将沥青加热熔化,使其脱水不再起泡为止。再将熔解好的沥青倒入桶中(按配合比量),放置背离火源风向25 m以上,待其冷却。如加入快挥发性溶剂,沥青温度一般不超过110 ℃;如加入慢挥发性溶剂,沥青温度一般不超过140 ℃;达到上述温度后,将沥青慢慢成细流状注入一定量(配合比量)的溶剂中,并不停地搅拌,直到沥青加完后,溶解均匀。

方法二:与方法一一样,熔化沥青,倒入桶或壶中(按配合比量),待其冷却至上述温度后,将溶剂按配合比量要求的数量分批注入沥青溶液中。开始每次2~3 L,以后每次5 L左右,边加边不停地搅拌,直至加完,溶解均匀。

方法三:将沥青打成5~10 mm大小的碎块,按重量比加入一定配合比量的溶剂中,不停地搅拌,直到全部溶解均匀。

在施工中,如用量较少,可用第三种方法,此法沥青中的杂质与水分没有除掉,质量较差。但第一、二种方法调制时,应很好掌握温度,并注意防火。

冷底子油能够渗入基层,可增强黏结力,待溶剂挥发后,可在基层形成一层黏结牢固的沥青薄膜,使其具有一定的憎水性。喷涂冷底子油的时间应待找平层干燥后进行,若需要在潮湿的基层上喷涂冷底子油,则应待找平层砂浆具有足够强度方可进行。冷底子油干燥后,应尽快铺贴防水层,避免受到污染而影响黏结。

2.高聚物改性沥青卷材和合成高分子卷材的基层处理剂

用于高聚物改性沥青和合成高分子卷材的基层处理,一般采用合成高分子材料进行改性,基本上由卷材生产厂家配套供应。基层处理剂、胶黏剂、胶黏带的主要性能见表1-3。

表1-3 基层处理剂、胶黏剂、胶黏带主要性能指标

项目	指标			
	沥青基防水卷材用基层处理剂	改性沥青胶黏剂	高分子胶黏剂	双面胶黏带
剥离强度(N/10 mm)	≥8	≥8	≥15	≥6
浸水168 h剥离强度保持率(%)	≥8 N/10 mm	≥8 N/10 mm	70	70
固体含量(%)	水性≥40 溶剂性≥30	—	—	—

1.1.2.2 卷材

(1)石油沥青防水卷材,按制作方法不同分为有胎和无胎两种。根据每平方米原纸质量(克),石油沥青有200号、350号、500号3种标号,建筑工程中的屋面防水一般采用标号不低于350号的石油沥青卷材。材料在运输和堆放时应竖直搁置,高度不超过两层,并放置在阴凉通风的室内,避免日晒雨淋及高温高热。

(2)高聚物改性沥青防水卷材,是以合成高分子聚合物改性沥青为涂盖层,纤维织物为胎体,以粉状材料或薄膜材料为覆盖层制成的一种柔性防水卷材。我国目前使用的有SBS(丁苯橡胶)改性沥青卷材、APP(聚丙烯塑料)改性沥青卷材、铝箔塑胶卷材、化纤胎改性沥青卷材、塑性沥青聚酯卷材等。高聚物改性沥青防水卷材规格见表1-4。其主要性能指标见表1-5。

表1-4 高聚物改性沥青防水卷材规格

种类	厚度(mm)	宽度(mm)	每卷长度(m)
高聚物改性沥青卷材	2.0	≥1 000	15.0~20.0
	3.0	≥1 000	10.0
	4.0	≥1 000	7.5
	5.0	≥1 000	5.0

表1-5 高聚物改性沥青防水卷材主要性能指标

<table>
<tr><td colspan="2" rowspan="2">项目</td><td colspan="5">指标</td></tr>
<tr><td>聚酯毡胎体</td><td>玻纤毡胎体</td><td>聚乙烯胎体</td><td>自粘聚酯胎体</td><td>自粘无胎体</td></tr>
<tr><td colspan="2">可溶物含量(g/m²)</td><td colspan="2">3 mm厚≥2 100
4 mm厚≥2 900</td><td>—</td><td>2 mm厚≥1 300
3 mm厚≥2 100</td><td>—</td></tr>
<tr><td colspan="2">拉力
(N/50 mm)</td><td>≥500</td><td>纵向≥350</td><td>≥200</td><td>2 mm厚≥350
3 mm厚≥450</td><td>≥150</td></tr>
<tr><td colspan="2">延伸率(%)</td><td>最大拉力时
SBS≥30
APP≥25</td><td>—</td><td>断裂时
≥120</td><td>最大拉力时
≥30</td><td>最大拉力时
≥200</td></tr>
<tr><td colspan="2">耐热度
(℃,2 h)</td><td colspan="2">SBS卷材,90;APP卷材,110;无滑动、流淌、滴落</td><td>PEE卷材,90;无流淌、起泡</td><td>70,无滑动、流淌、滴落</td><td>70,滑动不超过2 mm</td></tr>
<tr><td colspan="2">低温柔性(℃)</td><td colspan="3">SBS卷材,20;APP卷材,7;PEE卷材,20</td><td></td><td></td></tr>
<tr><td rowspan="2">不透水性</td><td>压力(MPa)</td><td>≥0.3</td><td>≥0.2</td><td>≥0.4</td><td>≥0.3</td><td>≥0.2</td></tr>
<tr><td>保持时间(min)</td><td colspan="4">≥30</td><td>≥120</td></tr>
</table>

注:SBS卷材为弹性体改性沥青防水卷材;APP卷材为塑性体改性沥青防水卷材;PEE卷材为改性沥青聚乙烯胎防水卷材。

(3)合成高分子防水卷材,是以合成橡胶、合成塑脂或两者的共混体为基料。加入适量的化学助剂和填充料等,经加工而成的可卷曲的防水材料,或将上述材料与合成纤维等复合形成两层或两层以上的可卷曲的片状防水材料。目前,常用的有三元乙丙橡胶防水卷材、氯化聚乙烯防水卷材、氯化聚乙烯-橡胶共混体防水卷材、氯硫化聚乙烯防水卷材等。合成高分子防水卷材的外观质量必须满足以下要求:折痕每卷不超过2处,总长度不超过20 mm;不允许出现粒径大于0.5 mm的杂质颗粒;胶块每卷不超过6处,每处不超过4 mm;缺胶每卷不超过6处,每处不大于7 mm,深度不超过其厚度的30%。合成高分子防水卷材规格见表1-6,其主要性能指标见表1-7。

表1-6　合成高分子防水卷材规格

厚度(mm)	宽度(mm)	每卷长度(m)	厚度(mm)	宽度(mm)	每卷长度(m)
1.0	≥1 000	20	1.5	≥1 000	20
1.2	≥1 000	20	2.0	≥1 000	20

表1-7　合成高分子防水卷材主要性能指标

项目		指标			
		硫化橡胶类	非硫化橡胶类	树脂类	树脂类(复合片)
断裂拉伸强度(MPa)		≥6	≥3	≥10	≥60 N/10 mm
拉断伸长率(%)		≥400	≥200	≥200	≥400
低温弯折(℃)		-30	-20	-25	-20
不透水性	压力(MPa)	≥0.3	≥0.2	≥0.3	≥0.3
	保持时间(min)	≥30			
加热收缩率(%)		<1.2	<2.0	≤2.0	≤2.0
热老化保持率(80 ℃×168 h,%)	断裂拉伸强度	≥80		≥85	≥80
	扯断伸长率	≥70		≥80	≥70

1.1.2.3　胶黏剂

沥青防水卷材的胶黏剂为沥青胶,是用石油沥青按一定比例掺入填充料混合熬制而成的。加入填充料的作用是提高其耐热度、增加韧性、增强抗弱化能力。沥青胶结材料主要用于粘贴石油沥青卷材或作为防水涂层以及接头填缝。

沥青胶结材料主要技术性能指标是耐热度、柔韧性、黏结力,其标号用耐热度表示。其选用应根据房屋使用条件、屋面坡度、工程所在地历年极端高温等,按表 1-8 进行选取。在保障不流淌的前提下,尽量选用数字较低的标号,以延缓沥青胶的老化,提高耐久性。

表 1-8　沥青胶结材料选用

屋面坡度(%)	历年室外极端高温(℃)	沥青胶结材料标号	屋面坡度(%)	历年室外极端高温(℃)	沥青胶结材料标号
1~3	<38	S-60	3~15	41~45	S-75
	38~41	S-65	15~25	<38	S-75
	41~45	S-70		38~41	S-80
3~15	<38	S-60		41~45	S-85
	38~41	S-70			

高聚物改性沥青卷材和合成高分子卷材的胶黏剂有改性沥青胶黏剂和合成高分子胶黏剂。用于粘贴卷材的胶黏剂可分为卷材与基层粘贴的胶黏剂及卷材与卷材搭接的胶黏剂。胶黏剂均由卷材生产厂家配套供应,常用合成高分子卷材配套胶黏剂见表 1-9。

用于合成高分子卷材与卷材间搭接粘贴和封口粘贴,分为双面胶带和单面胶带。

表 1-9　常见合成高分子卷材配套胶黏剂

卷材名称	基层与卷材胶黏剂	卷材与卷材胶黏剂	表面保护层涂料
三元乙丙-丁基橡胶卷材	CX-404 胶	丁基黏结剂 A、B 组分(1:1)	水乳型醋酸乙烯-丙烯酸酯共聚,油溶型乙丙橡胶和甲苯溶液
氯化聚乙烯卷材	BX-12 胶黏剂	BX-12 组分胶黏剂	水乳型醋酸乙烯-丙烯酸酯共混,油溶型乙丙橡胶和甲苯溶液
LYX-603 氯化聚乙烯卷材	LYX-603-3(3 号胶) 甲、乙组分	LYX-603-2 (2 号胶)	LYX-603-1 (1 号胶)
聚氯乙烯卷材	FL-5 型(5~15 ℃时使用) FL-15 型(15~40 ℃时使用)		

1.1.2.4　建筑防水密封材料

建筑防水密封材料是以高分子材料为主体,加入适量的填充料和其他化学助剂配置而成的膏状防水材料。

建筑防水密封材料按材质的不同,可分为改性石油性沥青密封材料与合成高分子密封材料。主要性能指标见表 1-10、表 1-11。

表 1-10 改性石油性沥青密封材料主要性能指标

项目		指标	
		Ⅰ类	Ⅱ类
耐热性	温度(℃)	70	80
	下垂值(mm)	≤4.0	
低温柔性	温度(℃)	-20	-10
	黏结状态	无裂纹和剥离现象	
拉伸黏结性(%)		≥125	
浸水后拉伸黏结性(%)		125	
挥发性(%)		≤2.8	
施工度(mm)		≥22.0	≥20.0

注:产品按耐热度和低温柔型分为Ⅰ类和Ⅱ类。

表 1-11 合成高分子密封材料主要性能指标

项目	指标						
	25LM	25HM	20LM	20HM	12.5E	12.5P	7.5P
拉伸模量(MPa)	≤0.4 和 ≤0.6	>0.4 >0.6	≤0.4 和 ≤0.6	>0.4 或 >0.6	—		
拉伸黏结性	无破坏					—	
浸水后拉伸黏结性	无破坏					—	
热压冷拉后黏结性	无破坏					—	
拉伸压缩后黏结性	—					无破坏	
断裂伸长率(%)	—					≥100	≥20
浸水后断裂伸长率(%)	—					≥100	≥20

注:产品按位移能力分为 25、20、12.5、7.5 四个级别;25 级和 20 级密封材料按拉伸模量分为低模量(LM)和高模量(HM)两个次级别;12.5 级密封材料按弹性恢复率分为弹性(E)和塑性(P)两个次级别。

1.1.3 施工方法及工艺

卷材屋面的施工过程主要为:找平层→保温层→卷材防水层→保护层。

1.1.3.1 找平层和找坡层施工

基层处理的好坏,直接影响到屋面的施工质量,要求基层应有足够的整体性和刚度,承受荷载时不产生显著变形。铺贴卷材的找平层应坚实,不得有突出的尖角和凹坑或表面起砂现象。在找平之前应先将结构表面杂物清理干净并浇水湿润,将突出屋面的管道、支架等根部用细石堵实和固定。当用 2 m 长的直尺检查时,直尺与找平层表面的空隙不

应超过 5 mm，空隙只允许平缓变化，且每米长度内不得超过一处。找平层相邻表面构成的转角处应做成圆弧或钝角。

一般采用水泥砂浆（体积比为 1:2.5）和细石混凝土（等级为 C20）找平层作为基层。找平层厚度一般为 15～35 mm，具体见表 1-12 。为防止由于温差及干缩造成卷材防水层开裂，找平层宜留设分格缝，缝宽 15～20 mm 并嵌填密封材料。采用水泥砂浆找平层时，间距一般不大于 6 m；分格缝的位置设在屋面板的支端、屋面转角处防水层与突出屋面构件的交接处、防水层与女儿墙交接处等，且应与板端缝对齐，均匀顺直。在铺设砂浆时，按由远到近、由高到低的程序进行，每分格内一次连续铺成，按设计控制好坡度，用 2 m 以上长度刮杆刮平，待砂浆稍收水后，用抹子压实抹平，12 h 后用草袋覆盖，浇水养护。对于突出屋面上的结构和管道根部等细部节点应做圆弧、圆锥台或方锥台，并且用细石混凝土制成，以避免节点部位卷材铺贴折裂，利于粘实粘牢。

表 1-12　找平层厚度和技术要求

找平层分类	适用的基层	厚度(mm)	技术要求
水泥砂浆	整体现浇混凝土板	15～20	1:2.5 水泥砂浆
	整体材料保温层	20～25	
细石混凝土	装配式混凝土板	30～35	C20 混凝土，宜加钢筋网片
	板状材料保温层		C20 混凝土

其他要求：

(1) 水落口周围 500 mm 范围内做成坡度≥5%的斜坡，且平滑。

(2) 女儿墙高出屋面烟道，女儿墙的根部做成圆弧，半径为 80 mm，用细石混凝土制成。

(3) 伸出屋面管道根部周围，用细石混凝土做成方锥台，锥台底面宽度 300 mm、高 60 mm，整平抹光。

另外，只有当找平层的强度达到 5 MPa 以上，才允许在其上铺贴卷材。

1.1.3.2　屋面保温层施工

屋面保温层是屋面的重要组成部分，它提高了建筑物的热工性能，实现了节能效果，为人们提供了一个更加适宜的内部环境。屋面保温层一般位于防水层下面，采用的材料主要有纤维材料、板状材料、整体现浇保温材料，如表 1-13 所示。

表 1-13　保温层及其保温材料

保温层	保温材料
板状材料保温层	聚苯乙烯泡沫塑料，硬质聚氨酯泡沫塑料，膨胀珍珠岩制品，泡沫玻璃制品，加气混凝土砌块，泡沫混凝土砌块
纤维材料保温层	玻璃棉制品，岩棉、矿渣棉制品
整体材料保温层	喷涂硬泡聚氨酯，现浇泡沫混凝土

保温层施工工序:基层清理→管根封堵→涂刷隔气层→标定标高和坡度→施工保温层→施工找坡层→验收。

在与室内空间有关联的天沟、槽沟处均应铺设保温层。天沟、槽沟、檐口与屋面交接处屋面保温层的铺设应延伸至墙内。伸入长度不小于墙厚的1/2。施工前应设置灰饼及冲筋,以保证保温层的厚度要求。在保温层施工之前一般先做隔气层。

(1)基层清理。预制或现浇混凝土结构层表面,应将杂物、灰尘清理干净。

(2)弹线找坡。按设计坡度及流水方向,找出屋面坡度走向,确定保温层的厚度范围。

(3)管根固定。穿结构的管根在保温层施工前,应用细石混凝土塞堵密实。

(4)隔气层施工。1~3道工序完成后,设计有隔气层要求的屋面,应按设计做隔气层。一般是在基层清理完后采用卷材或涂料做隔气层。采用卷材时,卷材宜空铺,搭缝应满粘,搭接宽度不小于80 mm,采用涂料时应涂刷均匀、无漏刷,多层涂刷一般2~5层,并且在上层涂刷干燥后再刷下一遍。屋面周边隔气层应沿墙面向上连续铺设,高出保温层上表面不小于150 mm。

(5)保温层铺设。屋面保温层干燥有困难时,应采取排气措施。排气道应设在屋面最高处,每100 m^2 设一个。

①纤维保温层铺设。使用时必须控制含水率,铺设松散材料的结构表面应干燥、洁净,松散保温材料应分层铺设,适当压实,压实程度应根据设计要求的密度,经试验确定。按做好的标记拉小白线确定保温层的厚度及坡度,并分层铺设压实,每层厚度宜为300~500 mm。保温层施工完毕后,应及时进行找平层和防水层的施工,雨季施工时,保温层应采取遮盖措施。

②板块状保温层铺设。干铺板块状保温层,直接铺设在结构层或隔气层上,分层铺设时上下两层板块缝应错开,表面两块相邻的板边厚度应一致。一般在块状保温层上用松散料湿做找坡;黏结铺设板块状保温层,板块状保温材料用黏结材料平粘在屋面基层上,一般用水泥、石灰混合砂浆;聚苯板材料应用沥青胶结料粘贴。

③整体保温层铺设。喷涂硬泡聚氨酯保温层。按配比配置喷涂硬泡聚氨酯,并且发泡均匀一致,每个作业面应分遍喷涂,每遍厚度不宜大于15 mm,在硬泡聚氨酯喷涂后20 min内禁止上人。

泡沫混凝土保温层:按设计要求配置泡沫混凝土并搅拌均匀,然后进行分层浇筑,一次浇筑的厚度不超过200 mm,终凝后应进行保湿养护,养护时间不少于7 d。

板状材料保温层施工应符合下列要求:板状保温材料应紧贴在需保温的基层表面,并铺平垫稳,将板块粘牢、铺平、压实,使表面平整;若是分层铺设的板块,其上下层接缝应相互错开。板缝处应进行勾缝,以避免出现冷桥。

保证板状保温层质量的关键是表面平整、找坡正确且厚度满足要求。板状保温层过厚则浪费材料,过薄则达不到设计效果,松散保温材料和整体现浇保温层允许偏差分别为+10%、-5%,板状保温材料为±5%,且不得大于4 mm。采用钢针插入和尺量的方法进行检查。

1.1.3.3 卷材防水层施工

屋面施工前,应掌握施工图的要求,选择防水工程专业队,编制防水工程施工方案。在屋面施工的工程中应按施工工序进行检查。基层表面要平整、坚实、干燥、清洁,且没有起砂、开裂和空鼓等。防水层施工前突出屋面的管根、预埋件、楼板吊环、拖拉绳等,应做好基层处理;阴阳角、女儿墙、通气囱根、天窗、伸缩缝、变形缝等处,应做成圆弧或钝角,圆弧的半径按表 1-14 选取。铺贴卷材严禁在雨天、雪天施工,5 级风及其以上天气时不得施工,环境温度低于 5 ℃时不宜施工。施工中途下雨时应做好已铺卷材的防护工作。

表 1-14　转角处圆弧半径

卷材种类	圆弧半径(mm)
沥青防水卷材	100~150
高聚物改性沥青防水卷材	50
合成高分子防水卷材	20

1.卷材铺贴方向

高聚物改性沥青防水卷材和合成高分子防水卷材耐热性好、厚度较薄,不存在流淌问题。对其铺贴方向可不予限制。既可平行屋脊方向,也可垂直屋脊方向进行铺贴。

对于沥青防水卷材,考虑其软化点较低、防水层较厚,为防止出现流淌现象,其铺贴方向应满足:屋面坡度小于 3%时,卷材宜平行屋脊铺贴;屋面坡度在 3%~15%时,卷材可平行或垂直屋脊铺贴;当屋面坡度大于 15%或屋面受震动时,沥青防水卷材应垂直屋脊铺贴。

采用卷材防水屋面的坡度不宜大于 25%,否则应在短边搭接处用钉子将卷材钉入找平层内固定,以防发生下滑现象。另外,无论何种卷材,上下层卷材不得相互垂直铺贴。具体见图 1-14、图 1-15。

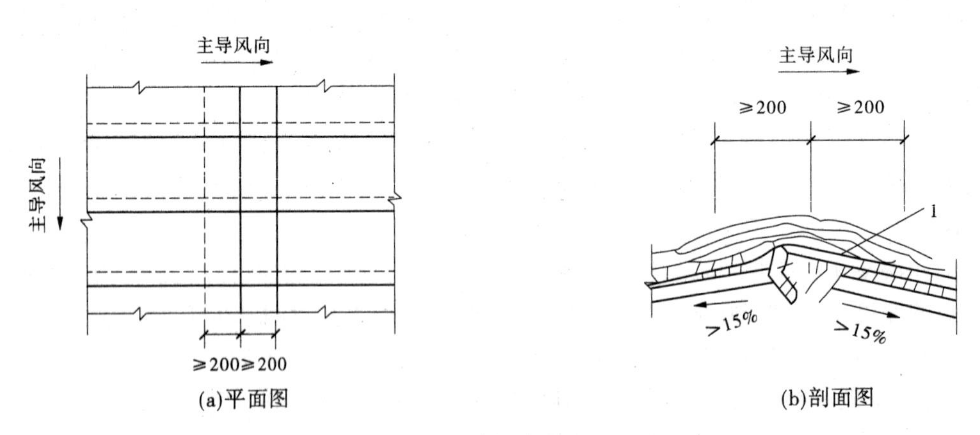

(a)平面图　(b)剖面图

图 1-14　卷材垂直屋脊铺贴搭接要求

2.卷材搭接

平行于屋脊铺贴时,由檐口开始,两幅卷材的长边搭接(又称压边)应顺水流方向;短边搭接(又称接头)应顺当地主导风向。平行于屋脊铺贴效率高,材料损耗少,如图 1-16 所示。

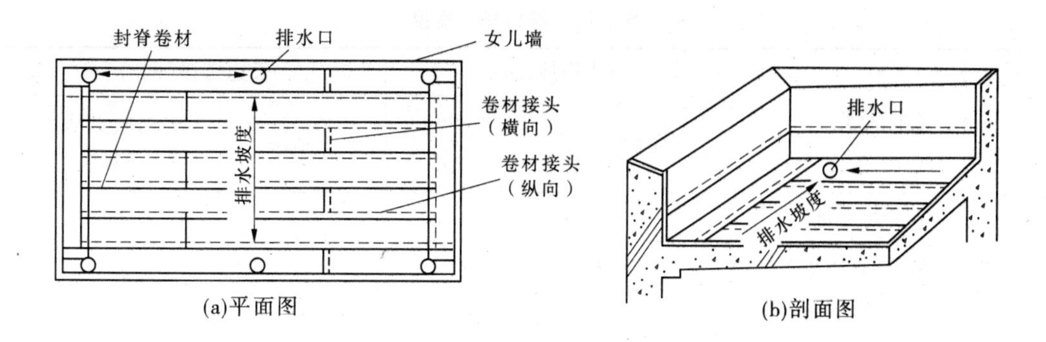

(a)平面图 (b)剖面图

图1-15 卷材配置示意图

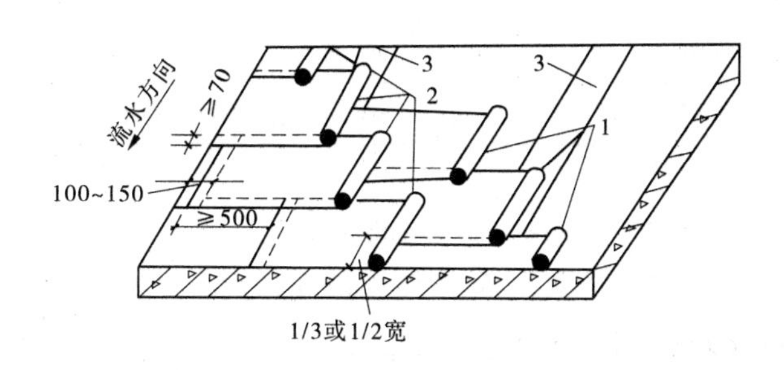

1—卷材;2—玛琋脂;3—附加卷材条

图1-16 卷材平行屋脊铺贴搭接要求

垂直于屋脊铺贴时,应从屋脊开始向檐口进行,以免出现沥青胶结材料厚度过大导致铺贴不平等现象。两幅卷材的长边搭接（又称压边)应顺当地主导风向,短边搭接（又称接头)应顺水流方向。同时,屋脊处不可留设搭接缝,必须使卷材相互越过屋脊交错搭接,以增强防水效果和耐久性。

当铺贴连续多跨或高低跨房屋的屋面时,应按先高跨后低跨,先远后近的顺序进行。对于同一坡面,则应先铺设落水口、天沟、女儿墙和沉降缝等处,尤其要做好泛水处,然后按顺序铺贴大面积卷材。

为确保卷材防水屋面的质量,在铺贴过程中,上下层及相邻两幅卷材的搭接缝应错开,各类卷材搭接宽度应符合表1-15的要求。

3.卷材铺贴工艺

屋面防水卷材施工应根据设计要求、工程具体条件和选用的材料选择相应的施工工艺。常用的施工工艺有冷粘法、热熔法、自粘法、热风焊接法、机械钉压法、压埋法等。

1)冷粘法铺贴卷材

铺贴工序:基面涂刷胶黏剂→卷材反面涂胶→卷材粘贴→滚压排气→搭接缝粘贴压实→搭接缝密封。

施工要点包括以下几点:

(1)胶黏剂的涂刷应均匀,不露底、不堆积。

(2)基层处理完成后,将卷材展开摊铺在整洁的基层上,用滚刷蘸满氯丁系胶黏剂(404胶等)均匀涂刷在卷材和基层表面,待胶黏剂结膜干燥不粘手指时,即可铺贴卷材。

表 1-15　卷材搭接宽度

<table>
<tr><th rowspan="2" colspan="2">卷材种类</th><th colspan="2">短边搭接(mm)</th><th colspan="2">长边搭接(mm)</th></tr>
<tr><th>满粘法</th><th>空铺、点粘、条粘法</th><th>满粘法</th><th>空铺、点粘、条粘法</th></tr>
<tr><td colspan="2">沥青防水卷材</td><td>100</td><td>150</td><td>70</td><td>100</td></tr>
<tr><td colspan="2">高聚物改性沥青防水卷材</td><td>80</td><td>100</td><td>80</td><td>100</td></tr>
<tr><td colspan="2">自粘聚合物改性沥青防水卷材</td><td>60</td><td>—</td><td>60</td><td>—</td></tr>
<tr><td rowspan="4">合成高分子防水卷材</td><td>胶黏剂</td><td>80</td><td>100</td><td>80</td><td>100</td></tr>
<tr><td>胶黏带</td><td>50</td><td>60</td><td>50</td><td>60</td></tr>
<tr><td>单焊缝</td><td colspan="4">60 mm,有效焊接宽度不小于 25 mm</td></tr>
<tr><td>双焊缝</td><td colspan="4">80 mm,有效焊接宽度不小于 10 mm</td></tr>
</table>

(3)根据胶黏剂的性能,严格控制胶黏剂涂刷与卷材铺贴时间。

(4)铺贴卷材时,应注意将其下面的空气排除,并辊压黏结牢固,粘贴时不得用力拉伸卷材,避免卷材铺贴后处于受拉状态。

(5)铺贴卷材时,沿搭接缝部位 100 mm 处不得涂刷胶黏剂,应待卷材铺贴好之后,将搭接缝处进行清理,并涂刷胶黏剂,晾晒干燥后辊压密实。

(6)铺贴卷材应平整顺直。搭接尺寸准确,不得扭曲、皱褶。接封口密封牢固。

2)热熔法铺贴卷材

铺贴工序:热源烘烤滚铺卷材→排气压实→接缝热熔焊接压实→接缝密封。

施工要点包括以下几点:

(1)火焰加热器加热卷材时应均匀,不得过分地加热或烧穿卷材。火焰加热器喷嘴距离卷材表面的距离应适中,一般为 5.5 mm 左右。厚度小于 3 mm 的高聚物改性沥青防水卷材严禁采用热熔法施工。

(2)卷材表面热熔后应立即滚铺卷材,卷材下面的空气应排空,并辊压黏结牢固,不得有空鼓现象。

(3)卷材接缝部位的封口必须以溢出热熔的改性沥青为度,并保证溢出的改性沥青宽度不小于 2 mm,且均匀顺直,使接缝黏结牢固,密封严密。

(4)应沿预留的或现场弹出的粉线作为标准进行施工作业,保证铺贴的卷材应平整顺直,搭接尺寸准确,不得出现扭曲、皱褶等现象。

3)自粘法铺贴卷材

铺贴工序:卷材就位并撕去隔离纸→自粘卷材铺贴→辊压黏结排气→搭接缝热压黏合→黏合密封胶条。

施工要点包括以下几点:

(1)为了提高卷材与基层的黏结效果,在铺贴卷材前基层表面应均匀涂刷基层处理剂,干燥后应及时铺贴卷材。

(2)铺贴卷材时,应将自粘胶底面的隔离层全部清除干净,以免影响到黏结效果。

(3)铺贴卷材应平整顺直,搭接尺寸准确,不得扭曲、皱褶;搭接缝处应采用热风加温,随即将卷材黏结牢固;相邻卷材铺贴的搭接宽度不小于10 mm。

4)热风焊接法铺贴卷材

铺贴工序:接边清理→焊机准备调试→搭接缝焊接封口。

施工要点包括以下几点:

(1)焊接前卷材的铺设应平整顺直,搭接尺寸准确,确保卷材接缝焊接质量。

(2)卷材的焊接面应清扫干净后,进行焊接施工,保证焊接牢固。

(3)焊接时应先焊长边搭接缝,后焊短边搭接缝。

(4)控制热风加热温度和加热时间。焊接处不得遗漏、焊焦或焊接不牢。

(5)焊接施工时不得损伤到非焊接部位的卷材。

防水卷材的铺贴方法有满粘法、空铺法、条铺法和花铺法,如图1-17所示。具体做法及适用范围详见表1-16。

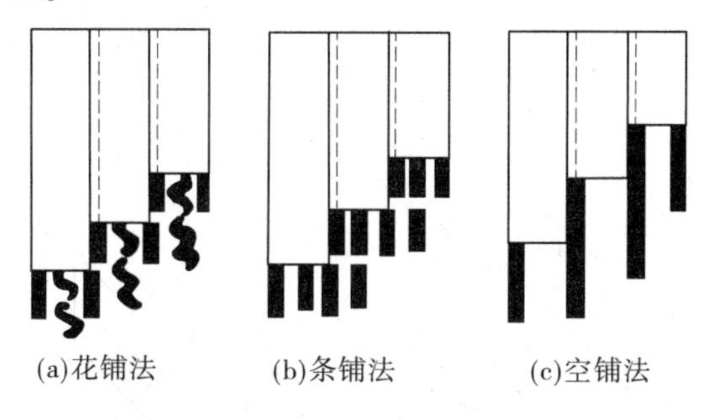

图1-17 卷材铺贴方法

表1-16 防水卷材铺贴方法和适用范围

铺贴方法	具体做法	适用范围
满粘法	又称全粘法,即在铺贴卷材时,卷材与基层全部黏结牢固的施工方法。通常分为热熔法、冷粘法、自粘法。使用此方法铺贴卷材,找平层分格缝处宜空铺,空铺宽度宜为100 mm	屋面防水面积较小,结构变形不大,找平层干燥,立面或大坡面铺贴的屋面
空铺法	铺贴防水卷材时,卷材与基层仅在四周一定宽度内黏结的施工方法。注意在檐口、屋脊、转角、出气孔等部位,应采用满粘。黏结宽度不小于800 mm	适用于基层潮湿、找平层水汽难以排除、结构变形较大的屋面
条铺法	铺贴防水卷材时,卷材与屋面采用条状黏结的施工方法。每幅卷材黏结面不少于2条,每条黏结宽度不小于150 mm,檐口和屋脊等处的做法同空铺法	适用于结构变形较大、基面潮湿、排气困难的屋面
花铺法	铺贴防水卷材时,卷材与基面采用点状黏结的施工方法。要求每平方米范围内至少有5个黏结点,每点面积不小于100 mm×100 mm。檐口和屋脊等处的做法同空铺法	适用于结构变形较大,基面潮湿、排气有一定困难的屋面

4.施工过程

在屋面卷材防水施工中的各种工艺施工流程除了在铺贴卷材阶段不同，其他过程基本相同。施工流程：基层清理→雨水口等细部密封处理→涂刷基层处理剂→细部附加层铺设→定位、弹线试铺→从天沟或雨水口开始铺贴→收头固定密封→检查修理→蓄水试验→做保护层。

天沟、檐沟、檐口、雨水口、泛水、变形缝和出屋面的管道等处，是当前屋面防水工程中渗漏较为严重的部位。

1）涂刷基层处理剂

当找平层经检验证实已干燥后，在铺贴卷材之前在找平层上涂刷一道冷底子油。冷底子油采用长柄滚刷涂刷，要求涂刷均匀、不漏涂。当冷底子油挥发干燥后，即可铺贴卷材防水层。如涂刷冷底子油后因气候、材料等影响，较长时间不能铺贴卷材时，则在以后铺贴卷材之前重刷一道冷底子油，以清除找平层上的灰尘、杂物，增强卷材与基层的黏结。

2）细部附加层铺设

对所有的阴阳角部位、立面墙与平面交接处做附加层处理，附加层宽度大于 300 mm，如图 1-18 所示。

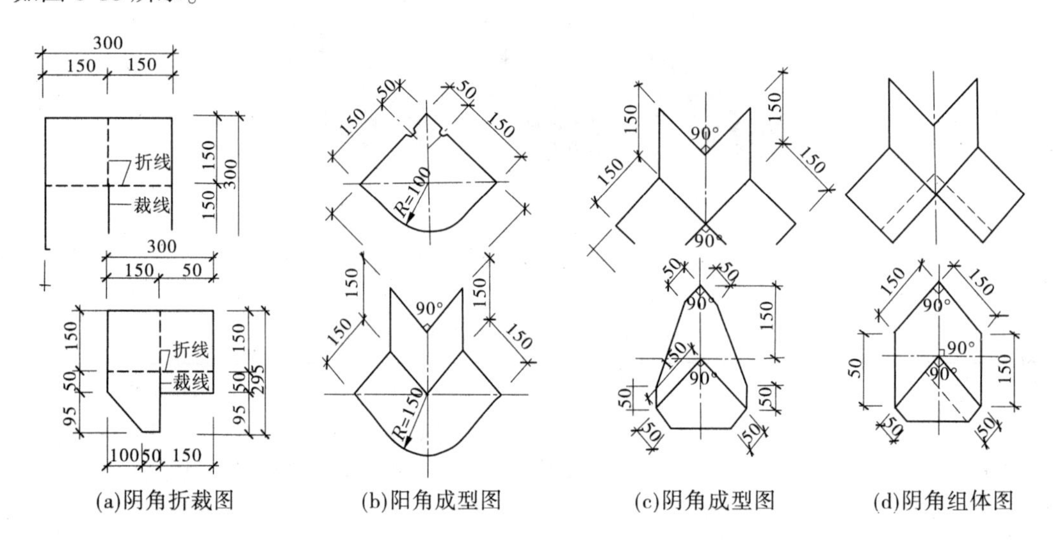

图 1-18　附加层铺贴

3）定位、弹线试铺

卷材的配置要求卷材顺长方向进行配置，使卷材长向与排水方向垂直，卷材搭接要顺流水坡方向，不应成逆向，如图 1-19 所示。

先铺设排水比较集中的部位（如排水天沟等处），按标高由低向高的顺序铺设。

4）从天沟或雨水口开始铺贴

从天沟或雨水口开始铺贴，将卷材和基层的夹角处均匀加热，待卷材表面熔化后把成卷的改性卷材向前滚铺使其黏结在基层表面上，如图 1-20 所示。

5）收头固定密封

在热熔黏结搭接缝前，先将下一层卷材表面的隔离层用喷灯熔化，具体操作为：由持

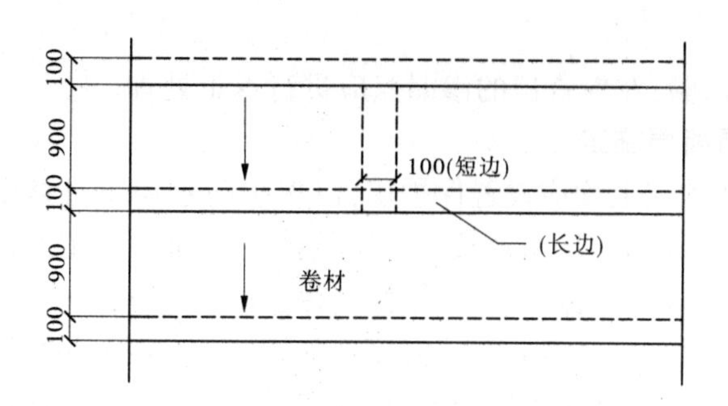

图 1-19 卷材弹线

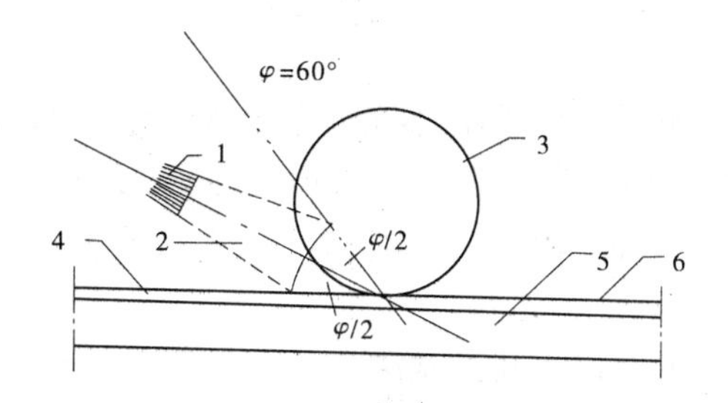

1—喷嘴;2—火焰;3—改性沥青卷材;4—水泥砂浆找平层;
5—混凝土结构层;6—卷材防水层

图 1-20 熔焊火焰与卷材和基层表面的相对位置

喷灯的工人用抹子当挡板沿搭接线向后移动,喷灯火焰随挡板一起移动,喷灯应紧靠挡板,距离卷材 50~100 mm,如图 1-21 所示。

卷材的搭接宽度为长、短边均不小于 100 mm,搭接缝的边缘以溢出热熔的改性沥青为宜,然后用喷灯均匀热熔卷材搭接缝,用小抹子把边抹好,如图 1-22 所示。

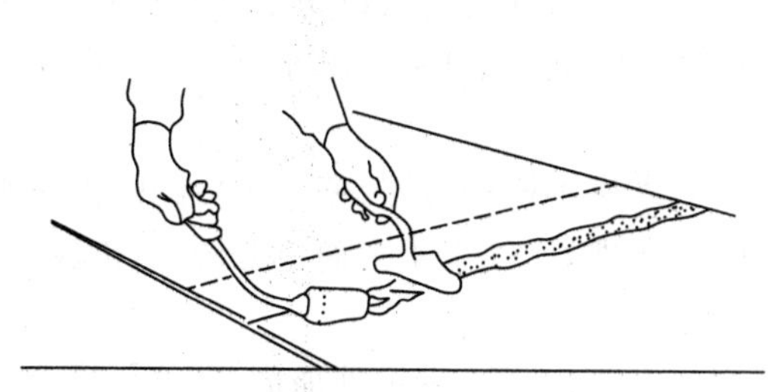

接缝熔焊黏结后再用火焰及抹子
在接缝边缘上均匀地加热抹压一遍

图 1-21 搭接缝热熔黏结(一)

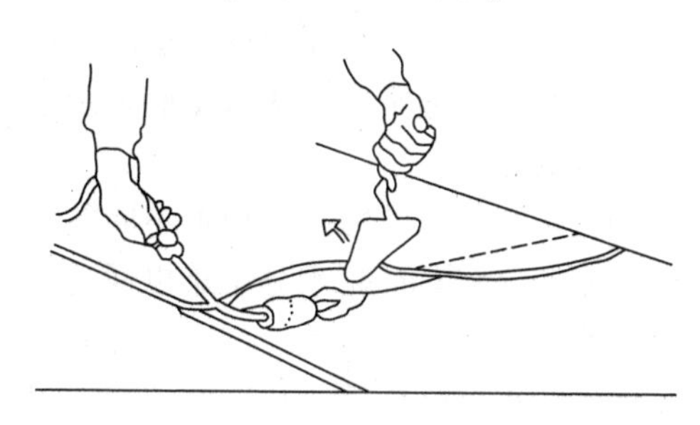

图 1-22 搭接缝热熔黏结(二)

在铺平面与立面相连的卷材,应先铺贴平面,然后由下向上铺贴,并使卷材紧贴阴角,不应空鼓。立面墙上防水层应满粘。

6)试水试验

进行 24 h 蓄水试验,对检查出的渗漏点应进行返工处理。

1.1.3.4 保护层和隔离层施工

在卷材或涂膜防水层上均应设置保护层,以保护防水层不直接受阳光紫外线照射或酸雨等侵害以及人为的破坏,从而延长防水层的使用寿命。常用的保护层有块体材料保护层、水泥砂浆及细石混凝土保护层、浅色涂料保护层。

由于刚性保护层材料的自身收缩或温度变化影响,直接拉伸防水层,使防水层疲劳开裂而发生渗漏。因此,在刚性保护层与卷材、涂膜防水层之间应做隔离层,以减少两者之间的黏结力、摩擦力,并使保护层的变形不受到约束。隔离层一般有塑料膜、土工布、卷材、低强度等级砂浆。

1.隔离层

隔离层材料应防止日晒、雨淋、重压,保管时应干燥、通风,远离火源、热源。铺抹时可在低温度环境下进行,干铺塑料膜、土工布、卷材时搭接长度不小于 50 mm,并且应铺设平整。抹低强度等级砂浆时,表面要平整、压实,不得有起壳和起砂等现象。

2.保护层

防水屋面的保护层一般有以下几种做法。

1)刚性保护层

水泥砂浆保护层:清扫防水层表面→找标准块(打疤出筋)→设置隔离层→铺水泥砂浆,随铺随拍实,刮尺找平→二次搓平收光→初凝前划(刮)出表面分格缝→充分养护→清理干净临时保护遮盖物和堵塞物→保护层检查验收。

细石混凝土保护层:清扫防水层表面→找标准块(打疤出筋)→固定木枋作分格→设置隔离层→摊铺细石混凝土→铁辊滚压或人工拍打密实→刮尺找坡、刮平,初凝前木抹子提浆搓平→收水后二次搓平、收光→终凝前取出分格木条→养护不少于 7 d→干燥和清理分格缝,嵌填密封材料封闭→清理干净临时保护遮盖物和堵塞物→保护层检查验收。

水泥砂浆及细石混凝土保护层不仅可以保护防水层,同时也可以防水,因此我们称之为刚性防水层。通常卷材防水屋面采用水泥砂浆及细石混凝土作为保护层,同时也起到综合防水的作用。

刚性防水技术的特点是根据不同的工程结构,采用不同的方法,使浇筑后的刚性防水层细致密实,抗裂抗渗,水分子难以通过,防水的耐久性好,施工工艺简单方便,造价较低,易于维修。

刚性防水材料是指以水泥、砂石、水等原材料或在其内掺入少量外加剂、高分子聚合物纤维类增强材料等,通过调整其配合比,抑制或减小孔隙率,改变孔隙特征,增加各组成材料界面间的密实性等方法,配制而成的具有一定抗渗透能力的混凝土或砂浆类防水材料,以及其组成材料如各种类型的混凝土添加剂、防水剂等,刚性防水材料还包括瓦材等产品。刚性防水材料按其作用又可分为有承重作用的防水材料(结构自防水材料)和仅有防水作用的防水材料,前者是指各种类型的防水混凝土,后者则是指各种类型的防水砂浆。

2)半刚性保护层

铺砌板块材料保护层:清扫防水层表面→铺砂、洒水并压实、刮平结合砂层→按挂线铺摆块体并拍实、放平、压稳→用砂填充接缝并压实到板厚的一半高→湿润缝口并用1:2水泥砂浆将接缝勾成凹缝→分格缝密封嵌填→清理、清扫保护层表面→检查验收。

3)柔性保护层

柔性保护层有涂刷浅色、反射涂料保护层,铺撒绿豆砂保护层,撒布细砂、云母及蛭石保护层。

1.1.4 质量验收标准与检验

1.1.4.1 找平层

1.质量验收标准

(1)找平层的厚度和技术要求应符合表1-17的规定。

表1-17 找平层的厚度和技术要求

类别	基层种类	厚度(mm)	技术要求
水泥砂浆找平层	整体混凝土	15~20	1:2.5~1:3(水泥:砂)体积比,水泥强度等级不低于32.5级
	整体或板状材料保温层	20~25	
	装配式混凝土板,松散材料保温层	20~30	
细石混凝土找平层	松散材料保温层	30~35	混凝土强度等级不低于C20
沥青砂浆找平层	整体混凝土	15~20	1:8(沥青:砂)质量比
	装配式混凝土板,整体或板状材料保温层	20~25	

(2)找平层的基层采用装配式钢筋混凝土板的板缝嵌填施工,应符合下列要求:

①嵌填混凝土时板缝内应清理干净,并应保持湿润;

②当板缝宽度大于40 mm或上窄下宽时,板缝内应按设计要求配置钢筋;

③嵌填细石混凝土的强度等级不应低于C20,嵌填深度宜低于板面10~20 mm,且应振捣密实和洒水养护;

④板端缝应按设计要求增加防裂的构造措施。

(3)找平层的排水坡度应符合设计要求。平屋面采用结构找坡不应小于3%,采用材料找坡宜为2%;天沟、檐沟纵向找坡不应小于1%,沟底水落差不得超过200 mm。

(4)基层与突出屋面结构(女儿墙、山墙、天窗壁、变形缝、烟囱等)的交接处和基层的转角处,找平层均应做成圆弧形,圆弧半径应符合表1-14的要求。内部排水的水落口周围,找平层应做成略低的凹坑。

(5)找坡层宜采用轻集料混凝土;找坡材料应分层铺设和适当压实,表面应平整。坡度应按屋面排水方向和设计坡度要求进行,坡层最薄处厚度不宜小于20 mm。

(6)找平层宜采用水泥砂浆或细石混凝土。找平层的抹平工序应在初凝前完成,压光工序应在终凝前完成,终凝后应进行养护。

(7)找平层分格缝纵横间距不宜大于6 m,分格缝的宽度宜为5~20 mm。

2.质量验收

1)主控项目

主控项目检验见表1-18。

表1-18 主控项目检验

<table>
<tr><th>序号</th><th>项目</th><th>合格质量标准</th><th>检验方法</th><th>检查数量</th></tr>
<tr><td>1</td><td>配合比要求</td><td>找坡层和找平层所用材料的质量及配合比,应符合设计要求</td><td>检查出厂合格证、质量检验报告和计量措施</td><td rowspan="2">按屋面面积每500~1 000 m² 划分为一个检验批,不足500 m² 应按一个检验批;每个检验批的抽检数量,应按屋面面积每100 m² 抽查一处,每处应为10 m²,且不得少于3处</td></tr>
<tr><td>2</td><td>排水坡度</td><td>找坡层和找平层的排水坡度,应符合设计要求</td><td>坡度尺检查</td></tr>
</table>

2)一般项目

一般项目检验见表1-19。

表1-19 一般项目检验

<table>
<tr><th>序号</th><th>项目</th><th>合格质量标准</th><th>检验方法</th><th>检查数量</th></tr>
<tr><td>1</td><td>表面质量</td><td>找平层应抹平、压光,不得有酥松、起砂、起皮现象</td><td rowspan="2">观察检查</td><td rowspan="4">按屋面面积每500~1 000 m² 划分为一个检验批,不足500 m² 应按一个检验批;每个检验批的抽检数量,应按屋面面积每100 m² 抽查一处,每处应为10 m²,且不得少于3处</td></tr>
<tr><td>2</td><td>交接处与转角处</td><td>卷材防水层的基层与突出屋面结构的交接处,以及基层的转角处,找平层应做成圆弧形,且应整齐平顺</td></tr>
<tr><td>3</td><td>分格缝</td><td>找平层分格缝的宽度和间距,均应符合设计要求</td><td>观察和尺量检查</td></tr>
<tr><td>4</td><td>表面平整度</td><td>找坡层表面平整度的允许偏差为7 mm,找平层表面平整度的允许偏差为5 mm</td><td>2 m靠尺和塞尺检查</td></tr>
</table>

1.1.4.2 保温层

1.质量验收标准

(1)保温层应干燥,封闭式保温层的含水率应相当于该材料在当地自然风干状态下的平衡含水率。由于每一个地区的环境湿度不同,定出一个统一含水率标准是不可能的。因此,只要将自然干燥不浸水的保温材料用于保温层就可以了。

(2)屋面保温层干燥有困难时,应采用排气措施。倒置式屋面应采用吸水率小、长期浸水不腐烂的保温材料。保温层上应用混凝土等块材、水泥砂浆或卵石做保护层;卵石保护层与保温层之间,应干铺一层无纺聚酯纤维布做隔离层。

(3)板状材料保温层施工应符合下列规定:

①板状材料保温层的基层应平整、干燥和干净。

②板状保温材料应紧靠在需保温的基层表面上,并应铺平垫稳。

③分层铺设的板块上下层接缝应相互错开，板间缝隙应采用同类材料嵌填密实。

④粘贴的板状保温材料应贴严、粘牢。

(4)纤维材料保温层施工应符合下列规定：

①纤维保温材料应紧靠在基层表面上，平面接缝应挤紧拼严，上下层接缝应相互错开。

②屋面坡度较大时，宜采用机械固定法施工。

③纤维材料填充后，应避免重压，并应采取防潮措施。

④装配式骨架纤维保温材料施工时，应先在基层上铺设保温龙骨或金属龙骨，龙骨之间应做填充纤维保温材料，再在龙骨上铺钉水泥纤维板。金属龙骨和固定件应做防锈处理，金属龙骨与基层之间应采取隔热断桥措施。

(5)整体现浇(喷)保温层施工应符合下列规定：

①喷涂硬泡聚氨酯保温层应按配比准确计量，发泡厚度均匀一致。

②泡沫混凝土的配合比应准确计量，制备好的泡沫加入水泥料浆中应搅拌均匀。

2.质量验收

1)主控项目

(1)保温材料的规程表观密度、导热系数以及板材的强度、吸水率，必须符合设计要求。

检验方法：检查出厂合格证、质量检验报告和现场抽样复验报告。

(2)保温层的含水率必须符合设计要求。

检验方法：检查现场抽样检验报告。

(3)保温层厚度的允许偏差：板状保温材料为-5%，且不得大于4 mm；纤维保温材料板为-4%且不得大于3 mm；喷涂硬泡聚氨酯保温层不得有负偏差；现浇泡沫混凝土为±5%，且不得大于5 mm。

检验方法：用钢针插入和尺量检查。

2)一般项目

(1)保温层的铺设应符合下列要求：

①板状保温材料：紧贴(靠)基层，铺平垫稳，拼缝严密，找坡正确。

②纤维保温材料：纤维保温材料铺设应紧贴基层，拼缝应严密，表面应平整

③整体现浇保温层：拌和均匀，分层铺设，压实适当，表面平整，找坡正确。

检验方法：观察检查。

(2)当倒置式屋面保护层采用卵石铺压时，卵石应分布均匀，卵石的质(重)量应符合设计要求。

检验方法：观察检查和按堆积密度计算其质(重)量。

1.1.4.3 卷材防水层

1.质量验收标准

(1)屋面坡度大于25%时，卷材应采取满粘和钉压固定措施。

(2)卷材铺贴方向应满足下列规定：

①卷材宜平行屋脊贴。

②上下卷材不得相互垂直铺贴。

(3)卷材搭缝应符合下列规定：

①平行屋脊的卷材搭缝应顺流水方向，卷材搭接宽度应符合表 1-20 的规定。

表 1-20　卷材搭接宽度

卷材类别		搭接宽度(mm)
合成高分子防水卷材	胶黏剂	80
	胶黏带	50
	单缝焊	60，有效焊接宽度不小于 25
	双缝焊	80，有效焊接宽度 10×2+空腔宽
高聚物改性沥青防水卷材	胶黏剂	100
	自粘	80

②相邻两幅卷材短边搭缝应错开，且不得小于 500 mm。

③上下层卷材长边搭缝应错开，且不得小于幅宽的 1/3。

④叠层铺贴的多层卷材，在天沟与屋面的交接处，应采用叉接法搭接，搭接缝应错开；搭接缝宜留在屋面与天沟侧面，不宜留在沟底。

(4)冷粘法铺贴卷材应符合下列规定：

①胶黏剂涂刷应均匀，不应露底，不应堆积。

②应控制胶黏剂涂刷与卷材铺贴的间隔时间。

③卷材下面的空气应排尽，并应辊压粘贴牢固。

④卷材铺贴而平整顺直，搭接尺寸应准确，不得扭曲、皱褶。

⑤接缝口不必再镶填密封材料，但在分格缝处防水层应采用点粘卷材空铺。

(5)热粘法铺贴卷材应符合下列规定：

①熔化热熔型改性沥青胶结料时，宜采用专用导热油炉加热。加热温度不应高于 200 ℃，使用温度不宜低于 180 ℃。

②粘贴卷材的热熔型改性沥青胶结料厚度宜为 1.0～1.5 mm。

③采用热熔型改性沥青胶结料粘贴卷材时，应随刮随铺，并应展平压实。

(6)热熔法铺贴卷材应符合下列规定：

①火焰加热器加热卷材应均匀，不得加热不足或烧穿卷材。

②卷材表面热熔后应立即滚铺，卷材下面的空气应排尽，并应辊压粘贴牢固。

③卷材接缝部位溢出热熔的改性沥青胶，溢出的改性沥青胶宽度为 8 mm。

④铺贴卷材应平整顺直，搭接尺寸应准确，不得扭曲、皱褶。

⑤厚度小于 3 mm 的高聚物改性沥青防水卷材，严禁采用热熔法施工。

(7)自粘法铺贴卷材应符合下列规定:

①铺贴卷材时,应将自粘胶底面的隔离纸全部撕净。

②卷材下面的空气应排尽,并应辊压粘贴牢固。

③铺贴卷材应平整顺直,搭接尺寸应准确,不得扭曲、皱褶。

④接缝口应用密封材料封严,宽度不应小于 10 mm。

⑤低温施工时,接缝部位应采用热风加热,并应随即粘贴牢固。

(8)焊接法铺贴卷材应符合下列规定:

①焊接前卷材应铺设平整、顺直,搭接尺寸应准确,不得扭曲、褶皱。

②卷材焊接缝的结合面应干净、干燥,不得有水滴、油污及附着物。

③焊接时应先焊接长边搭接缝,后焊短边搭接缝。

④控制加热温度和时间。接缝不得有漏焊、跳焊、焊焦或焊接不牢等现象。

(9)机械固定法铺贴卷材应符合下列规定:

①卷材应采用专用固定件进行机械固定。

②固定件应设置在卷材搭接缝内,外露固定件应用卷材封严。

③固定件应垂直钉入结构层有效固定,固定件数量和位置应符合设计要求。

④卷材搭接缝应黏结或焊接牢固,密封应严密。

⑤卷材周边 800 mm 范围内应满粘。

(10)天沟、檐沟、檐口、泛水和立面卷材收头的端部应裁齐,塞入预留凹槽内,用金属压条钉压固定,最大钉距不应大于 900 mm,并用密封材料嵌填封严。

(11)卷材防水层完工并经验收合格后,应做好成品保护,并按保护层所采用材料不同列款叙述。

2.质量验收

1)主控项目

主控项目检验见表 1-21。

表 1-21　主控项目检验

序号	项目	合格质量标准	检验方法	检查数量
1	材质要求	防水卷材及其配套材料的质量,应符合设计要求	检查出厂合格证、质量检验报告和进场检验报告	按屋面面积每 500～1 000 m^2 划分为一个检验批,不足 500 m^2 应按一个检验批;每个检验批的抽检数量,应按屋面面积每 100 m^2 抽查一处,每处应为 10 m^2,且不得少于 3 处
2	渗水与积水	卷材防水层不得有渗漏和积水现象	雨后观察或淋水、蓄水试验	
3	防水构造	卷材防水层在檐口、檐沟、天沟、水落口、泛水、变形缝和伸出屋面管道的防水构造,应符合设计要求	观察检查	

2)一般项目

一般项目检验见表1-22。

表1-22　一般项目检验

序号	项目	合格质量标准	检验方法	检查数量
1	搭接缝	卷材的搭接缝应黏结或焊接牢固,密封应严密,不得扭曲、皱褶和翘边	观察检查	按屋面面积每500~1 000 m^2划分为一个检验批,不足500 m^2应按一个检验批;每个检验批的抽检数量,应按屋面面积每100 m^2抽查一处,每处应为10 m^2,且不得少于3处
2	收头、密封	卷材防水层的收头应与基层黏结,钉压应牢固,密封应严密	观察检查	
3	排气道	屋面排气构造的排气道应纵横贯通,不得堵塞;排气管应安装牢固,位置应正确,封闭应严密	观察和尺量检查	
4	允许偏差	卷材防水层的铺贴方向应正确,卷材搭接宽度的允许偏差为-10 mm	观察检查	

1.1.4.4　**刚性保护层**

1.质量控制要点

(1)用块体材料做保护层时,宜设分割缝,分割缝纵横间距不应大于6 m。

(2)细石混凝土不应留施工缝;当施工间隙超过时间规定时,应对接槎进行处理。

(3)浅色涂料应与卷材、涂膜相容。材料用料应根据产品说明书的规定使用;应多遍涂刷,当防水层为涂膜时,应在涂膜固化后进行;涂层表面应平整,不得流淌、堆积。

(4)块体材料、水泥砂浆或细石混凝土保护层表面的坡度应符合设计要求,不得有积水现象。

2.质量检查与验收

1)主控项目

主控项目检验见表1-23。

表1-23　主控项目检验

序号	项目	合格质量标准	检验方法	检查数量
1	材料质量及配合比	隔离层所用材料的质量及配合比,应符合设计要求	检查出厂合格证和计量措施	按屋面面积每500~1 000 m^2划分为一个检验批,不足500 m^2应按一个检验批;每个检验批的抽检数量,应按屋面面积每100 m^2抽查一处,每处应为10 m^2,且不得少于3处
2	破损与漏铺	隔离层不得有破损和漏铺现象	观察检查	

2)一般项目

一般项目检验见表1-24。

表1-24　一般项目检验

序号	项目	合格质量标准	检验方法	检查数量
1	表面质量	块体材料保护层表面应干净,接缝应平整,周边应顺直,镶嵌应正确,应无空鼓现象	小锤轻击和观察检查	按屋面面积每500~1 000 m^2划分为一个检验批,不足500 m^2应按一个检验批;每个检验批的抽检数量,应按屋面面积每100 m^2抽查一处,每处应为10 m^2,且不得少于3处
2	施工质量	水泥砂浆、细石混凝土保护层不得有裂纹、脱皮、麻面和起砂等现象	观察检查	
3	涂料施工要求	浅色涂料应与防水层黏结牢固,厚薄应均匀,不得漏涂	观察检查	

实训项目　卷材防水屋面施工实训

(一)卷材铺设实训

1.实训目的

掌握卷材防水屋面的构造,熟悉卷材防水屋面的施工过程,掌握卷材的铺贴方法,掌握卷材防水屋面施工的质量控制要点,同时了解一些安全、环保的基本知识。

2.实训条件、内容及深度

(1)根据项目情况,合理确定屋面防水设防等级和屋面防水的做法;编制屋面防水设计说明。

(2)绘制屋面防水构造大样图、细部节点详图。

(3)根据设计文件编制该项目的施工专项方案,提出保证工程质量、进度和安全、文明施工的技术组织措施及合理化建议。

(二)实训准备

1.主要材料

1∶3水泥砂浆隔离层,聚酯长纤维增塑聚氯乙烯防水卷材。

2.作业条件

(1)现场贮料仓库符合要求,设施完善;

(2)找平层已检查验收,质量合格,含水率符合要求;

(3)消防设施齐全,安全设施可靠,劳保用品已能满足施工操作需要;

(4)屋面上安设的一些设施已安装就位。

3.主要机具

喷枪、滚动刷、钢卷尺、剪刀、铁抹子、笤帚等。

(三)施工工艺

基层检验、清理、修补→涂刷基层处理剂→节点密封处理→试铺、定位、弹基准线→卷材反面涂胶→基层涂胶→粘贴、辊压、排气→接缝搭接面清洗、涂胶→搭接缝粘贴、辊压、排气→搭接缝密封材料封边→特殊部位处理→收头固定、密封→清理、检查、验收。

(四)施工质量控制要点

(1)防水卷材层施工前,基层必须干净、干燥。

(2)上下层不得相互垂直铺贴。

(3)卷材层应优先选用满粘法施工,找平层的分格缝处宜空铺,空铺的宽度为100 mm。

(4)应先做好节点、附加层和屋面排水比较集中等部位的处理。铺贴天沟、檐沟卷材时,宜顺天沟、檐沟方向,减少卷材搭接。

(五)学生操作评定

姓名:　　　　学号:　　　　得分:

序号	项目	评定方法	满分	得分
1	实训态度	未做无分,做而不认真扣 2 分	10	
2	基层检验、清理、修补	清理不干净,有缺陷每处扣 2 分	10	
3	节点密封处理	密封严实,有缺陷每处扣 2 分	10	
4	试铺、定位、弹基准线	定线弹线是否准确,如有倾斜每处扣 5 分	20	
5	粘贴、辊压、排气	粘贴平整,排气排尽,如有气泡每处扣 5 分	20	
6	搭接缝密封材料封边	封边密实,如有缺陷每处扣 2 分	10	
7	收头固定、密封	收头要牢固,密封要密实,如不牢或密封不严,每处扣 5 分	20	
合 计			100	

1.2　涂膜防水屋面

1.2.1　涂膜防水屋面构造

1.2.1.1　屋面构造

涂膜防水屋面是在屋面基层上涂刷防水涂料,经固化后形成一层有一定厚度和弹性的整体涂膜,从而达到防水目的的一种防水屋面形式。涂膜防水屋面的典型构造层次如图 1-23 所示。具体施工有哪些层次,根据设计要求确定。

1.2.1.2　涂膜节点做法

图 1-24~图 1-27 提出了涂膜防水屋面的一些参考节点做法,其他节点做法可参见1.1.1节的有关内容。

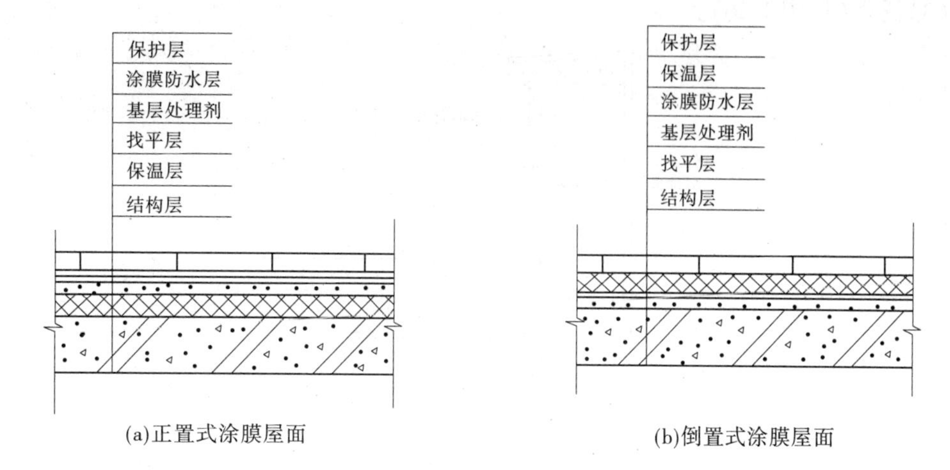

图1-23 涂膜防水屋面的典型构造层次

(1)檐口(见图1-24)。

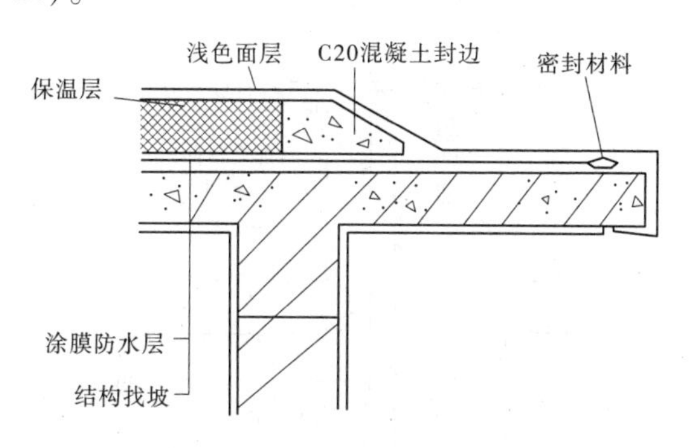

图1-24 檐口构造

(2)檐沟(见图1-25)。

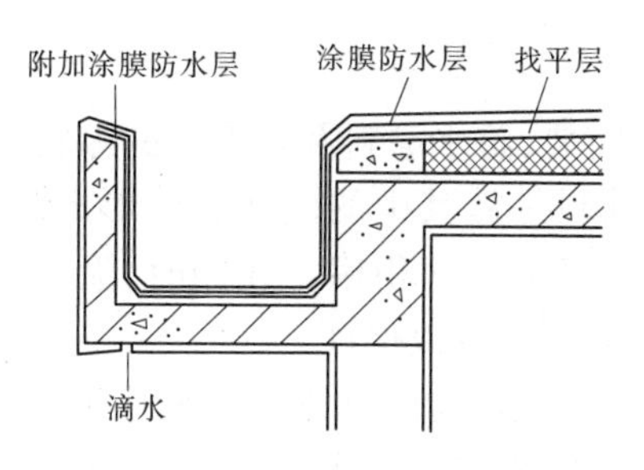

图1-25 檐沟构造

(3)泛水(见图1-26)。

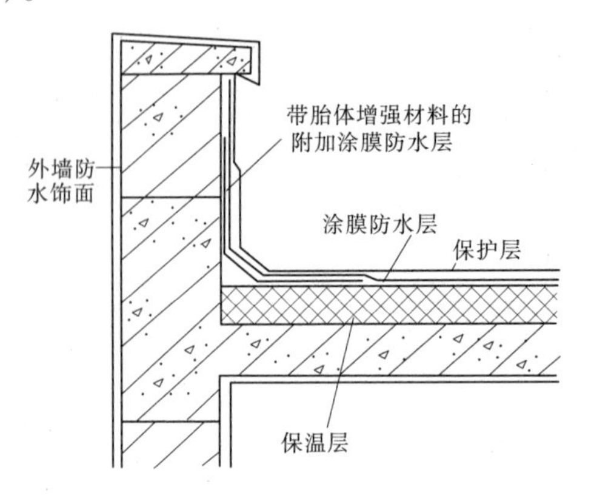

图1-26　泛水构造

(4)变形缝(见图1-27)。

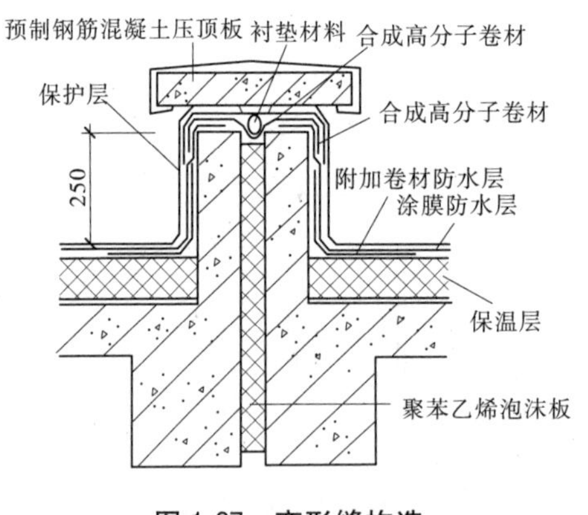

图1-27　变形缝构造

1.2.2　材料

为满足屋面防水工程的需要,防水涂料及其形成的涂膜防水层应具备以下特点:

(1)一定的固体含量。涂料是靠其中的固体成分形成涂膜的,由于各种防水涂料所含固体的密度相差并不太大,当单位面积用量相同时,涂膜的厚度取决于固体含量的大小,如果固体含量过低,涂膜的质量难以保证。

(2)优良的防水能力。在雨水的侵蚀和干湿交替作用下防水能力下降少。

(3)耐久性好。在阳光紫外线、臭氧、大气中酸碱介质长期作用下保持长久的防水性能。

(4)温度敏感性低。高温条件下不流淌、不变形,低温状态时能保持足够的延伸率,不发生脆断。

(5)一定的力学性能。即具有一定的强度和延伸率,在施工荷载作用下或结构和基层变形时不破坏、不断裂。

(6)施工性好。工艺简单、施工方法简便、易于操作和工程质量控制。

(7)对环境污染少。

防水涂料按成膜物质的主要成分,可将涂料分成沥青基防水涂料、高聚物改性沥青防水涂料和合成高分子防水涂料3种。施工时根据涂料品种和屋面构造形式的需要,可在涂膜防水层中增设胎体增强材料。

1.2.2.1 沥青基防水涂料

沥青基防水涂料是以沥青为基料配制而成的水乳型或溶剂型防水涂料。常见的有石灰乳化沥青涂料、膨润土乳化沥青涂料和石棉乳化沥青涂料。沥青基防水涂料的质量应符合表1-25的要求。

表1-25 沥青基防水涂料质量要求

项目		质量要求
固体含量(%)		≥50
耐热度(80℃,5 h)		无流淌、起泡和滑动
柔性[(10±1)℃]		4 mm厚,绕ϕ 20 mm圆棒,无裂纹、断裂
不透水性	压力(MPa)	≥0.1
	保持时间(min)	≥30不透水
延伸[(20±2)℃](mm)		≥4.0

1.2.2.2 高聚物改性沥青防水涂料

高聚物改性沥青防水涂料是以沥青为基料,用合成高分子聚合物进行改性配制而成的水乳型、溶剂型或热熔型防水涂料。常用的品种有氯丁橡胶改性沥青涂料、丁基橡胶改性沥青涂料、丁苯橡胶改性沥青涂料、SBS改性沥青涂料和APP改性沥青涂料等。

高聚物改性沥青防水涂料的质量应符合表1-26和表1-27的要求。

表1-26 水乳型或溶剂型高聚物改性沥青防水涂料质量要求

项目		质量要求
固体含量(%)		≥43
耐热度(80 ℃,5 h)		无流淌、起泡和滑动
柔性(-10 ℃)		3 mm厚,绕ϕ 20 mm圆棒,无裂纹、断裂
不透水性	压力(MPa)	≥0.1
	保持时间(min)	≥30不透水
延伸[(20±2)℃](mm)		≥4.5

表 1-27　热熔型高聚物改性沥青防水涂料质量要求

项目		质量要求
耐热度(65 ℃,5 h)		无流淌、起泡和滑动
柔性(-20 ℃)		2 mm 厚,绕φ 10 mm 圆棒,无裂纹、断裂
不透水性	压力(MPa)	≥0.2
	保持时间(min)	≥30 不透水
延伸率[(20±2)℃](%)		≥300

与沥青基防水涂料相比,高聚物改性沥青防水涂料在柔韧性、抗裂性、强度、耐高低温性能、使用寿命等方面都有了较大的改善。

热熔改性沥青涂料,是将沥青、改性剂、各类助剂和填料,在工厂事先进行合成,制成高聚物改性沥青涂料块体,送至现场后,投入采用液化气加热、导热油传导控温的热熔炉进行熔化,将熔化的热涂料直接刮涂于找平层上,用带齿的刮板可一次成膜设计需要的厚度。它不带溶剂,固体含量 100%。热熔改性沥青涂料不但防水性能好、耐老化好、价格低,而且在南方多雨地区施工更便利,它不需要养护、干燥时间,涂料冷却后就可以成膜,具有设计要求的防水能力。不用担心下雨对涂膜层造成损害,大大加快施工进度。同时能在气温-10 ℃以内的低温条件下施工,这也大大降低了施工对环境的条件要求。该涂料是一种弹塑性材料,在黏附于基层的同时,可追随基层变形而延展,避免了受基层开裂影响而破坏防水层的现象,具有良好的抗变形能力,成膜后形成连续无接缝的防水层,防水质量的可靠性大大提高。

1.2.2.3　合成高分子防水涂料

合成高分子防水涂料是以合成橡胶或合成树脂为主要成膜物质配制而成的水乳型或溶剂型防水涂料。根据成膜机制分为反应固化型、挥发固化型和聚合物水泥防水涂料 3 类。常用的品种有丙烯酸防水涂料、聚氨酯防水涂料、硅橡胶防水涂料、聚合物水泥防水涂料等。合成高分子防水涂料的质量应符合表 1-28 的要求。

表 1-28　合成高分子防水涂料质量要求

项目		质量要求		
		反应固化型	挥发固化型	聚合物水泥涂料
固体含量(%)		≥94	≥65	≥65
拉伸强度(MPa)		≥1.65	≥1.5	≥1.2
断裂延伸率(%)		≥350	≥300	≥200
柔性(℃)		-30,弯折无裂纹	-20,弯折无裂纹	-10,绕 10 mm 棒无裂纹
不透水性	压力(MPa)	≥0.3		
	保持时间(min)	≥30		

由于合成高分子材料本身的优异性能,以此为原料制成的合成高分子防水涂料有较高的强度和延伸率,优良的柔韧性、耐高低温性能、耐久性和防水能力。

1.2.2.4　胎体增强材料

胎体增强材料是指在涂膜防水层中增强用的聚酯无纺布、化纤无纺布、玻纤网格布等材料。其质量应符合表 1-29 的要求。

表 1-29　胎体增强材料质量要求

项目		质量要求		
		聚酯无纺布	化纤无纺布	玻纤网格布
外观		均匀无团状、平整无褶皱		
拉力(宽 50 mm)(N)	纵向	≥150	≥45	≥90
	横向	≥100	≥35	≥50
延伸率(%)	纵向	≥10	≥20	≥3
	横向	≥20	≥25	≥3

1.2.3　施工方法及工艺

1.2.3.1　找平层施工

找平层的施工参见 1.1.3 节中找平层施工的内容。找平层宜设宽 20 mm 的分格缝，并嵌填密封材料。分格缝应留设在板端缝处，其纵横缝的最大间距：水泥砂浆或细石混凝土找平层，不宜大于 6 m；沥青砂浆找平层，不宜大于 4 m。基层转角处应抹成圆弧形，其半径不小于 50 mm。

特别需要指出的是，对于涂膜防水层，它是紧密地依附于基层(找平层)形成一定厚度和弹性的整体防水膜而起到防水作用的。与卷材防水屋面相比，找平层的平整度对涂膜防水层的质量影响更大，因此对平整度的要求更严格，否则涂膜防水层的厚度得不到保证，必将造成涂膜防水层的防水可靠性和耐久性降低。涂膜防水层是满粘于找平层的，按剥离区理论，找平层开裂(强度不足)易引起防水层的开裂，因此涂膜防水层的找平层应有足够的强度，尽可能避免裂缝的产生，出现裂缝应进行修补。涂膜防水层的找平层宜采用掺膨胀剂的细石混凝土，强度等级不低于 C20，厚度不小于 30 mm，宜为 40 mm。

分格缝及节点处理：

(1)分格缝应在浇筑找平层时预留，分格应符合设计要求，与板端缝或板的搁置部位对齐，均匀顺直，嵌填密封材料前清扫干净。分格缝处应铺设带胎体增强材料的空铺附加层，其宽度为 200~300 mm。

(2)天沟、檐沟、檐口等部位，均应加铺有胎体增强材料的附加层，宽度不小于 200 mm。

(3)水落口周边应作密封处理，管口周围 500 mm 范围内应加铺有胎体增强材料的附加增强层，涂膜伸入水落口的深度不得小于 50 mm。

(4)泛水处应加铺有胎体增强材料的附加层，此处的涂膜附加层宜直接涂刷至女儿墙压顶下，压顶应采用铺贴卷材或涂刷涂料等作防水处理。

(5)涂膜防水层的收头应用防水涂料多遍涂刷或用密封材料封固严密。

1.2.3.2 涂膜防水层施工

1.施工前准备工作

防水涂料严禁在雨天、雪天和五级及以上大风时施工,以免影响涂料的成膜质量。环境温度太低,溶剂型或水乳型涂料挥发慢,反应型涂料反应缓慢,会大大延长涂料的成膜时间。当气温低于0 ℃时,涂料就有冻害的危险,因此溶剂型防水涂料施工时的环境气温不得低于−5 ℃,水乳型防水涂料不得低于5 ℃。

在施工前应做好准备工作:基层检查、材料准备、施工机具准备、技术准备。

(1)基层检查。涂膜防水层施工前,应检查基层的质量是否符合设计要求,并清扫干净。如出现缺陷应及时加以修补。

(2)材料准备。按施工面积计算防水材料及配套材料的用量,安排分批进场和抽检,不合格的防水材料不得在建筑工程中使用。

(3)施工机具准备。可根据防水涂料的品种准备使用的计量器具、搅拌机具、运输工具、涂布工具等。涂膜防水施工机具及用途见表1-30。

表1-30 涂膜防水施工机具及用途

序号	名称	用途	备注
1	棕扫帚	清理基层	不掉毛
2	钢丝刷	清理基层、管道等	
3	磅秤或杆秤	配料、称量	
4	电动搅拌器	搅拌甲、乙料	功率大、转速较低
5	铁桶或塑料桶	装混合料	圆桶
6	开罐刀	开涂料罐	
7	熔化釜	现场熔化热熔型涂料	带导热油
8	棕毛刷、圆辊刷	刷基层处理剂	
9	塑料刮板、胶皮刮板	刮涂涂料	
10	喷涂机械	喷涂基层处理剂、涂料	根据涂料黏度选用
11	剪刀	剪裁胎体增强材料	
12	卷尺	量测、检查	规格为2~5 m

(4)技术准备。屋面工程施工前,应进行图纸会审,掌握施工图中的构造要求、节点做法及有关的技术要求,并编制防水施工方案或技术措施。涂料施工前,确定涂刷的遍数和每遍涂刷的用量,安排合理的施工顺序。对施工班组进行技术交底,内容包括施工部位、施工顺序、施工工艺、构造层次、节点设防方法、需增强部位及做法、工程质量标准、保证质量的技术措施、成品保护措施和安全注意事项等。

2.涂膜防水层施工的一般要求

涂膜防水层施工过程为:基层表面清理、修整→喷涂基层处理剂(底涂料)→特殊部位附加增强处理→涂布防水涂料及铺贴胎体增强材料→清理与检查修整→保护层施工。

(1)涂膜防水层的施工也应按“先高后低,先远后近”的原则进行。遇高低跨屋面时,一般先涂布高跨屋面,后涂布低跨屋面;相同高度屋面,要合理安排施工段,先涂布距上料点远的部位,后涂布近处;同一屋面上,先涂布排水较集中的水落口、天沟、檐沟、檐口等节点部位,再进行大面积涂布。

(2)涂膜防水层施工前,应先对水落口、天沟、檐沟、泛水、伸出屋面管道根部等节点部位进行增强处理,一般涂刷加铺胎体增强材料的涂料进行增强处理。

(3)需铺设胎体增强材料时,如坡度小于15%可平行屋脊铺设;坡度大于15%应垂直屋脊铺设,并由屋面最低标高处开始向上铺设。胎体增强材料长边搭接宽度不得小于50 mm,短边搭接宽度不得小于70 mm。采用二层胎体增强材料时,上下层不得互相垂直铺设,搭接缝应错开,其间距不应小于幅宽的1/3。

(4)在涂膜防水屋面上如使用两种或两种以上不同防水材料,应考虑不同材料之间的相容性(即亲合性大小、是否会发生侵蚀),如相容则可使用,否则会造成相互结合困难或互相侵蚀引起防水层短期失效。

涂料和卷材同时使用时,卷材和涂膜的接缝应顺水流方向,搭接宽度不得小于100 mm。

(5)坡屋面防水涂料涂刷时,如不小心踩踏尚未固化的涂层,很容易滑倒,甚至引起坠落事故。因此,在坡屋面涂刷防水涂料时,必须采取安全措施,如系安全带等。

(6)在涂膜防水层实干前,不得在其上进行其他施工作业。涂膜防水层上不得直接堆放物品。

3.涂膜防水层施工工艺

以涂料冷涂刷施工为例。

1)涂布前的准备工作

(1)基层的检查、清理、修整应符合前述要求。基层的干燥程度根据涂料的特性决定,对溶剂型涂料,基层必须干燥。部分水乳型涂料允许在潮湿基层上施工,但基层必须无明水,基层的具体干燥程度要求,可根据材料生产厂家的要求而定。

(2)采用双组分涂料时,每个组分涂料在配料前必须先搅拌均匀。配料应根据生产厂家提供的配合比现场配制,严禁任意改变配合比。配料时要求计量准确(过秤),主剂和固化剂的混合偏差不得大于±5%。

涂料混合时,应先将主剂放入搅拌容器或电动搅拌器内,然后放入固化剂,并立即开始搅拌。搅拌桶应选用圆的铁桶或塑料桶,以便搅拌均匀。采用人工搅拌时,应注意将材料上下、前后、左右及各个角落都充分搅匀,搅拌时间一般在3~5 min。搅拌的混合料以颜色均匀一致为标准。

单组分涂料一般用铁桶或塑料桶密闭包装,打开桶盖后即可施工。但由于桶装量大,且防水涂料中均含有填充料,容易沉淀而产生不均匀现象,故使用前还应进行搅拌。

(3)涂层厚度是影响涂膜防水层质量的一个关键问题,每遍涂膜不能太厚,如果涂膜太厚,就会出现涂膜表面已干燥成膜,而内部涂料的水分或溶剂却不能蒸发或挥发的现象,使涂膜难以实干,无法形成具有一定强度和防水能力的防水涂层。当然,涂刷时涂膜也不能过薄,否则就要增加涂刷遍数,增加劳动力,拖延施工工期。

因此,涂膜防水层施工前,必须根据设计要求的每平方米涂料用量、涂膜厚度及涂料材性,事先试验确定每道涂料涂刷的厚度以及每个涂层需要涂刷的遍数。如一布二涂,即先涂底层,再加胎体增强材料,再涂面层,施工时按试验的要求,每涂层涂刷几遍,而且面层至少应涂刷 2 遍以上。合成高分子涂料还要求底涂层有 1 mm 厚才可铺设胎体增强材料,这样才能较准确地控制涂层厚度,并使每遍涂刷的涂料都能实干,从而保证施工质量。

2)涂基层处理剂

基层处理剂涂刷时应用刷子用力薄涂,使涂料尽量刷进基层表面的毛细孔中,并将基层可能留下来的少量灰尘等无机杂质,像填充料一样混入基层处理剂中,使之与基层牢固结合。这样即使屋面上灰尘不能完全清扫干净,也不会影响涂层与基层的牢固黏结。特别在较为干燥的屋面上进行溶剂型防水涂料施工时,使用基层处理剂打底后再进行防水涂料涂刷,效果相当明显。

3)涂布防水涂料

厚质涂料宜采用铁抹子或胶皮板刮涂施工;薄质涂料可采用棕刷、长柄刷、圆滚刷等进行人工涂布,也可采用机械喷涂。

刮涂施工时,一般先将涂料直接分散倒在屋面基层上,用刮板来回刮涂,使其厚薄均匀,不露底、无气泡、表面平整,然后待其干燥。流平性差的涂料待表面收水尚未结膜时,用铁抹子压实抹光。抹压时间应适当,过早抹压,起不到作用;过晚抹压,会使涂料粘住抹子,出现月牙形抹痕。

涂料涂布应分条或按顺序进行,分条进行时,每条宽度应与胎体增强材料宽度相一致,以避免操作人员踩踏刚涂好的涂层。流平性差的涂料,为便于抹压,加快施工进度,可以采用分条间隔施工的方法,如图 1-28 所示,待阴影处涂层干燥后,再抹空白处。

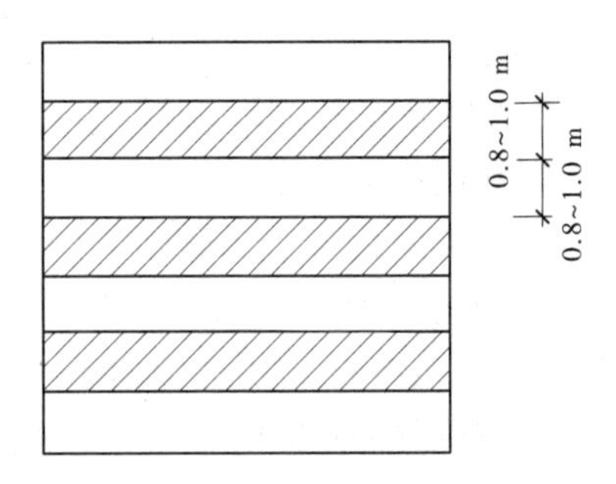

图 1-28　涂料分条间隔施工

涂料涂布时,涂刷致密是保证质量的关键。刷基层处理剂时要用力薄涂,涂刷后续涂料则应按规定的涂层厚度(控制涂料的单方用量)均匀、仔细地涂刷。各道涂层之间的涂刷方向应相互垂直,以提高防水层的整体性和均匀性。涂层间的接槎,在每遍涂刷时应退槎 50~100 mm,接槎时应超过 50~100 mm,避免在搭接处发生渗漏。

4)铺设胎体增强材料

在涂刷第 2 遍涂料时,或第 3 遍涂料涂刷前,即可加铺胎体增强材料。胎体增强材料可采用湿铺法或干铺法铺贴。

湿铺法就是在第 2 遍涂料涂刷时,边倒料、边涂布、边铺贴的操作方法。施工时,先在已干燥的涂层上,用刷子或刮板将涂料仔细涂布均匀,然后将成卷的胎体增强材料平放在屋面上,逐渐推滚铺贴于刚刷上涂料的屋面上,用滚刷滚压 1 遍,务必使全部布眼浸满涂料,使上下两层涂料能良好结合,确保其防水效果。为防止胎体增强材料产生皱褶现象,可在布幅两边每隔 1.5~2 m 间距各剪 15 mm 的小口,以利铺贴平整。铺贴好的胎体增强材料不得有皱褶、翘边、空鼓、露白等现象。如发现露白,说明涂料用量不足,应再在上面蘸料涂刷，使之均匀一致。

由于胎体增强材料质地柔软、容易变形，铺贴时不易展开，经常出现皱褶、翘边或空鼓现象，影响防水层质量。为了避免这种现象，在无大风的情况下，可采用干铺法铺贴。干铺法就是在上道涂层干燥后，边干铺胎体增强材料，边在已展平的表面上用刮板均匀满刮一道涂料。也可将胎体增强材料按要求在已干燥的涂层上展平后，用涂料将边缘部位点粘固定，然后再在上面满刮一道涂料，使涂料浸入网眼渗透到已固化的涂膜上。

胎体增强材料铺设后，应严格检查表面是否有缺陷或搭接不足等现象，如发现上述情况，应及时修补完整，使其形成一个完整的防水层。然后才能在其上继续涂布涂料，面层涂料应至少涂刷 2 道以上，以增加涂膜的耐久性。如面层做粒料保护层，可在涂刷最后 1 遍涂料时，随涂随撒铺覆盖粒料。

5）收头处理

为了防止收头部位出现翘边现象，所有收头均应用密封材料压边，压边宽度不得小于 10 mm。收头处的胎体增强材料应裁剪整齐，如有凹槽时应压入凹槽内，不得出现翘边、皱褶、露白等现象，否则应进行处理后再涂封密封材料。

1.2.3.3　涂膜保护层施工

涂膜防水层的保护层材料应根据设计图纸要求选用。保护层施工前，应将防水层上的杂物清理干净，并对防水层质量进行严格检查，有条件的应做蓄水试验，合格后才能铺设保护层。如采用刚性保护层，保护层与女儿墙之间预留 30 mm 以上空隙并嵌填密封材料，防水层和刚性保护层之间还应做隔离层。

为避免损坏防水层，保护层施工时应做好防水层的防护工作。施工人员应穿软底鞋，运输材料时必须在通道上铺设垫板、防护毡等保护。小推车往外倾倒砂浆或混凝土时，应在其前面放上垫木或木板进行保护，以免小推车前端损坏防水层。在防水层上架设梯子、立杆时，应在底端铺设垫板或橡胶板等。防水层上需堆放保护层材料或施工机具时，也应铺垫木板、铁板等，以防戳破防水层。保护层施工前还应准备好所需的施工机具，备足保护层材料。

1.浅色反射涂料保护层施工

浅色反射涂料目前常用的有铝基沥青悬浊液、丙烯酸浅色涂料或在涂料中掺入铝粉的反射涂料，反射涂料可在现场就地配制。

涂刷浅色反射涂料应待防水层养护完毕后进行，一般涂膜防水层应养护一周以上。涂刷前，应清除防水层表面的浮灰，浮灰用柔软、干净的棉布擦干净。材料用量应根据材料说明书的规定使用，涂刷工具、操作方法和要求与防水涂料施工相同。涂刷应均匀，避免漏涂。二遍涂刷时，第 2 遍涂刷的方向应与第 1 遍垂直。由于浅色反射涂料具有良好的阳光反射性，施工人员在阳光下操作时，应佩戴墨镜，以免强烈的反射光线刺伤眼睛。

2.粒料保护层施工

细砂、云母或蛭石主要用于非上人屋面的涂膜防水屋面的保护层，使用前应先筛去粉料。用砂作保护层时，应采用天然水成砂，砂粒粒径不得大于涂层厚度 1/4。使用云母或蛭石时不受此限制，因为这些材料是片状的，质地较软。

当涂刷最后一道涂料时，边涂刷边撒布细砂（或云母、蛭石），同时用软质的胶辊在保

护层上反复轻轻滚压，务使保护层牢固地黏结在涂层上。涂层干燥后，应及时扫除未黏结的材料以回收利用。如不清扫，日后雨水冲刷就会堵塞水落口，造成排水不畅。

3.水泥砂浆保护层施工

水泥砂浆保护层与防水层之间也应设置隔离层。保护层用的水泥砂浆的配合比一般为水泥:砂=1:(2.5~3)(体积比)。保护层施工前，应根据结构情况每隔4~6 m用木模设置纵横分格缝。铺设水泥砂浆时，应随铺随拍实，并用刮尺找平，随即用直径为8~10 mm的钢筋或麻绳压出表面分格缝，间距为1~1.5 m。终凝前用铁抹子压光保护层。保护层应表面平整，不能出现抹子压的痕迹和凹凸不平的现象。排水坡度应符合设计要求。

为保证立面水泥砂浆保护层黏结牢固、不空鼓，在立面防水层涂刷最后一遍涂料时，边涂布边撒细砂，同时用软质胶辊轻轻滚压使砂粒牢固地黏结在涂层上。

4.板块保护层施工

预制板块保护层的结合层可采用砂或水泥砂浆。板块铺砌前应根据排水坡度挂线，以满足排水要求，保证铺砌的块体横平竖直。

在砂结合层上铺砌块体时，砂结合层应洒水压实，并用刮尺刮平，以满足块体铺设的平整度要求。块体应对接铺砌，缝隙宽度一般为10 mm左右。块体铺砌完成后，应适当洒水并轻轻拍平压实，以免产生翘角现象。板缝先用砂填至一半的高度，然后用1:2水泥砂浆勾成凹缝。为防止砂子流失，在保护层四周500 mm范围内，应改用低强度等级水泥砂浆做结合层。

5.细石混凝土保护层施工

细石混凝土整浇保护层施工前，也应在防水层上铺设一层隔离层，并按设计要求支设好分格缝的木模或聚苯泡沫条，设计无要求时，每格面积不大于36 m^2，分格缝宽度为20 mm。一个分格内的混凝土应尽可能连续浇筑，不留施工缝。振捣宜采用铁辊滚压或人工拍实，不宜采用机械振捣，以免破坏防水层。振实后随即用刮尺按排水坡度刮平，并在初凝前用木抹子提浆抹平，初凝后及时取出分格缝木模(泡沫条可不取出)，终凝前用铁抹子压光。抹平压光时不宜在表面掺加水泥浆或干灰，否则表层砂浆易产生裂缝与剥落现象。若采用配筋细石混凝土保护层，钢筋网片的位置设置在保护层中间偏上部位，在铺设钢筋网片时用砂浆垫块支垫。细石混凝土保护层浇筑完后应及时进行养护，养护时间不应少于7 d。养护完后，将分格缝清理干净(割去泡沫条上部10 mm)，嵌填密封材料。

1.2.4　质量验收标准和检验

1.2.4.1　质量验收标准

(1)涂膜防水屋面不得有渗漏和积水现象。

(2)所用的防水涂料、胎体增强材料、配套进行密封处理的密封材料及复合使用的卷材和其他材料应有产品合格证书与性能检测报告，材料的品种、规格、性能等必须符合现行国家产品标准和设计要求。材料进场后，应按有关规范的规定进行抽样复验，并提出试验报告；不合格的材料，不得在屋面工程中使用。

(3)屋面坡度必须准确，找平层平整度不得超过5 mm，不得有酥松、起砂、起皮等现象，出现裂缝应作修补。找平层的水泥砂浆配合比、细石混凝土的强度等级及厚度应符合设计要求。基层应平整、干净、干燥。

(4)水落口杯和伸出屋面的管道应与基层固定牢固,密封严密。各节点做法应符合设计要求,附加层设置正确,节点封固严密,不得开缝、翘边。

(5)防水层与基层应黏结牢固,不得有裂纹、脱皮、流淌、鼓泡、露胎体和皱皮等现象,厚度应符合设计要求。

1.2.4.2 质量验收检验

涂膜防水层的质量包括涂膜防水层施工质量和涂膜防水层的成品质量,其质量检验应包括原辅材料、施工过程和成品等几个方面,其中原材料质量、防水层有无渗漏及涂膜防水层的细部做法是保证涂膜防水层工程质量的重点,作为主控项目。涂膜防水层厚度、表观质量和保护层质量对涂膜防水层质量也有较大影响,作为一般项目。涂膜防水层质量检验的项目、要求和检验方法见表1-31。

表1-31 涂膜防水层质量检验的项目、要求和检验方法

检验项目		要求	检验方法
主控项目	1.防水涂料和胎体增强材料	必须符合设计要求	检查出厂合格证、质量检验报告和现场抽样复验报告
	2.涂膜防水层	不得有渗漏或积水现象	雨后或淋水、蓄水试验
	3.涂膜防水层在天沟、檐沟、檐口、水落口、泛水、变形缝和伸出屋面管道等处细部做法	必须符合设计要求	观察检查和检查隐蔽工程验收记录
一般项目	1.涂膜防水层的厚度	平均厚度符合设计要求,最小厚度不应小于设计厚度的80%	针测法或取样量测
	2.防水层表观质量	与基层黏结牢固,表面平整,涂刷均匀,无流淌、皱褶、鼓泡、露胎体和翘边等缺陷	观察检查
	3.涂膜防水层撒布材料和浅色涂料保护层	应铺撒或涂刷均匀,黏结牢固	观察检查
	4.涂膜防水层的水泥砂浆或细石混凝土保护层与卷材防水层间	应设置隔离层	观察检查
	5.刚性保护层的分格缝留置	应符合设计要求	观察检查

进入施工现场的防水涂料和胎体增强材料应按表1-31的规定进行抽样检验,不合格的防水涂料严禁在建筑工程中使用。

实训项目　涂膜防水屋面施工实训

(一)涂膜涂布实训

1.实训目的

掌握卷材防水屋面的构造、熟悉卷材防水屋面的施工过程,掌握卷材的铺贴方法,掌握卷材防水屋面施工的质量控制要点,同时了解一些安全、环保的基本知识。

2.实训条件、内容及深度

(1)根据项目情况,合理确定屋面防水设防等级和屋面防水的做法;编制屋面防水设计说明。

(2)绘制屋面防水构造大样图、细部节点详图。

(3)根据设计文件编制该项目的施工专项方案,提出保证工程质量、进度和安全、文明施工的技术组织措施及合理化建议。

(二)实训准备

1.主要材料

丙烯酸防水胶膜,1:3水泥砂浆隔离层。

2.作业条件

(1)现场贮料仓库符合要求,设施完善。

(2)找平层已检查验收,质量合格,含水率符合要求。

(3)消防设施齐全,安全设施可靠,劳保用品已能满足施工操作需要。

(4)屋面上安设的一些设施已安装就位。

3.主要机具

铲子、水桶、搅拌器、剪子、滚子、刮板、刷子。

(三)施工工艺

施工准备工作→板缝处理及基层施工→基层检查及处理→涂刷基层处理剂→节点和特殊部位附加增强处理→涂布防水涂料及铺贴胎体增强材料→防水层清理与检查修整→隔离层施工。

(四)施工质量控制要点

(1)涂膜层施工前,基层必须干净、干燥,不得在雨、雪天及(5 级及以上)大风天气施工。

(2)应对屋面节点、周边、转角等处先行涂刷。

(3)涂膜防水层质量应用厚度控制,不得用涂刷的遍数控制。

(4)涂膜防水层完全干燥后,应进行 24 h 蓄水试验,对检查出的渗漏点应进行返工处理。

(五)学生操作评定

姓名:　　　　　　　　　　　　　　学号:　　　　　　　　　　　　得分:

序号	项目	评定方法	满分	得分
1	实训态度	未做无分,做而不认真扣2分	10	
2	板缝处理及基层施工	清理不干净,板缝不密实,有缺陷每处扣5分	10	
3	涂刷基层处理剂	涂刷均匀,密封气孔,有缺陷每处扣5分	20	
4	节点和特殊部位附加增强处理	结合资料,如有铺贴不合理,每处减5分	20	
5	涂布防水涂料及铺贴胎体增强材料	涂布防水涂料要均匀密实,如有缺陷每处扣5分	20	
6	隔离层施工	涂膜均匀,平整,如有缺陷每处扣5分	20	
合　计			100	

工程实例

第1章　工程概况

工程北侧与地铁2号线相隔15.9 m,东侧紧邻盛夏路,地下管线多;南接园区已有道路;西面为展讯一期已建绿化用地。工程由1栋20层主楼、8栋3层研发楼以及地下2层车库组成,总建筑面积87 338 m^2,地下室建筑面积22 050 m^2,总占地面积23 202.6 m^2。施工区域划分直接按照9个小区来进行划分,其中2#~9#楼屋面为不上人屋面,1#楼屋顶为上人保温屋面,机房顶为非上人保温屋面。屋面为建筑找坡,坡度为2%,天沟排水坡度不小于1%,沟面与沟底落差不超过200 mm。

本施工方案着重针对保温上人屋面和保温不上人屋面进行。本工程屋面分为上人保温屋面和非上人保温屋面,其中地下室顶板为种植区域屋面,屋面防水等级为Ⅱ级。防水采用丙烯酸防水胶膜、1∶3水泥砂浆隔离层、聚酯长纤维增塑聚氯乙烯防水卷材。

第2章　编制依据

本工程屋面工程施工方案的编制,严格遵照国家相关标准、规范及设计施工图纸的要求。屋面工程的质量好坏直接影响到建筑物的使用功能,必须引起高度重视,施工中应从

原材料质量、施工工艺、细部处理、成品保护以及提高施工人员素质等方面严加控制。

第 3 章　屋面防水深化设计

按照不同屋面分别绘制了平面布置图,标注了施工节点,对细部节点的处理分别绘制了详图,见附图。

(1)管道出屋面做法。管道根部直径 500 mm 范围内找平层应抹出高度不小于 30 mm 的圆台,管道周围应做好附加层,做好加强处理,高度不应小于 300 mm,收头应用金属箍紧固,并用密封材料封严(具体做法详见附图 1)。

(2)水落口处理。防水层贴入水落口杯内不小于 50 mm,在水落口周围直径 500 mm 范围内的坡度不应小于 5%,并采用防水涂料。

(3)墙泛水节点及泛水收头处理(详见附图 2、附图 3)。

(4)屋面出入口(详见附图 4)。

(5)钢筋混凝土检修口(详见附图 5)。

(6)屋面分隔缝的留置及细部处理。砂浆找平层分隔缝按 6 m×6 m 留置,缝宽 15 mm。

第 4 章　工期、人员安排及保证措施

4.1　工期安排

本方案所包括的工程量为本工程所有屋面工程,计划开工日期为 2011 年 5 月 15 日,完成日期为 2011 年 11 月 27 日。

4.2　保证措施

(1)技术保证。熟悉图纸,做好技术交底工作,本工程为××国际建筑设计顾问有限公司设计,施工要求高,力争做好技术交底完全指导现场的施工,避免因交底的粗心而导致现场的返工。

(2)材料保证。屋面工程所需的材料均需提前 5 d 提出材料需求计划,以便物资部组织材料进场,项目部用于材料采购的款项保证专款专用,不因货款问题影响材料的供货时间,为材料的及时供应提供有力保障。

(3)施工管理保证。认真做好施工中的计划统筹、协调与控制。严格坚持落实每周工地施工协调会制度,做好每日工程进度安排,确保各项计划落实。做好过程监控及相关技术复核工作,以杜绝返工现象,在节约成本的同时保证了工期 。

4.3　拟投入的机械设备

<table>
<tr><th>序号</th><th>机械设备名称</th><th>单位</th><th>数量</th><th>退场计划</th></tr>
<tr><td>1</td><td>切割机</td><td>台</td><td>8</td><td rowspan="12">开工前全部进场</td></tr>
<tr><td>2</td><td>配电箱</td><td>台</td><td>16</td></tr>
<tr><td>3</td><td>射钉枪</td><td>支</td><td>14</td></tr>
<tr><td>4</td><td>冲击钻</td><td>个</td><td>8</td></tr>
<tr><td>5</td><td>干粉灭火器</td><td>个</td><td>5</td></tr>
<tr><td>6</td><td>小平铲、扫帚</td><td>把</td><td>10</td></tr>
<tr><td>7</td><td>滚动刷</td><td>把</td><td>10</td></tr>
<tr><td>8</td><td>铁桶</td><td>个</td><td>10</td></tr>
<tr><td>9</td><td>搅拌机</td><td>台</td><td>2</td></tr>
<tr><td>10</td><td>硬棕刷</td><td>把</td><td>30</td></tr>
<tr><td>11</td><td>卷尺</td><td>个</td><td>2</td></tr>
<tr><td>12</td><td>美工刀</td><td>把</td><td>30</td></tr>
</table>

4.4　人员准备

根据本工程特点，将选择技术水平高、专业素质好、施工经验丰富的施工队伍，并配备充足的人力资源，具体安排如下：

<table>
<tr><th rowspan="2">施工班组</th><th rowspan="2">施工区域</th><th colspan="4">工种名称及最大需求人数</th><th rowspan="2">进场计划</th></tr>
<tr><th>瓦工</th><th>普工</th><th>木工</th><th>钢筋工</th></tr>
<tr><td>×××××</td><td>1#～9#楼</td><td>50</td><td>25</td><td>12</td><td>8</td><td rowspan="2">开工前全部进场</td></tr>
<tr><td>×××××建筑工程有限公司</td><td>1#～9#楼</td><td colspan="4">专业防水工 20 人</td></tr>
</table>

第 5 章　施工工艺、质量标准和施工注意事项

5.1　陶粒混凝土找坡层

5.1.1　施工准备

1. 材料

1∶8陶粒商品混凝土。

2. 作业条件

(1)各种穿过屋面的预埋管件，穿洞已补好。

(2)按设计要求的坡度，弹好墨线，做好灰饼，并清好场地。

5.1.2　操作工艺

(1)清理基层。将结构层所有杂物清走，彻底清除结构层上面的松散杂物，并用水冲洗干净，凡凸出基层的混凝土疙瘩、钢筋头、落地砂浆等用凿子凿去。

(2)操作前，先将底层洒水湿润，扫纯水泥浆一次。随刷随铺砂浆，表面光滑者应凿毛。

(3)由远而近捣浇，并用平板震荡器振密实。

5.1.3　质量标准

1. 保证项目

配合比须符合设计要求和施工规范规定。

2. 基本项目

整体找坡层应拌和均匀、分层铺设、压实适当、表面平整、找坡正确。

3. 允许偏差

用 2 m 靠尺和楔形塞尺检查，表面平整度不超过 10 mm。

5.1.4　施工注意事项

1. 避免工程质量通病

(1)要用搅拌机拌和，使拌和均匀，在捣灌过程中要用铁铲操作，避免陶粒浮面与砂浆分层的不均匀现象，避免蜂窝、藏水。

(2)为防止陶粒混凝土拌和物离析，运输距离应尽量缩短。在停放或运输过程中，若产生拌和物稠度损失或离析较重者，浇筑前宜采用人工二次拌和。拌和物从搅拌机卸料起到浇筑入模止的延续时间不宜超过 45 min。

(3)捣完陶粒混凝土后，应及时按设计要求施工面层水泥砂浆找平层，以免雨水等吸入陶粒混凝土内，表面坡度应符合设计要求，平整，不积水，四周边应封闭，避免让水渗入陶粒隔热层内。

(4)振捣延续时间以拌和物捣实为准，振捣时间不宜过长，以防陶粒上浮。振捣时间随拌和物稠度、振捣部位等不同，宜在 10～30 s 内选用。

(5)采用自然养护，浇筑成型后应防止表面失水太快，避免由于湿差太大而出现表面网状裂纹，喷水养护，养护时间不少于 7 d。

2.产品保护

不要过早上去踩踏,损坏表面。

5.2 水泥砂浆找平层

5.2.1 施工准备

1.材料

1:2水泥砂浆。

2.作业条件

1:8陶粒混凝土找坡层已施工完成并达到相应强度。

5.2.2 操作工艺

(1)操作前,先将底层洒水湿润,扫纯水泥浆一次。随刷随铺砂浆,表面光滑者应凿毛。

(2)按配比拌和好水泥砂浆,水灰比不能过大,应拌和成干硬性砂浆(砂浆外表湿润,手握成团,不泌水分为准),经过用2 m压尺刮平打实后,木磨板磨平,然后用铁抹子(灰匙)压实磨光(最后一次压光应在砂浆初凝后,终凝前完成)。要注意把死坑、死角的砂眼抹平。

(3)沟边、女儿墙脚、上人孔边、屋面上翻梁、烟囱边、竖井边、设备基础等应抹成圆弧(圆弧半径50 mm)。

(4)找平层留置分格缝,1#楼东西方向56 m,横向间距按6 m设置;南北向约48 m,纵向间距按6 m设置,缝宽为15 mm(参照99J201(一))。

(5)养护:应在砂浆凝固后浇水养护,养护时间为7 d。干燥后即可进行防水层的施工。

5.2.3 质量标准

保证项目:

(1)找平层所用的原材料和配合比,必须符合设计要求和施工规范规定。

(2)在上沟边、女儿墙脚、上人孔边、屋面上翻梁、烟囱边、竖井边、设备基础等竖向结构上需先施工一道界面剂,保证水泥砂浆面层与基层结合牢固,无空鼓。

(3)屋面(含天沟)的坡度,必须符合设计要求。

5.2.4 施工注意事项

1.避免工程质量通病

1)防止找平层面起砂

(1)严格控制水灰比,施工前基层表面充分润湿,刷浆要均匀,冲筋距离不要过大,随铺灰随刮平、拍实,以确保强度和密实度。

(2)掌握好压光时间,压光一般不少于3遍。第一遍应在面层铺设后随即进行,使砂浆均匀、密实,以表面不出水为宜。第二遍应在水泥初凝时进行,终凝前完成,将表面压平整、密实。第三遍压光主要消除抹痕和闭塞毛细孔,使找平层更加密实,但应在水泥终凝时完成,切忌在水泥终凝后压光。

(3)施工后封闭上人通道,做好成品保护。

(4)水泥砂浆采用商品砂浆,切不能使用过期砂浆。

(5)找平层施工中要严格控制砂浆稠度,要防止漏压,操作时注意模压遍数不能过少或过多,养护要跟上。

2)防止出现空鼓、开裂

(1)严格清理干净基层表面,过于光滑的应凿毛,并充分润湿。

(2)注意素水泥浆在调浆后涂扫,不宜先撒水泥粉后浇水扫浆。素水泥浆水灰比以0.4~0.5为宜。并做到随扫随铺,如素水泥浆已风干硬结,则应铲后重新涂扫。

(3)屋面的边角处、突出屋面管根,埋件周围应操作认真,不要漏压。

(4)防止倒泛水,冲筋时找准泛水,按冲筋铺浆,确保泛水不失去作用。

2.主要安全技术措施

(1)高空作业临边和洞口必须防护到位。

(2)严禁向四周抛杂物落地,以防伤人。

3.产品保护

(1)做好养护,每天洒水不少于3次。

(2)不要过早上人行走。

5.3 防水涂料及防水卷材防水层

5.3.1 施工准备

1.材料

丙烯酸防水胶膜、1:3水泥砂浆隔离层、2 mm厚聚酯长纤维增塑聚氯乙烯防水卷材。

2.作业条件

(1)现场贮料仓库符合要求,设施完善;

(2)找平层已检查验收,质量合格,含水率符合要求;

(3)消防设施齐全,安全设施可靠,劳保用品已能满足施工操作需要;

(4)屋面上安设的一些设施已安装就位。

5.3.2 防水涂料施工方法和程序

1.施工方法

用胶皮刮板涂布防水涂料,先将防水涂料倒在基层上,用刮板来回涂刮,使其厚薄均匀,再用棕刷、长柄刷、圆滚刷蘸防水涂料对节点部位进行涂刷,进行细部处理。

2.施工程序

丙烯酸防水胶膜:施工准备工作→板缝处理及基层施工→基层检查及处理→涂刷基层处理剂→节点和特殊部位附加增强处理→涂布防水涂料及铺贴胎体增强材料→防水层清理与检查修整→隔离层施工。

聚酯长纤维增塑聚氯乙烯防水卷材:基层检验、清理、修补→涂刷基层处理剂→节点密封处理→试铺、定位、弹基准线→卷材反面涂胶→基层涂胶→粘贴、辊压、排气→接缝搭接面清洗、涂胶→搭接缝粘贴、辊压、排气→搭接缝密封材料封边→特殊部位处理→收头固定、密封→清理、检查、验收。

5.3.3 质量标准

(1)天沟、泛水、上翻梁节点、设备基础、竖井等部位,均应加铺有胎体增强材料的附加层。

(2)雨水口周围与屋面交接处,应作密封处理,并附加两层有胎体增强材料的附加层,并且涂膜应伸入水落口内50 mm,以防翘边开缝,造成渗漏。

(3)分格缝的位置应留置在板的支承端,分格缝内应嵌填密封材料,做到在分格缝处不漏水。

(4)泛水转角均应抹成圆弧,其半径为50 mm,以保证涂层厚薄均匀。

5.3.4 施工注意事项

丙烯酸防水胶膜施工。

1.涂刷基层处理剂

防水层施工前,在基层上涂刷基层处理剂,涂刷基层处理剂的目的是:

(1)堵塞基层毛细孔,使基层的潮湿水蒸气不易向上渗透至防水层,减少防水层起鼓;

(2)增加基层与防水层的黏结力;

(3)将基层表面的尘土清洗干净,以便于黏结。

所涂刷的基层处理剂可用防水涂料稀释后使用。涂刷基层处理剂时要用力薄涂,使其渗入基层毛细孔中。

2.准确计量,充分搅拌

由于内部含有较多纤维状或粉粒状填充料,如搅拌不均匀,不仅涂布困难,而且会使没有拌匀的颗粒杂质残留在涂层中,成为渗漏的隐患。

3.薄涂多遍,确保厚度

确保涂膜防水层的厚度是涂膜防水屋面最主要的技术要求。过薄会降低屋面整体防水效果,缩短防水层耐用年限;过厚将在一定意义上造成浪费。

在涂料涂刷时,无论是厚质防水涂料还是薄质防水涂料均不得一次涂成,以防厚质涂膜收缩和水分蒸发后易产生开裂;而薄质涂料很难一次涂成规定的厚度。因此,防水涂膜应分遍涂布,待先涂的涂层干燥成膜后方可涂布后一遍涂料。

4.铺设胎体增强材料

在涂料第二遍涂刷时,或第三遍涂刷前,即可加铺胎体增强材料,胎体增强材料的铺贴方向平行屋脊铺设,其长边搭接宽度不得小于50 mm,短边搭接宽度不得小于70 mm。

5.涂料涂布方向及接槎

防水涂层涂刷臻密是保证质量的关键。要求各遍涂膜的涂刷方向应相互垂直,使上下遍涂层互相覆盖严密,避免产生直通的针眼气孔,提高防水层的整体性和均匀性。

涂层间的接槎,在每遍涂布时应退槎50~100 mm,接槎时也应超过50~100 mm,避免在接槎处涂层薄弱,发生渗漏。

6.收头处理

在涂膜防水层的收头处应多遍涂刷防水涂料,或用密封材料封严。泛水处的涂膜宜直接涂布至女儿墙的压顶下,在压顶上部也应做防水处理,避免泛水处或压顶的抹灰层开

裂,造成屋面渗漏。

收头处的胎体增强材料应裁剪整齐,黏结牢固,不得有翘边、皱褶、露白等现象,否则应先处理后再行涂封。

7.涂布顺序合理

涂布时应按照“先高后低,先远后近”的原则进行;在相同高度的大面积屋面上,要合理划分施工段,分段应尽量安排在变形缝处,根据操作和运输方便安排先后次序,在每段中要先涂布较远部分,后涂布较近屋面。先涂布排水较集中的水落口、天沟、檐沟,再往高处涂布至屋脊或天窗下。

8.加强成品保护

整个防水涂膜施工完后,应有一个自然养护的时间,尤其是因涂膜防水层的厚度较薄,耐穿刺能力较弱,为避免人为的因素破坏防水涂膜的完整性,保证其防水效果,在涂膜实干前,不得在防水层上进行其他施工作业,涂膜防水屋面上不得直接堆放物品。

聚酯长纤维增塑聚氯乙烯防水卷材施工注意事项:

(1)基层必须干净、干燥,并涂刷与黏结剂材性相容的基层处理剂。

(2)要使用该品种高分子防水卷材的专用黏结剂,不得错用或混用。

(3)必须根据所用黏合剂的使用说明和要求,控制胶黏剂涂刷与黏合的间隔时间,间隔时间受胶黏剂本身性能、气温湿度影响,要根据试验、经验确定。

(4)铺贴高分子防水卷材时,切忌拉伸过紧,以免使卷材长期处在受拉应力状态,易加速卷材老化。

(5)严格做好卷材搭接缝的黏结,是确保防水层质量的关键,所以要求卷材搭接缝结合面应清洗干净,均匀涂刷胶黏剂后,要控制好胶黏剂涂刷与黏合间隔时间,黏合时要排净接缝间的空气,辊压粘牢。接缝口应采用宽度不小于 10 mm 的密封材料封严,以确保防水层的整体防水性能。

9.注意报验程序

每层施工前均要对基层进行清理,对每层施工完成后要会同监理对施工层进行隐蔽工程验收,验收合格并填写隐蔽工程验收记录后方可进行下道工序的施工。

5.4 保温层

5.4.1 施工准备

1.材料

85 泡沫玻璃。

2.作业条件

防水层施工完成并通过验收。

5.4.2 质量标准

1.保证项目

保温材料的堆积密度或表观密度、导热系数以及板材的强度、吸水率,必须符合设计要求。

2.基本项目

紧贴基层,铺平垫稳,拼缝严密,找坡正确。

3.允许偏差

保温材料为±5%,且不得大于4 mm。

5.4.3　施工注意事项

施工前几层应平整、干燥和干净;应紧靠在需保温的基层表面上,并应铺平垫稳;保温层要严格控制含水率,防止含水率过高降低保温性能及使卷材鼓泡影响防水层的质量和使用寿命。

5.5　细石混凝土刚性防水层

5.5.1　施工准备

1.材料

(1)混凝土:强度C20商品混凝土。

(2)水:用自来水。

(3)钢筋:钢筋网冷拔低碳钢丝,直径为4 mm。

(4)分格缝用油膏、10 mm宽PVC条。

(5)纵横向设置6 m×6 m分格缝。

2.作业条件

(1)基层清理干净并已经干燥。

(2)无纺布铺设完成。

5.5.2　现浇细石混凝土操作工艺

(1)先按照分格缝设置图冲筋(固定PVC条),控制好坡度走向,并经过验收后进行下道工序。

(2)浇筑按照先远后近、先高后低的原则逐格进行施工。

(3)按分格板高度,摊开刮平,用平板震荡器十字交叉来回震实,直至混凝土表面泛浆后再用木抹子将表面抹平压实,待混凝土初凝以前,再进行第二次压浆抹光,待混凝土终凝前进行第三次压光。

(4)屋面泛水应严格按设计节点大样要求施工。

(5)铺设、振捣混凝土时必须严格保证钢筋间距及位置准确。

(6)混凝土终凝后,必须立即进行养护,浇水养护不少于14 d。

5.5.3　质量标准

保证项目:

(1)强度必须符合设计要求。

(2)钢筋的品种、规格、位置及保护层厚度,必须符合设计要求和施工规范规定。

(3)细石混凝土防水层的坡度,必须符合设计要求。

5.5.4　施工注意事项

1.避免工程质量通病

(1)细石混凝土刚性防水层开裂预防措施。

(2)为减少结构变形对防水层的不利影响,本工程在细石混凝土刚性防水层下设一道油毡隔离层。

(3)防水层必须分格,纵横间距不得大于 6 m。

(4)混凝土防水层厚度不宜小于 40 mm, 内配Φ 4 钢筋网片位置宜在防水层中间或偏上,并在分格缝处断开。

(5)做好商品混凝土配合比控制,水泥用量不少于 330 kg/m^3,水灰比不大于 0.55,并宜采用普通硅酸盐水泥,粗骨料的最大粒径不大于防水层厚度的 1/3,宜用中粗砂。

(6)混凝土浇灌时应振捣密实、压实、抹平,收水后应随即二次压光,厚度均匀一致。

(7)养护时间控制在 10~14 d。

(8)防水层起壳、起砂预防措施:

①切实做好清基、摊铺、震压、收光、抹平和养护工作。

②避免在严寒、酷热气温下或雨天施工。

2.产品保护

(1)做好养护,每天洒水不少于 3 次。

(2)施工过程应注意屋面范围内已施工的管线等的保护。

5.6 防滑地砖

5.6.1 施工准备

1.材料

(1)防滑地砖。

(2)1∶1水泥砂浆。

2.作业条件

基层清理干净并保证保护镇压层有足够的强度。

5.6.2 质量标准

1.主控项目

(1)砖面层所用的板块的品种、质量必须符合设计要求。

(2)面层与下一层的结合(黏结)应牢固、无空鼓(考虑当前我国施工企业的实际技术水平,对铺贴砖面层中单块的板块料边角有局部空鼓,且每自然间或标准间检查总数中不超过 5%的量,可不计入空鼓这一施工质量缺陷)。

2.一般项目

(1)砖面层的表面应洁净,图案清晰,色泽一致,接缝平整,深浅一致,周边顺直。板块无裂纹、掉角和缺楞等缺陷。

(2)面层邻接处的镶边用料及尺寸应符合设计要求,边角整齐、光滑。

(3)踢脚线表面应洁净,高度一致,结合牢固,出墙厚度一致。

(4)楼梯踏步和台阶板块的缝隙宽度应一致,齿角整齐;楼层梯段相邻踏步高度差不应大于 10 mm;防滑条顺直。

(5)面层表面的坡度应符合设计要求,不倒泛水,无积水;与地漏、管道结合处应严密牢固,无渗漏。

(6)砖面层的允许偏差应符合下表规定。

项次	项目	偏差限值(mm)	检验方法
1	表面平整度	2	用2 m靠尺和楔形塞尺检查
2	缝格平直	3	拉5 m线,不足5 m拉通线和尺量检查
3	接缝高低差	0.5	尺量和楔形塞尺检查
4	踢脚线上口平直	3	拉5 m线,不足5 m拉通线和尺量检查
5	板块间隙宽度	0	尺量检查

5.6.3 施工注意事项

铺设砖面层(含结合层)下的基层表面要求坚实、平整,不允许有施工质量通病现象,并应清扫干净。

在水泥砂浆结合层上铺贴缸砖、陶瓷地砖、水泥花砖面层时,施工应按下列要求进行:

(1)采用的水泥砂浆(含面层的填缝),水泥砂浆强度要达到M15。

(2)对水泥砂浆结合层下基层的要求和处理,铺设板块面层时,其下一层为水泥类基层的抗压强度不得小于1.2 MPa。与此同时,在铺设板块面层前还应涂刷一遍水泥浆,其水灰比宜为0.4~0.5,并应随刷随铺,以达到上下层连接好。

(3)在铺贴前,对砖的规格尺寸、外观质量、色泽等应进行预选(配),并事先在水中浸泡或淋水湿润后晾干待用。

(4)铺贴时采用1:1水泥砂浆,水泥砂浆表面要求拍实并抹成毛面。铺面砖应紧密、坚实,砂浆要饱满。严格控制面层的标高,并注意检测泛水。

(5)面砖的缝隙宽度:当紧密铺贴时不宜大于1 mm,当虚缝铺贴时一般为5~10 mm。

(6)大面积施工时,应采取分段顺序铺贴,按标准拉线镶贴,严格控制方正,并随时做好铺砖、砸平、拔缝、修整等各道工序的检查和复验工作,以保证铺贴面层质量。

(7)砖面层铺贴24 h内,根据各类砖面层的要求,分别进行擦缝、勾缝或压缝工作。缝的深度宜为砖厚度的1/3,擦缝和勾缝应采用同品种、同强度等级、同颜色的水泥。同时应随做随即清理面层的水泥,并做好砖面层的养护和保护工作。

(8)整个施工操作应连续作业,宜在5~6 h内完成,防止水泥砂浆结硬。冬期低温时,可适当延长操作时间。

第6章 安全生产及文明施工

(1)施工前应进行安全技术交底工作,施工过程严格按操作规程进行施工。

(2)运输路线应畅通,各项运输设施应牢固可靠,屋面孔洞应有安全措施。

(3)易燃材料应储存在阴凉、远离火源的地方,储仓及现场应严禁烟火,并配备一定

数量的灭火器。

(4)施工操作人员应戴好安全帽、防护口罩、防护手套,避免有毒材料沾染皮肤。

(5)加热冷底子油,应缓慢升温,严格控制温度,防止着火。

(6)铺贴卷材严禁在雨天施工;5 级及以上大风天气不得施工。

(7)严禁热喷枪火焰对着人或易燃材料施工,向喷灯内灌燃料时要避免溢出流在地面上,以防止点火时引起火灾。

(8)正确使用个人防护用品和安全防护措施。进入施工现场,必须戴好安全帽,禁止穿拖鞋或光脚。

(9)高空作业要注意采取措施,做好安全防护。

(10)严禁酒后上岗,严禁嬉戏、打闹。

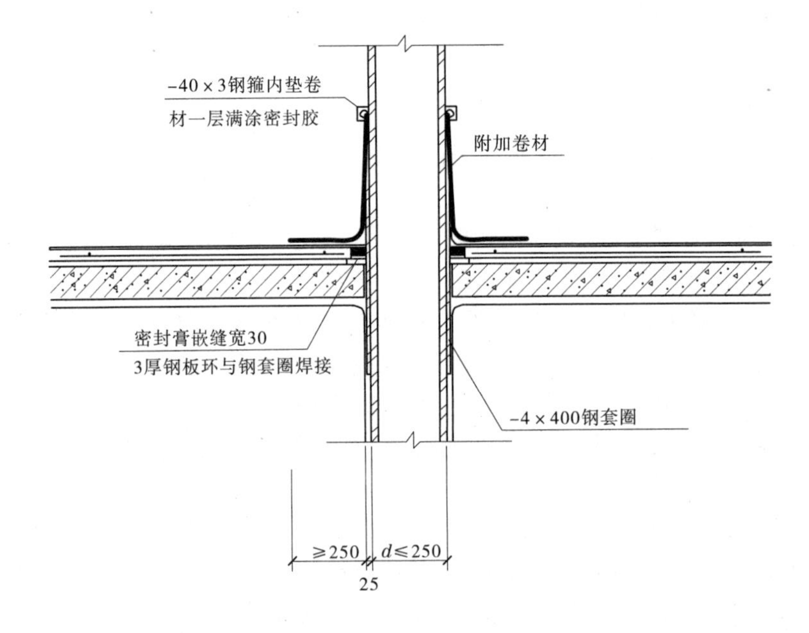

附图 1　管道出屋面泛水

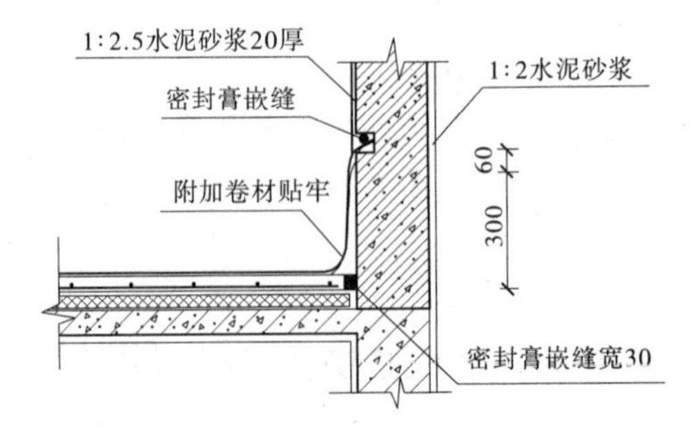

附图 2　墙泛水

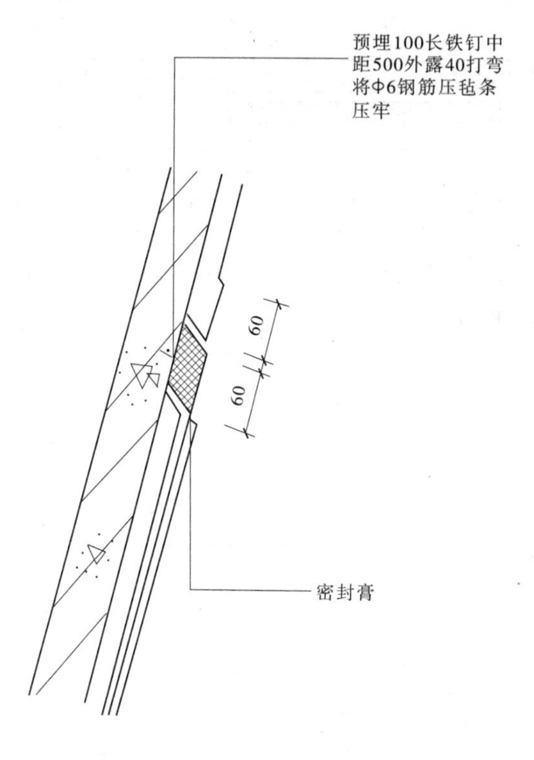

附图 3　泛水收头

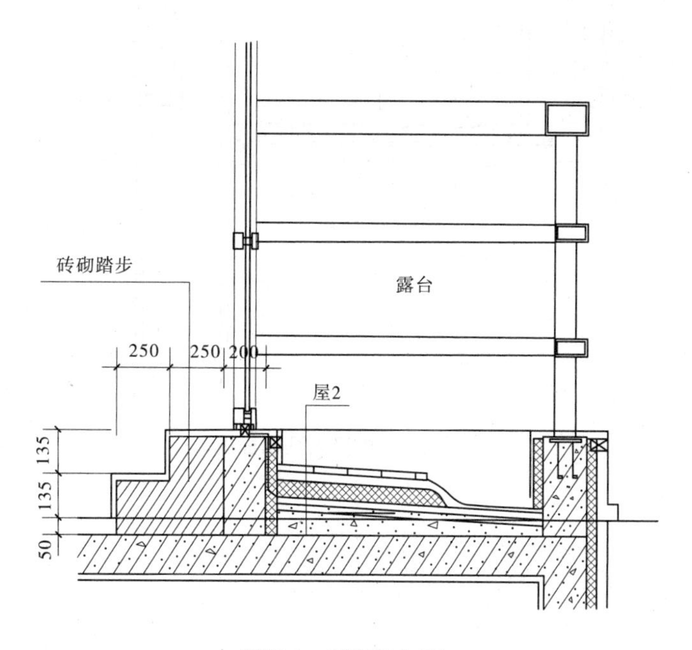

附图 4　屋面出入口

SFJC

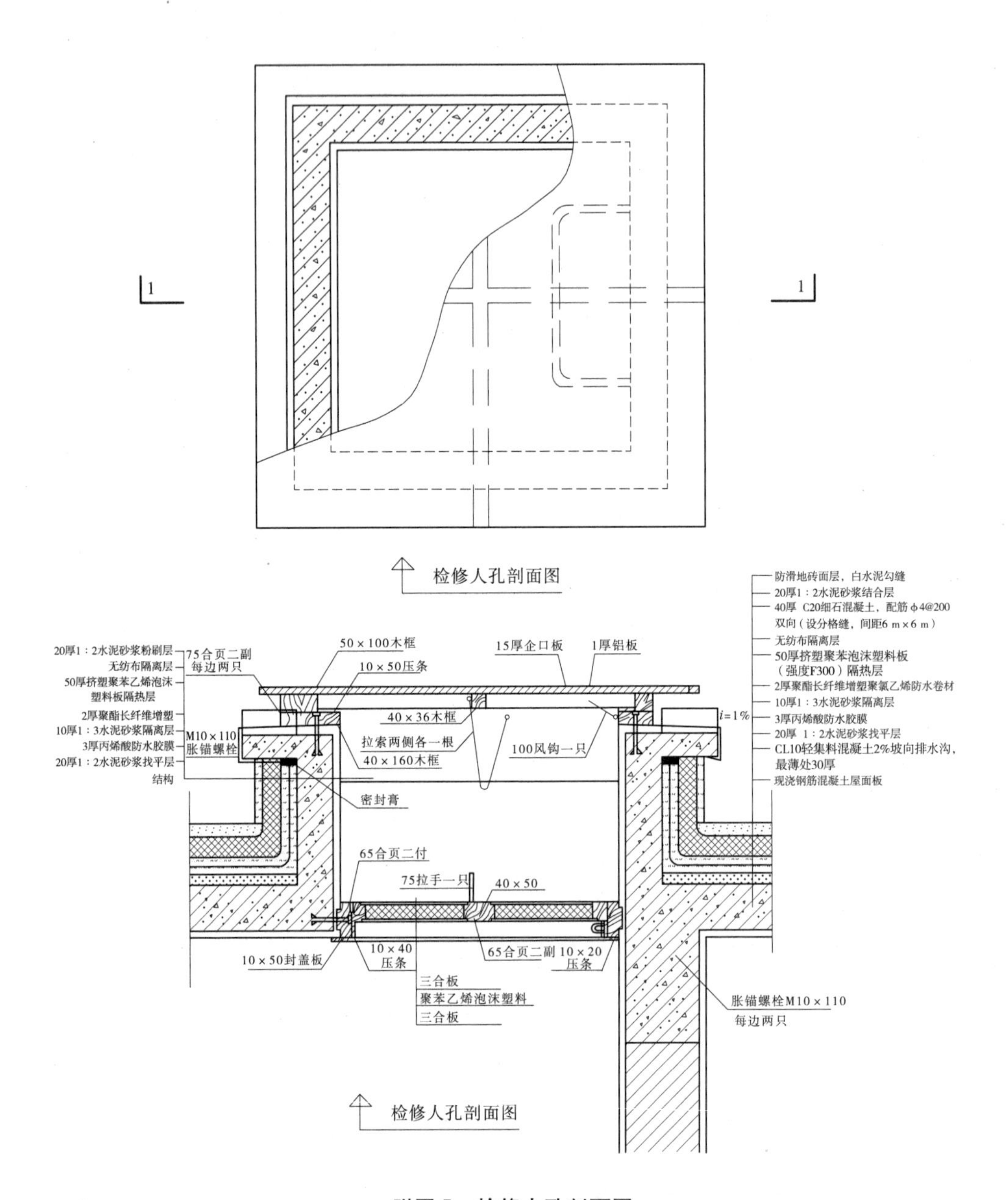
1
1
检修人孔剖面图
20厚1：2水泥砂浆粉刷层
无纺布隔离层
50厚挤塑聚苯乙烯泡沫塑料板隔热层
2厚聚酯长纤维增塑
10厚1：3水泥砂浆隔离层
3厚丙烯酸防水胶膜
20厚1：2水泥砂浆找平层
结构
75合页二副
每边两只
M10×110
胀锚螺栓
50×100木框
10×50压条
15厚企口板
1厚铝板
40×36木框
拉索两侧各一根
40×160木框
100风钩一只
密封膏
i=1%
防滑地砖面层，白水泥勾缝
20厚1：2水泥砂浆结合层
40厚 C20细石混凝土，配筋ф4@200
双向（设分格缝，间距6 m×6 m）
无纺布隔离层
50厚挤塑聚苯泡沫塑料板
（强度F300）隔热层
2厚聚酯长纤维增塑聚氯乙烯防水卷材
10厚1：3水泥砂浆隔离层
3厚丙烯酸防水胶膜
20厚 1：2水泥砂浆找平层
CL10轻集料混凝土2%坡向排水沟，
最薄处30厚
现浇钢筋混凝土屋面板
65合页二付
75拉手一只
40×50
10×50封盖板
10×40
压条
65合页二副
10×20
压条
三合板
聚苯乙烯泡沫塑料
三合板
胀锚螺栓M10×110
每边两只
检修人孔剖面图

附图 5　检修人孔剖面图

学习项目2 防水工程

【学习目标】

通过学习掌握地下防水和室内防水的施工方法与施工要求。

【学习重点】

地下防水及细部防水的施工工艺;室内防水及细部防水的施工工艺。

2.1 地下防水工程

地下防水工程是对工业与民用建筑的地下工程、防护工程、隧道及地下铁道等建筑物和构筑物,进行防水设计、防水施工和维护管理的工程,主要是防止地下水对地下构筑物或建筑物基础的长期浸透,确保地下构筑物和建筑物基础能正常发挥其使用功能。

地下防水工程按照防水内容可划分为地下工程混凝土结构主体防水、地下工程混凝土结构细部构造防水、地下工程排水等;按防水工程的做法可划分为防水混凝土结构自防水和设置附加防水层进行防水两类。

地下防水工程附加防水层可采用防水砂浆、卷材、防水涂料、塑料防水板、金属板和膨润土防水材料等。

其中最常用的是防水混凝土结构自防水和用防水卷材做附加外防水层。

2.1.1 防水混凝土的施工

防水混凝土是指通过采用调整混凝土配合比或掺外加剂等方法提高自身的密实性,具有一定防水能力的不透水性混凝土,它兼有承重、围护和抗渗功能。

规范规定,地下工程迎水面主体结构应采用防水混凝土,并应根据防水等级的要求采取其他防水措施。

2.1.1.1 防水混凝土的原材料要求

1. 水泥

水泥宜采用普通硅酸盐水泥或硅酸盐水泥,采用其他品种水泥应经试验确定。

2. 砂

砂宜选用坚硬、抗风化性强、洁净的中粗砂,含泥量不应大于3.0%,泥块含量不宜大于1.0%。不宜使用海砂,在没有河砂的条件下,应对海砂进行处理后才能使用,且需控制氯离子含量不得大于0.06%。

3. 石子

石了宜选用坚固耐久、粒形良好的洁净石子,最大粒径不宜大于40 mm,泵送时其最大粒径不应大于输送管径的1/4,含泥量不应大于3.0%,泥块含量不宜大于0.5%,吸水率不应大于1.5%,且不得使用碱活性骨料。石子的质量要求应符合国家现行标准的规定。

4. 水

水应为洁净水,可采用饮用水,应符合现行行业标准的要求。

5. 矿物掺合料

防水混凝土可适当添加矿物掺合料,掺合料包括粉煤灰、硅粉、粒化高炉矿渣粉等。粉煤灰可以有效地改善混凝土的抗化学腐蚀性,掺入硅粉可明显提高混凝土强度及抗化学腐蚀性。

掺合料的掺量应满足现行有关规范的要求。

6. 外加剂

防水混凝土可根据工程需要掺入减水剂、膨胀剂、防水剂、密实剂、引气剂、复合型外加剂及水泥基渗透结晶型材料,其品种和用量应经试验确定,所用外加剂的技术性能应符合国家现行有关标准的质量要求。

严禁使用对人体产生危害、对环境产生污染的外加剂。

7. 纤维

防水混凝土可根据工程抗裂需要掺入合成纤维或钢纤维,纤维的品种及掺量应通过试验确定。

8. 碱含量及氯含量

防水混凝土中各类材料的总碱量(Na_2O当量)不得大于3 kg/m^3,氯离子含量不应超过胶凝材料总量的0.1%。

2.1.1.2 防水混凝土的一般规定

1. 配合比

防水混凝土施工前必须经试验做出符合抗渗要求的配合比。防水混凝土的配合比应符合下列规定:

(1)胶凝材料用量应根据混凝土的抗渗等级和强度等级等选用,其总用量不宜小于320 kg/m^3。当强度要求较高或地下水有腐蚀性时,胶凝材料用量可通过试验调整。

(2)在满足混凝土抗渗等级、强度等级和耐久性条件下,水泥用量不宜小于260 kg/m^3。

(3)砂率宜为35%~40%,泵送时可增至45%。

(4)灰砂比宜为1∶1.50~1∶2.5。

(5)水胶比不得大于0.5,有侵蚀性介质时水胶比不宜大于0.45。

2. 使用温度

防水混凝土的环境温度(使用温度)不得高于80 ℃。处于侵蚀性介质中防水混凝上的耐侵蚀要求应根据介质的性质按有关标准执行。

3. 混凝土垫层

防水混凝土结构底板的混凝土垫层强度等级不应小于C20,厚度不应小于100 mm,在软弱土层中不应小于150 mm。

4. 钢筋保护层厚度

钢筋保护层厚度迎水面不应小于35 mm。直接处于侵蚀性介质中时,保护层厚度不小于50 mm。

5. 初凝时间

防水混凝土一般采用预拌混凝土,初凝时间宜为6~8 h。

6. 材料计量

防水混凝土配料应按配合比准确称量,其计量允许偏差应符合表2-1的规定。

表2-1 防水混凝土配料计量允许偏差

混凝土组成材料	每盘计量(%)	累计计量(%)
水泥、掺合料	±2	±1
粗、细骨料	±3	±2
水、外加剂	±2	±1

7. 坍落度

防水混凝土采用预拌混凝土时,入泵坍落度宜控制在120~140 mm,坍落度每小时损失值不应大于20 mm,坍落度总损失值不应大于4 mm。

2.1.1.3 防水混凝土的施工缝

防水混凝土应连续浇筑,宜少留施工缝。当留设施工缝时,应符合相关规定。

1. 墙体水平施工缝

墙体水平施工缝不应留在剪力最大处或底板与侧墙的交接处,应留在高出底板表面不小于300 mm的墙体上。拱(板)墙结合的水平施工缝,宜留在拱(板)墙接缝线以下150~300 mm处。墙体有预留孔洞时,施工缝距孔洞边缘不应小于300 mm。

2. 垂直施工缝

垂直施工缝应避开地下水和裂隙水较多的地段,并宜与变形缝相结合。

3. 施工缝处防水措施

施工缝的防水措施有很多种,如外贴止水带、外贴防水卷材、外涂防水涂料、中埋止水带、中埋腻子型遇水膨胀止水条或遇水膨胀橡胶止水条等。

中埋式止水带用于施工缝的防水效果比较好,中埋式止水带从材质上可分为钢板和橡胶两种,从防水角度上这两种材料均可使用,但从防水效果看,宜采用钢板止水带。止水钢板采用2 mm厚、200 mm宽的钢板,在浇筑混凝土前放置于施工缝处。

目前预埋注浆管用于施工缝的防水做法应用较多,防水效果明显,但采用此种方法时要注意注浆时机,一般在混凝土浇灌28 d后、结构装饰施工前注浆或使用过程中施工缝出现漏水时注浆。

施工缝防水构造形式宜按图2-1、图2-2选用,当采用两种以上构造措施时可进行有效组合。

4. 施工缝的处理

(1)水平施工缝。浇筑混凝土前,应将其表面的浮浆和杂物清除,然后铺设净浆或涂刷混凝土界面处理剂、水泥基渗透结晶型防水涂料等材料,再铺30~50 mm厚的1:1水泥砂浆,并应及时浇筑混凝土。

(2)垂直施工缝。浇筑混凝土前,应将其表面清理干净,再涂刷混凝土界面处理剂或水泥基渗透结晶型防水涂料,并应及时浇筑混凝土。

(3)止水带。遇水膨胀止水条(胶)应与接缝表面密贴。采用中埋式止水带或预埋式注浆管时,应定位准确、固定牢靠。

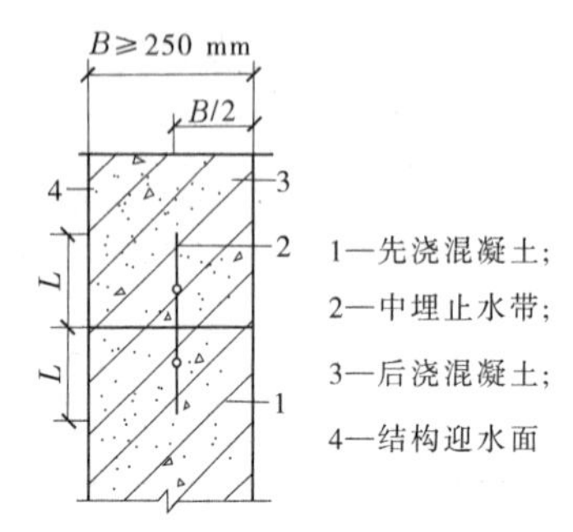

(钢板止水带$L\geq150$ mm; 橡胶止水带$L\geq200$ mm;
钢板橡胶止水带 $L\geq120$ mm)

图 2-1 施工缝防水构造(一)

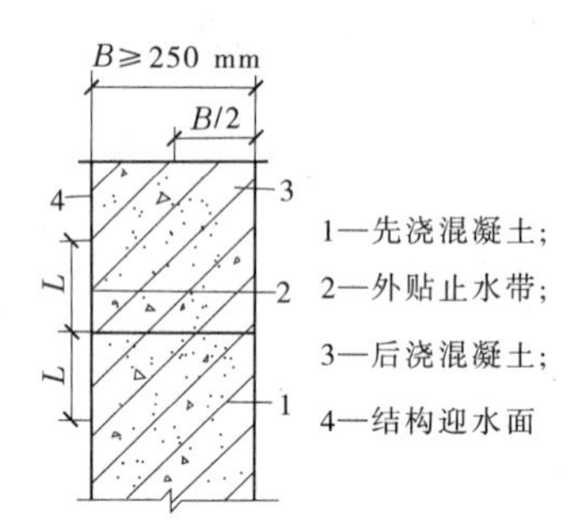

(外贴止水带$L\geq150$ mm; 外涂防水涂料 $L=200$ mm;
外抹防水砂浆 $L=200$ mm)

图 2-2 施工缝防水构造(二)

2.1.1.4 对拉螺栓的构造措施

用于固定模板的螺栓必须穿过混凝土结构时,可采用工具式螺栓或螺栓加堵头,螺栓上应加焊方形止水环,见图 2-3。拆模后应将留下的凹槽用密封材料封堵密实,并应用聚合物水泥砂浆抹平。

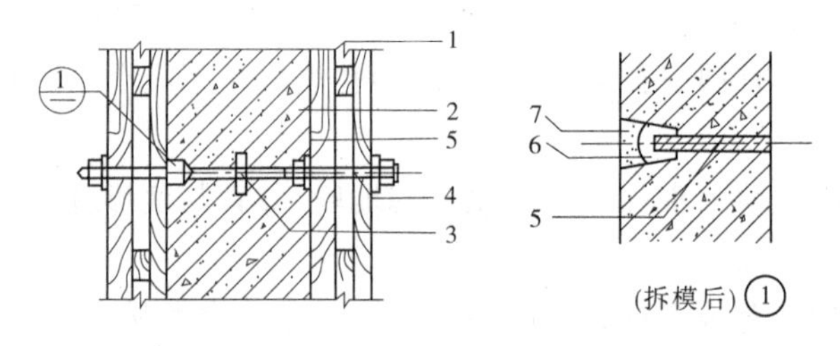

1—模板;2—结构混凝土;3—止水环;4—工具式螺栓;
5—固定模板用螺栓;6—密封材料;7—聚合物水泥砂浆

图 2-3 固定模板用螺栓的防水构造

2.1.2 卷材防水层的施工

卷材防水层宜用于经常处在地下水环境,且受侵蚀性介质作用或受振动作用的地下工程。

2.1.2.1 卷材防水层的材料要求

防水卷材的品种、规格和层数应根据地下工程防水等级、地下水位高低及水压力作用状况、结构构造形式和施工工艺等因素确定。

卷材外观质量、品种规格应符合国家现行有关标准的规定,卷材及其胶黏剂应具有良好的耐水性、耐久性、耐刺穿性、耐腐蚀性和耐菌性。

弹性体(SBS)改性沥青防水卷材单层使用时,应选用聚酯毡胎,不宜选用玻纤胎;双层使用时，必须有一层聚酯毡胎。

聚乙烯丙纶复合防水卷材应采用聚合物水泥防水黏结材料。

高分子自粘胶膜防水卷材厚度宜采用1.2 mm的品种，在地下防水工程中应用时，一般采用单层铺设。

2.1.2.2 卷材防水层的一般规定

1. 铺贴要求

防水卷材应铺贴在地下工程混凝土结构的迎水面，即外防水。

卷材防水层用于建筑物地下室时，卷材应从结构底板垫层连续铺设至外墙顶部防水设防高度（高出室外地坪高程500 mm以上）的结构基面上；用于单建式的地下工程时，应从结构底板垫层铺设至顶板基面，并应在外围形成封闭的防水层。

基层阴阳角处应做圆弧或45°坡角，并增做卷材加强层，加强层宽度宜为300～500 mm。

铺贴双层卷材时，上下两层和相邻两幅卷材的接缝应错开1/3～1/2幅宽，且两层卷材不得相互垂直铺贴。

卷材搭接处和接头部位应粘贴牢固，接缝口应封严或采用材性相容的密封材料封缝。铺贴立面卷材防水层时，应采取防止卷材下滑的措施。

2. 搭接宽度

不同品种防水卷材的搭接宽度，应符合表2-2的要求。

表2-2 防水卷材的搭接宽度

卷材品种	搭接宽度(mm)
弹性体改性沥青防水卷材	100
改性沥青聚乙烯胎防水卷材	100
自粘聚合物改性沥青防水卷材	80
三元乙丙橡胶防水卷材	100/60（胶黏剂）/胶带
聚氯乙烯防水卷材	60/80（单焊缝/双焊缝）
	100（胶黏剂）
聚乙烯丙纶复合防水卷材	100（黏结剂）
高分子自粘胶防水卷材	70/80（自粘胶/胶黏带）

3. 铺贴方法

结构底板垫层混凝土部位的卷材可采用空铺法或点粘法施工，其黏结位置、点粘面积应按设计要求确定。

侧墙采用外防外贴法的卷材及顶板部位的卷材应采用满粘法施工。

聚乙烯丙纶复合防水卷材与基层粘贴应采用满粘法，黏结面积不应小于90%。

4. 保护层

卷材防水层完工并经验收合格后应及时做保护层，顶板和底板保护层可采用细石混凝土，侧墙采用软质材料或铺抹1∶2.5水泥砂浆做保护层。软质保护材料可采用沥青基

防水保护板、塑料排水板或聚苯乙烯泡沫板等材料。

顶板的细石混凝土保护层与防水层之间宜设置隔离层,保护层厚度机械回填时不宜小于 70 mm,人工回填时不宜小于 50 mm,底板的细石保护层厚度不应小于 50 mm。

卷材防水层采用预铺反粘法施工时可不作保护层。

5. 施工条件

铺贴卷材严禁在雨天、雪大、5 级及以上大风中施工;冷粘法、自粘法施工的环境气温不宜低于 5 ℃;热熔法、焊接法施工的环境气温不宜低于 -10 ℃ 。

施工过程中下雨或下雪时,应做好已铺卷材的防护工作。

2.1.2.3 卷材防水层的施工工艺

1. 外防外贴法施工

在垫层上铺好底面防水层后,先进行底板和墙体结构的施工,再把底面防水层延伸铺贴在墙体结构的外侧表面上,最后在防水层外侧砌保护墙。这种施工方法叫外贴法。

1)施工程序

工艺流程为:做混凝土垫层→砌筑永久性保护墙→砌筑临时保护墙→抹砂浆找平层→涂刷基层处理剂→分层铺贴卷材→做卷材保护层→施工底板和墙体→铺贴墙体卷材。

首先浇筑需防水结构的底面混凝土垫层,并在垫层上砌筑永久性保护墙,墙下干铺卷材一层,墙高不小于底板厚度另加 200 ~ 500 mm;在永久性保护墙上用石灰砂浆砌筑临时保护墙。墙高为 150 mm ×(卷材层数 +1);在永久性保护墙上和垫层上抹 1∶3水泥砂浆找平层,临时保护墙上用石灰砂浆找平;待找平层基本干燥后,即在其上满涂基层处理剂,然后分层铺贴立面和平面卷材防水层,将顶端临时固定,并在铺贴好的卷材表面做好保护层后,进行需防水结构的底板和墙体施工。底板和墙体施工结束后,将临时固定的接槎部位的各层卷材揭开并清理干净,再在该区段的外墙表面上补抹水泥砂浆找平层,将卷材分层错槎搭接向上铺贴在结构墙上。

2)施工要点

外贴法施工应先铺平面,后铺立面,交接处应交叉搭接,见图 2-4。

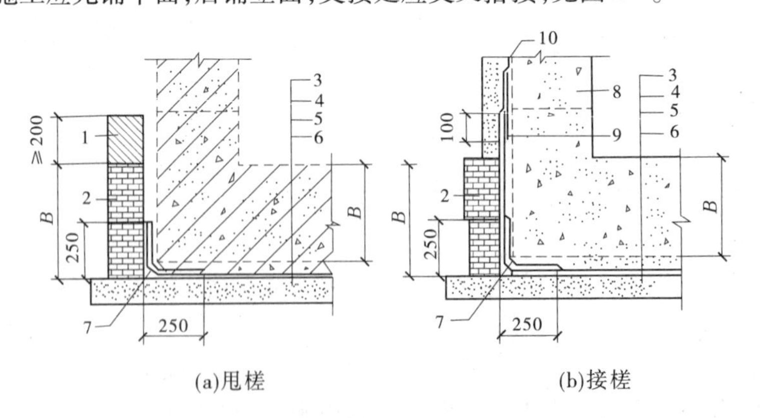

1—临时性保护墙;2—永久性保护墙;3—细石混凝土保护层;4—卷材防水层;5—水泥砂浆找平层;6—混凝土垫层;7—卷材加强;8—结构墙体;9—卷材加强层;10—卷材保护层

图 2-4 外贴法施工卷材防水层甩槎、接槎构造

临时性保护墙宜采用石灰砂浆砌筑，内表面宜做找平层。

从底面折向立面的卷材与永久性保护墙的接触部位应采用空铺法施工；卷材与临时性保护墙或围护结构模板的接触部位应将卷材临时贴附在该墙上或模板上，并应将顶端临时固定。

当不设保护墙时，从底面折向立面的卷材接槎部位应采取可靠的保护措施。

混凝土结构完成，铺贴立面卷材时，应先将接槎部位的各层卷材揭开，并应将其表面清理干净，如卷材有局部损伤，应及时进行修补。

卷材接槎的搭接长度，采用高聚物改性沥青类卷材时应为150 mm，合成高分子类卷材应为100 mm。

2. 外防内贴法施工

在垫层边上先砌筑保护墙，卷材防水层一次铺贴在垫层和保护墙上，最后进行底板和墙体结构的施工，这种施工方法叫内贴法。

1）施工程序

工艺流程：做混凝土垫层→砌筑永久性保护墙→墙上抹砂浆找平层→涂刷基层处理剂→分层铺贴立面及平面卷材→做卷材保护层→施工底板和墙体。

首先浇筑需防水结构的底面混凝土垫层，在垫层上砌筑永久性保护墙，然后在垫层及保护墙上抹1∶3水泥砂浆找平层，待其基本干燥后满涂基层处理剂，沿保护墙与垫层铺贴防水层。卷材防水层铺贴完后，在立面防水层上涂刷最后一层黏结剂时，趁热粘上干净的热砂或散麻丝，待冷却后，随即抹一层厚度为10～20 mm的1∶3水泥砂浆保护层，在平面上铺设一层厚度为30～50 mm的1∶3水泥砂浆或细石混凝土保护层。最后进行需防水结构的底板和墙体的施工。

2）施工要点

内贴法施工应先铺立面，然后铺平面。铺贴立面时，应先铺转角，再铺大面。混凝土结构的保护墙内表面应抹厚度为20 mm的1∶3水泥砂浆找平层，然后铺贴卷材。

2.1.2.4 高分子自粘胶膜防水卷材

高分子自粘胶膜防水卷材是以合成高分子片材为底膜，单面覆有高分子自粘胶膜层，用于预铺反粘法施工的防水卷材，如图2-5所示。

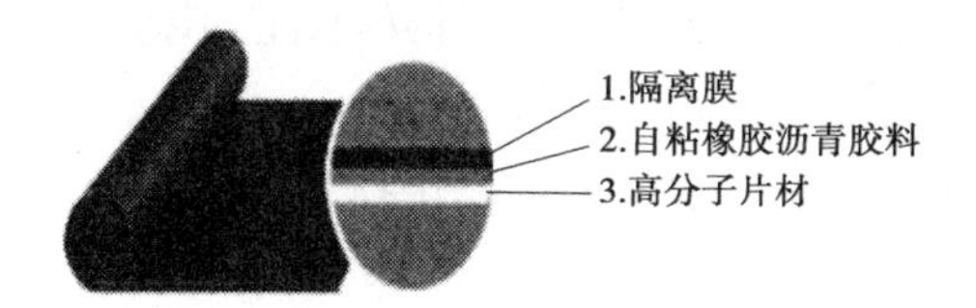

图2-5 高分子自粘胶膜防水卷材

其特点是具有较高的断裂拉伸强度和撕裂强度，胶膜的耐水性好，一、二级的防水工程单层使用时也能达到防水要求。采用预铺反粘法施工，由卷材表面的胶膜与结构混凝土发生黏结作用，其卷材的搭接缝和接头要采用配套的黏结材料。

预铺反粘法是指将覆有高分子自粘胶膜层的防水卷材空铺在基面上（见图2-6），然后浇筑混凝土（见图2-7），使混凝土浆料与卷材胶膜层紧密结合的施工方法，它是一种外

防内贴法施工。采用预铺反粘法施工,卷材可不做保护层。

图 2-6 高分子自粘胶膜防水卷材预铺

图 2-7 浇筑混凝土

2.1.3 刚性防水层的施工

刚性防水层是将防水砂浆施工在整体的混凝土结构或结构的基层上,形成的水泥砂浆防水层,它具有以下特点:

(1)有较高的抗压、抗拉强度及一定的抗渗透能力。

(2)抗冻和抗老化性能好,耐久性好。

(3)施工简单,便于修补,造价便宜。

(4)无毒、不燃、无味,具有透气性。

防水砂浆包括聚合物水泥防水砂浆、掺外加剂或掺合料的防水砂浆。聚合物水泥砂浆是指在水泥砂浆里掺入适量的聚合物以提高防水能力,满足防水要求。

在地下工程中常用的聚合物有乙烯-醋酸乙烯共聚物、聚丙烯酸酯、有机硅、丁苯胶乳、氯丁胶乳等。

水泥砂浆防水层可用于地下工程主体结构的迎水面或背水面,不应用于受持续振动或温度高于 80 ℃的地下工程防水。

2.1.3.1 防水砂浆的材料要求

用于水泥砂浆防水层的材料,应符合相关规定。

1. 水泥

水泥应使用硅酸盐水泥、普通硅酸盐水泥或特种水泥,不得使用过期或受潮结块的水泥。

2. 砂

砂宜采用中砂,含泥量不应大于 ±3%,硫化物和硫酸盐含量不应大于 1%。

3. 水

拌制水泥砂浆用水,应符合国家现行标准的有关规定。

4. 聚合物

聚合物乳液的外观应为均匀液体,无杂质、无沉淀、不分层。聚合物乳液的质量要求应符合国家现行标准的有关规定。

5. 外加剂

外加剂的技术性能应符合现行国家有关标准的质量要求。

2.1.3.2　防水砂浆的一般规定

1. 防水层的厚度

聚合物水泥防水砂浆厚度单层施工宜为6～8 mm,双层施工宜为10～12 mm;掺外加剂或掺合料的水泥防水砂浆厚度宜为18～20 mm。

2. 施工缝

水泥砂浆防水层每层宜连续施工,尽量不留施工缝,必须留设施工缝时,应采用阶梯坡形槎,离阴阳角处的距离不得小于200 mm,见图2-8。

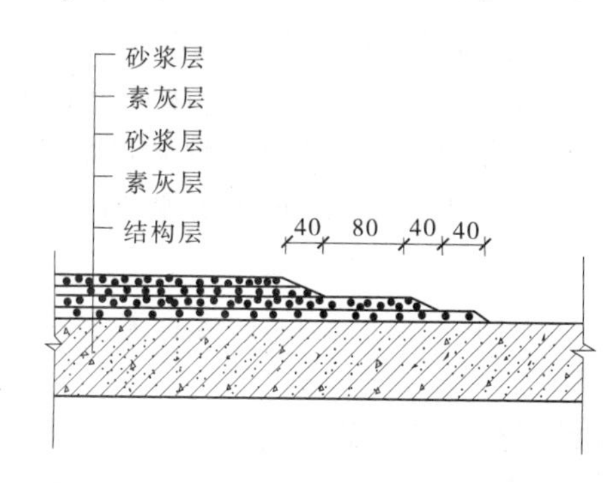

图2-8　水泥砂浆防水层施工缝做法

3. 施工条件

水泥砂浆防水层不得在雨天、5级及以上大风中施工。冬期施工时,气温不应低于5 ℃,夏季不宜在30 ℃以上或烈日照射下施工。

4. 施工方法

水泥砂浆防水层采用多层抹面的施工方法,即利用素灰(稠度较小的水泥浆)和水泥砂浆分层交替抹压密实,构成一个多层防线的整体防水层。

2.1.3.3　防水砂浆的施工工艺

1. 工艺流程

施工准备→基层处理→灰浆配置→分层抹压砂浆→养护。

2. 基层处理

基层处理是保证防水层与基层表面结合牢固、不空鼓、密实不透水的关键,它包括清理、浇水、找平等工序。基层处理后必须浇水湿润。

3. 灰浆配置

(1)素灰:用水泥和水拌和,水灰比宜为0.37～0.4。

(2)水泥浆:用水泥和水拌和,水灰比宜为0.55～0.6。

(3)水泥砂浆:灰砂比宜为1∶2.5,水灰比宜为0.6～0.65。

灰浆拌制以机械搅拌为宜,量少时可采用人工拌制。

4. 分层抹压砂浆

第一层:素灰层,厚2 mm,分两次抹。

第二层:水泥砂浆层,厚4～5 mm,在素灰层初凝时抹第二层。

第三层:素灰层,厚2 mm,在第二层水泥砂浆凝固并有一定强度后,适当浇水湿润,进行第三层施工。

第四层:水泥砂浆层,厚4～5 mm,按照第二层方法施工。

第五层:水泥浆层,厚1 mm。当防水层在迎水面时,需在第四层水泥砂浆抹压2遍后,用毛刷均匀地将水泥浆刷到第四层表面,随第四层抹实压光。

5. 养护

抹面完成后,要做好养护工作,养护温度不宜低于5 ℃,养护时间不得低于14 d。

2.1.3.4 防水砂浆的施工要点

(1)防水砂浆的配合比和施工方法应符合所掺材料的规定,其中聚合物水泥防水砂浆的用水量应包括乳液中的含水量。

(2)水泥砂浆防水层分层铺抹时应压实、抹平,素灰层与砂浆层应在同一天施工完毕,最后一层表面应提浆压光。

(3)素灰层要求薄而均匀,抹面后不宜干撒水泥粉。

(4)聚合物水泥防水砂浆拌和后应在规定时间内用完。施工中不得任意加水,防水层未达到硬化状态时,不得浇水养护或直接受雨水冲刷,硬化后应采用干湿交替的养护方法。

(5)采用抹压法施工时,先在基层涂刷一层 1∶0.4 的水泥浆,随后分层铺抹防水砂浆。

(6)采用扫浆法施工时,先在基层薄涂一层防水砂浆,然后分层铺刷防水砂浆,相邻两层防水砂浆铺刷方向互相垂直,最后将防水砂浆扫出条纹。

2.1.4 细部构造防水施工

2.1.4.1 变形缝

设置变形缝的目的是适应地下工程由于温度、湿度作用及混凝土收缩、徐变而产生的水平变位以及地基不均匀沉降而产生的垂直变位,以保证工程结构的安全和满足密封防水的要求。

对于地下防水工程来说,变形缝是防水的薄弱环节,防水处理比较复杂。为此,在选用材料、做法及结构形式上,应考虑变形缝处的沉降、伸缩的可变性,并且还应保证其在形态中的密闭性。

1. 一般规定

用于伸缩的变形缝宜少设,可根据不同的工程结构类别、工程地质情况采用后浇带、加强带、诱导缝等替代措施。变形缝的宽度宜为 20 ~ 30 mm,变形缝处混凝土结构的厚度不应小于 300 mm。

2. 止水措施

变形缝处的止水处理主要采用止水带和接缝密封材料。

止水带分为刚性(金属)止水带和柔性(橡胶或塑料)止水带两类。金属止水带一般可选择不锈钢、紫铜等材料制作,厚度宜为 2 ~ 3 mm;橡胶止水带以氯丁橡胶、三元乙丙橡胶为主。因为橡胶止水带质量稳定、适应能力强,国内外应用较普遍。

对于结构厚度大于和等于 300 mm 的变形缝,应采用中埋式橡胶止水带或采用 2 mm 厚的紫铜片或 3 mm 厚的不锈钢等中间呈圆弧形的金属止水带。对于环境温度高于50 ℃处的变形缝,宜采用 2 mm 厚的不锈钢片或紫铜片止水带。

重要的地下防水工程可选用钢边橡胶止水带。钢边橡胶止水带是在止水带的两边加有钢板,使用时可起到增加止水带的渗水长度和加强止水带与混凝土的锚固作用。

密封材料应采用混凝土接缝用密封胶,迎水面宜采用低模量的密封材料,背水面宜采用高模量的密封材料。

3. 构造形式

止水带的构造形式通常有嵌缝式、粘贴式、附贴式、埋入式等。

金属止水带通常采用中埋式，也可采用与其他材料复合使用的多种防水构造形式，见图2-9～图2-12。

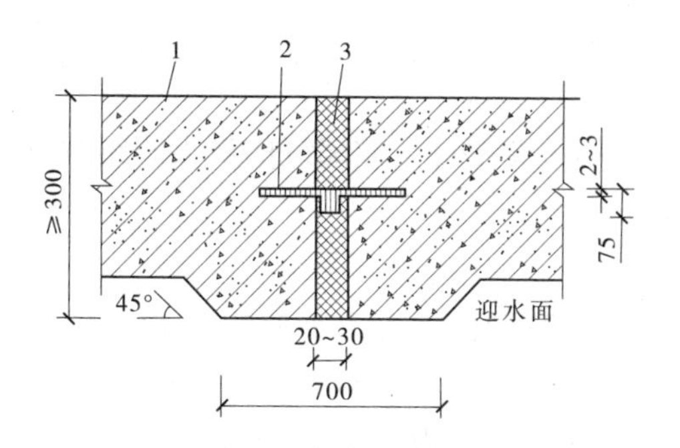

1—混凝土结构；2—金属止水带；
3—填缝材料

图2-9 中埋式金属止水带

1—混凝土结构；2—中埋式止水带；3—填缝材料；
4—外贴止水带（外贴式止水带 $L \geqslant 300$，外贴式防水卷材 $L \geqslant 400$，外涂防水涂层 $L \geqslant 400$）

图2-10 中埋式止水带与外贴防水层复合使用

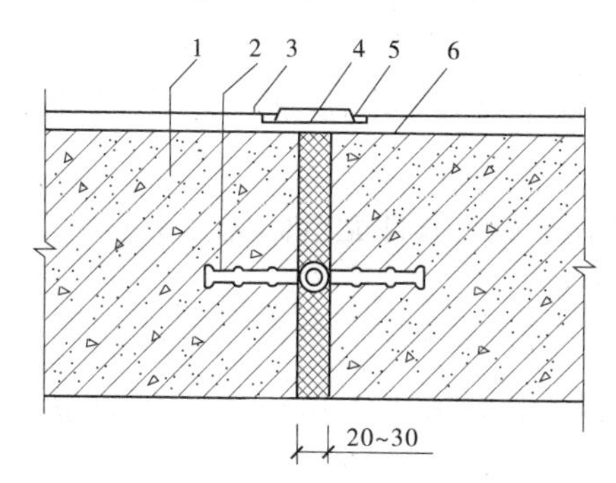

1—混凝土结构；2—中埋式止水带；3—防水层；
4—隔离层；5—密封材料；6—填缝材料

图2-11 中埋式止水带与嵌缝材料复合使用

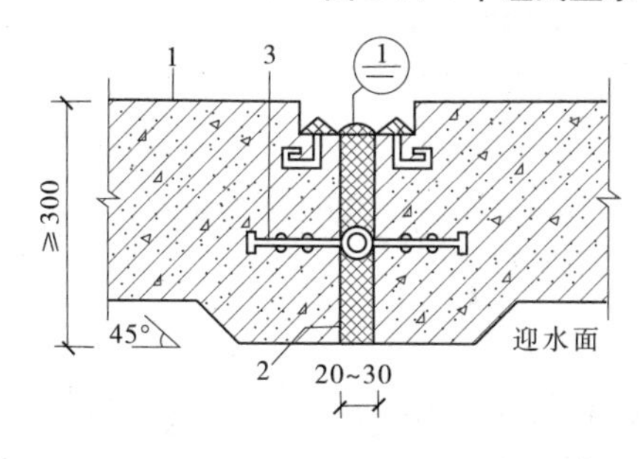

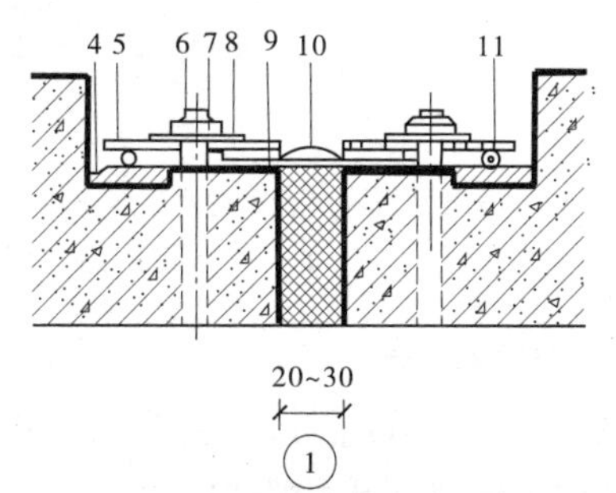

1—混凝土结构；2—填缝材料；3—中埋式止水带；4—预埋钢板；5—紧固件压板；6—预埋螺栓；
7—螺母；8—垫圈；9—紧固件压块；10—Ω形止水带；11—紧固件圆钢

图2-12 中埋式止水带与可卸式止水带复合使用

4. 材料要求

不锈钢片或紫铜片止水带应是整条的。接缝应采用焊接方式。焊接应严密平整，并经检验合格后方可安装。

密封胶应具有一定弹性、黏结性、耐候性和位移能力。同时。由于密封胶是不定型的膏状体，因此还应具有一定的流动性和挤出性。

2.1.4.2 后浇带

后浇带是在地下工程不允许留设变形缝而实际长度超过了伸缩缝的最大间距时所设置的一种刚性接缝。

1. 一般规定

后浇带宜用于不允许留设变形缝的工程部位，在其两侧混凝土龄期达到 42 d 后再施工。后浇带应采用补偿收缩混凝土浇筑，其抗渗和抗压强度等级不应低于两侧混凝土。

补偿收缩混凝土是在混凝土中加入一定量的膨胀剂的混凝土。混凝土膨胀剂与水泥、水拌和后经水化反应生成钙钒石或氢氧化钙，可以使混凝土产生膨胀，混凝土中加入膨胀剂后，在有配筋的情况下，能够补偿混凝土的收缩，提高混凝土抗裂性和抗渗性。

2. 材料要求

用于补偿收缩混凝土的水泥、砂、石、拌和水及外加剂、掺合料等应符合有关规定的要求。

混凝土膨胀剂的物理性能应符合要求，膨胀剂掺量应以胶凝材料总量的百分比表示，不宜大于 12% 。

采用膨胀剂的补偿收缩混凝土，其性能指标应在不影响抗压强度条件下膨胀率要尽量增大且干缩落差要小。

3. 构造形式

后浇带两侧的留缝形式，根据施工条件可做成平直缝或阶梯缝。其构造形式如图 2-13 ~ 图 2-15 所示。

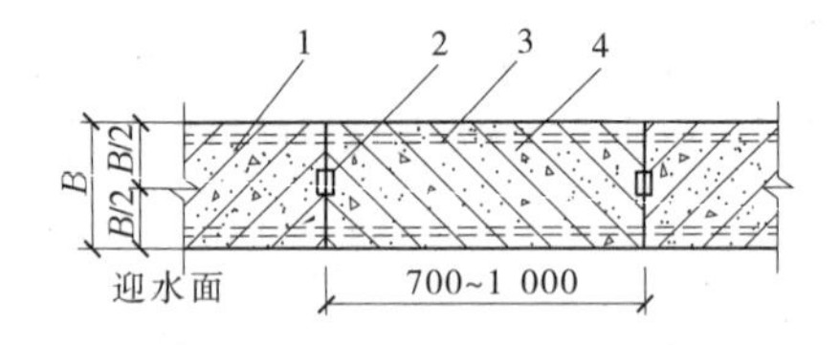

1—先浇混凝土；2—遇水膨胀止水条（胶）；3—结构主筋；4—后浇补偿收缩混凝土

图 2-13　后浇带防水构造（一）

2.1.4.3 穿墙管（盒）

预先埋设穿墙管（盒），主要是为了避免浇筑混凝土完成后再重新凿洞破坏防水层，以消除形成工程渗漏水的隐患。

1. 一般规定

穿墙管（盒）应在浇筑混凝土前预埋，与内墙角、凹凸部位的距离应大于 250 mm。

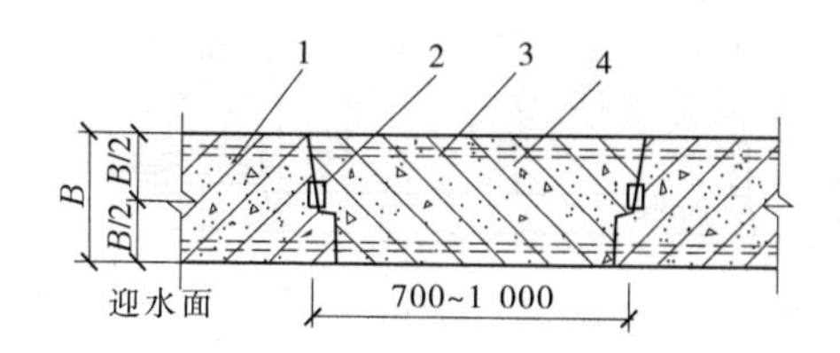

1—先浇混凝土;2—遇水膨胀止水条(胶);3—结构主筋;4—后浇补偿收缩混凝土

图 2-14　后浇带防水构造(二)

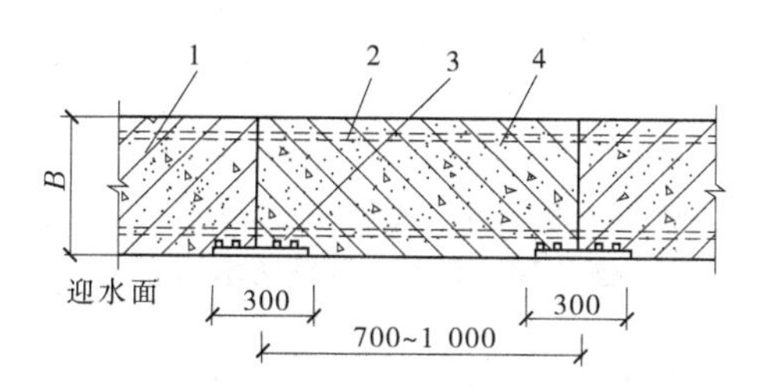

1—先浇混凝土;2—结构主筋;3—外贴式止水带;4—后浇补偿收缩混凝土

图 2-15　后浇带防水构造(三)

2. 构造形式

结构变形或管道伸缩量较小时穿墙管可采用主管直接埋入混凝土内的固定式防水法,主管应加焊止水环或环绕遇水膨胀止水圈,并应在迎水面预留凹槽。槽内应采用密封材料嵌填密实。止水环的形状以方形为宜,以避免管道安装时所加外力引起穿墙管的转动。

结构变形或管道伸缩量较大后有更换要求时,应采用套管式防水法,套管应加焊止水环。

固定式穿墙管防水构造见图 2-16、图 2-17,套管式穿墙管防水构造见图 2-18,穿墙群管防水构造见图 2-19 。

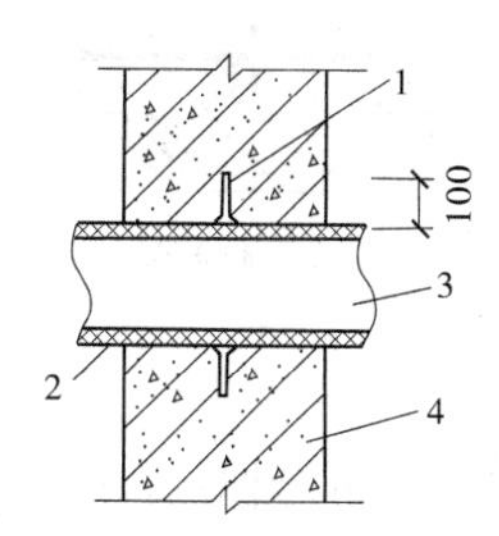

1—止水环;2—密封材料;
3—主管;4—混凝土结构

图 2-16　固定式穿墙管防水构造(一)

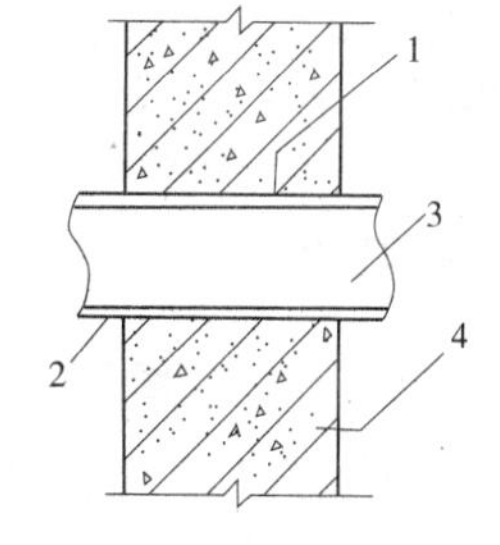

1—遇水膨胀止水圈;2—密封材料;
3—主管;4—混凝土结构

图 2-17　固定式穿墙管防水构造(二)

2.1.4.4　埋设件

埋设件的预先埋设是为了避免破坏地下工程的防水层,如果采用滑式钢模施工确无预埋条件时,方可后埋,但必须采用有效的防水措施。结构上的埋设件应采用预埋或预留

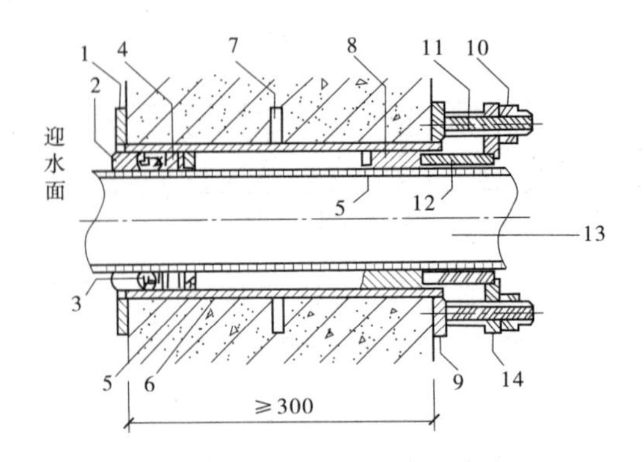

1—翼环;2—密封材料;3—背衬材料;4—充填材料;5—挡圈;6—套管;7—止水环;
8—橡胶圈;9—翼盘;10—螺母;11—双头螺栓;12—短管;13—主管;14—法兰盘

图 2-18 套管式穿墙防水构造

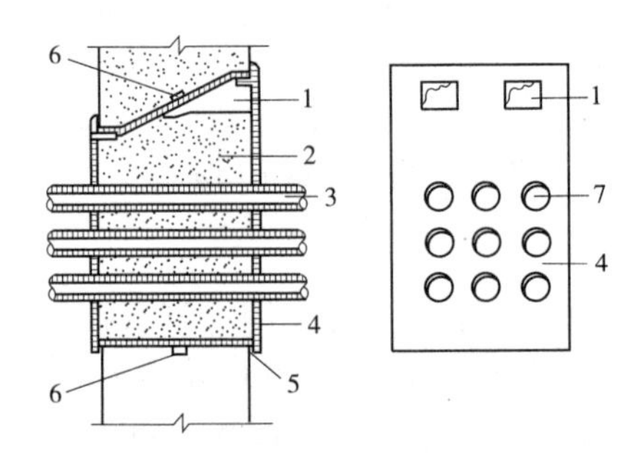

1—浇筑孔;2—柔性材料或细石混凝土;3—穿墙管;
4—封口钢板;5—固定角钢;6—遇水膨胀止水条;7—预留孔

图 2-19 穿墙群管防水构造

孔(槽)等,见图 2-20。

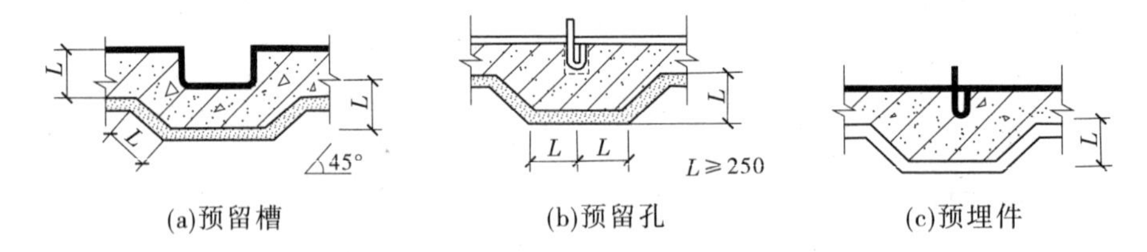

图 2-20 预埋件或预留孔(槽)处理

埋设件端部或预留孔(槽)底部的混凝土厚度不得小于 250 mm,当厚度小于 250 mm 时,应采取局部加厚或其他防水措施。

预留孔(槽)内的防水层,宜与孔(槽)外的结构防水层保持连续。

2.2 室内防水工程

室内防水工程是指对室内有防水要求的部位施工防水层的措施,主要指卫生间、厨房等部位。室内防水工程的基本特征有以下几点：

(1)与屋面、地下防水工程相比，不受自然气候的影响，且受温差变形及紫外线影响小，耐水压力小，因此对防水材料的温度及厚度要求较小。

(2)受水的浸蚀具有长久性或干湿交替性。要求防水材料的耐水性、耐久性优良，不易水解、霉烂。

(3)室内防水工程较复杂，存在施工空间相对狭小、空气流通不畅、厕浴间和厨房等处穿楼板(墙)管道多、阴阳角多等不利因素，防水材料施工也不易操作，防水效果不易保证，选择防水材料应充分考虑可操作性。

(4)从使用功能上考虑，室内防水工程选用的防水材料会直接或间接与人接触。故要求防水材料无毒、难燃、环保，并且满足施工和使用的安全要求。

2.2.1　概述

2.2.1.1　材料的种类及要求

室内防水工程所用材料有刚性防水材料、防水涂料、防水卷材及密封材料等。

室内防水工程使用的防水材料应具有良好的耐水性、耐久性和可操作性，产品应无毒、难燃、环保，并符合施工和使用的安全要求。材料的品种、规格、性能应符合国家现行产品标准和设计要求，应有产品合格证书和出厂检验报告。

用于立面的防水涂料应具有良好的与基层黏结的性能；防水卷材及配套使用的胶黏剂应具有良好的耐水性、耐久性、耐穿刺性、耐腐蚀性和耐菌性；密封材料应具有优良的水密性、耐腐蚀性、防霉性以及符合接缝设计要求的位移能力。

进场的防水材料应按规定见证抽样检验，不合格的材料严禁使用。

1. 刚性防水材料

刚性防水材料主要指外加剂防水砂浆、聚合物水泥防水砂浆、刚性无机防水堵漏材料等。

1)外加剂防水砂浆

外加剂防水砂浆是指在防水砂浆中掺入防水剂、膨胀剂、减水剂等外加剂的防水砂浆。

2)聚合物防水砂浆

聚合物水泥防水砂浆是在防水砂浆中掺入适量的聚合物配制成的防水砂浆。

配制用的聚合物有聚合物乳液和聚合物干粉。聚合物乳液通常有丙烯酸乳液、氯丁胶乳液、EVA乳液等。聚合物干粉通常有丙烯酸乳液干粉、EVA乳液干粉、丁苯胶乳液干粉、甲基纤维素(MV)等。

3)无机防水堵漏材料

无机防水堵漏材料是以铁铝酸盐与硫铝酸盐水泥为主体，添加多种无机材料和助剂制成的一种胶凝固体粉状的防水材料。

2. 防水涂料

目前防水涂料品种很多，适用于室内防水工程施工的防水涂料主要有聚氨酯防水涂料(单组分)、聚合物水泥防水涂料、聚合物乳液防水涂料和水泥基渗透结晶型防水涂料。

1）聚氨酯防水涂料（单组分）

聚氨酯防水涂料（单组分）是一种反应固化型合成高分子防水涂料，施工时成膜快、黏结强度高、延伸性能和抗渗性能好，在室内防水工程中得到了广泛的应用。

2）聚合物水泥防水涂料

聚合物水泥防水涂料以有机高分子聚合物为主要基料，并加入少量无机活性粉料（如水泥及石英砂等）。该涂料具有比一般有机涂料干燥快、弹性模量低、体积收缩小、抗渗性好等优点，也称为弹性水泥防水涂料。

3）聚合物乳液防水涂料

聚合物乳液防水涂料主要指丙烯酸防水涂料、硅橡胶防水涂料、氯丁胶乳沥青防水涂料等单组分合成高分子材料，是一种水溶性的涂料。

4）水泥基渗透结晶型防水涂料

水泥基渗透结晶型防水涂料是一种新型的刚性防水材料，它是以硅酸盐水泥或普通硅酸盐水泥、石英砂等为基材，掺入活性化学物质的粉状灰色单组分防水材料。它的防水机制是在水的作用下，防水材料中含有的活性物质以水为载体，向混凝土内部渗透，同时与氢氧化钙等化合形成了不溶于水的晶体，填满混凝土毛细孔，使其致密达到防水效果，并且结晶物多年后还能被水激活，所以能弥补二次裂缝的结症。

它的特点有：适宜在潮湿的基面上施工，也能在渗水的情况下施工；能长期抗渗及耐受强水压，属无机材料，不存在老化问题，与混凝土同寿命；具有超强的渗透能力，在混凝土内部渗透结晶，不易被破坏，具有超凡的自我修复能力，可修复小于 0.4 mm 的裂缝；防止冻融循环，抑制碱骨料反应，防止化学腐蚀对混凝土结构的破坏，对钢筋起保护作用，但对混凝土无破坏膨胀作用。

水泥基渗透结晶型防水涂料施工时常采用喷涂的方法。

5）胎体增强材料

配合防水涂料使用的胎体增强材料品种较多，首选应为聚酯无纺布或聚丙烯无纺布，不宜采用玻纤布。

3. 防水卷材

目前室内防水工程中常用的防水卷材有高聚物改性沥青防水卷材、合成高分子防水卷材和自粘橡胶沥青防水卷材。

1）高聚物改性沥青防水卷材

主要品种有：按改性成分区分有弹性体（SBS）和塑性体（APP）改性防水卷材；按胎体材料区分主要有聚酯胎和聚乙烯胎改性沥青防水卷材等；按施工方法区分有冷粘法、热熔法和自粘法施工的防水卷材。

2）合成高分子防水卷材

适用于室内防水工程的主要品种有三元乙丙橡胶防水卷材、聚乙烯丙纶防水卷材（一次成型）、氯化聚乙烯－橡胶共混防水卷材、氯化聚乙烯防水卷材、聚氯乙烯防水卷材等。其中，聚乙烯丙纶防水卷材应用比较广泛，这种卷材施工时表面可直接进行砂浆粉刷或粘贴瓷砖。

3)自粘橡胶沥青防水卷材

自粘橡胶沥青防水卷材自身具有良好的黏结密封性和施工可操作性,在用于室内防水的卷材中具有一定的优越性。

4. 密封材料

室内防水工程常用的密封材料有聚氨酯建筑密封胶、硅酮密封胶、聚硫密封胶、遇水膨胀密封材料、自粘密封胶带等。密封材料主要用于嵌缝密封。

2.2.1.2 卫生间、厨房防水构造

卫生间、厨房防水工程是最常见的室内防水工程。

1. 防水基层(找平层)

防水基层应采用配合比1∶2.5或1∶3.0水泥砂浆找平,厚度为20 mm,抹平压光。

2. 墙面与顶板防水

墙面与顶板应做防水处理,墙体宜设置高出楼地面150 mm以上的现浇混凝土泛水,四周墙根防水层泛水高度不应小于250 mm。

有淋浴设施的卫生间墙面,防水层高度不应小于2.0 m,并与楼地面防水层交圈。

顶板防水处理由设计确定。

3. 地面与墙面阴角处理

地面四周与墙体连接处,防水层往墙面上返200~300 mm以上,阴角处先做附加层处理,再做四周立墙防水层。

4. 管根防水

在管道穿过楼板面四周,防水材料应向上铺涂,并超过套管的上口。

管根平面与管根周围立面转角处应做防水附加层。

二次埋置的套管,其周围混凝土强度等级应比原混凝土提高一级,并应掺膨胀剂;二次浇筑的混凝土结合面应清理干净后进行界面处理,混凝土应浇捣密实;加强防水层应覆盖施工缝,并超出边缘不小于150 mm。

5. 地漏

地漏周围应增设防水附加层,做法应满足设计及规范要求。

2.2.1.3 室内防水工程的技术要求

1. 基层处理

施工前应先对阴阳角、预埋件、穿墙(楼板)管等部位进行加强或密封处理。采用卷材防水层时,水泥基胶黏剂的基层应先充分湿润,不得有明水。

2. 涂膜防水

涂膜防水层应多遍成活,后一遍涂料施工时应待前一遍涂层表干后再进行。涂层应均匀,不得漏涂、堆积。

铺贴胎体增强材料时应充分浸透防水涂料,不得漏胎及褶皱。胎体材料长短边搭接不应小于50 mm,相邻短边接头应错开不小于500 mm。

3. 卷材防水

以粘贴法施工的防水卷材,其与基层应采用满粘法粘贴,卷材接缝必须粘贴严密。接缝部位应进行密封处理,密封宽度不应小于 10 mm,卷材搭接缝位置距阴阳角应大于 300 mm。卷材施工时,应先铺立面后铺平面。

4. 密封防水

密封防水施工前,应检查留槽接缝尺寸,符合设计要求后方可进行密封施工。基层处理剂应配比准确、搅拌均匀,涂刷时应均匀,不得漏涂,待表干后,立即嵌填密封材料。

合成高分子密封防水施工时,单组分密封材料可直接使用,多组分密封材料应根据规定的比例准确计量,宜采用机械搅拌。要求拌和均匀,并严格控制拌和量、拌和时间和拌和温度。

多组分密封材料拌和后,应在规定时间内用完,未混合的多组分密封材料和未用完的单组分材料应密封存放。

密封材料宜分次嵌填,嵌填后,应在表干前用腻子刀进行修整,表干后应立即进行保护层施工。

5. 蓄水检验

防水层完成后,必须进行蓄水检验。

2.2.2 聚氨酯防水施工

聚氨酯防水涂料是一种高弹性防水涂料,有双组分及单组分之分,其中单组分无毒、无害,适用于室内防水工程。由于聚氨酯防水涂料能严密地包住管道与地面,并渗入缝隙,在干燥后不会收缩,因此更适合用于卫生间这种管道、缝隙较多的小面积房屋。

下面以单组分聚氨酯防水涂料为例说明聚氨酯防水涂料的施工。

2.2.2.1 施工工艺流程

清理基层→细部附加层施工→第一遍涂膜施工→第二遍涂膜施工→第三遍涂膜施工→第一次蓄水试验→保护层、饰面层施工→第二次蓄水试验→工程质量验收。

2.2.2.2 施工操作要点

1. 清理基层

表面必须彻底清扫干净,不得有浮尘、杂物、明水等。

2. 细部附加层施工

厕浴间的地漏、管根、阴阳角等处应用单组分聚氨酯涂刮一遍做附加层处理。

3. 第一遍涂膜施工

把单组分聚氨酯涂料用橡胶刮板在基层表面均匀涂刮,厚度要一致,涂刮量以 0.6 ~ 0.8 m^2为宜。

4. 第二遍涂膜施工

在第一遍涂膜固化后,再进行第二遍聚氨酯涂刮。对平面的涂刮方向应与第一遍刮涂方向相垂直,涂刮量与第一遍相同。

5. 第三遍涂膜和黏砂粒施工

第二遍涂膜固化后,进行第三遍聚氨酯涂刮,达到设计厚度。

在最后一遍涂膜施工完毕尚未固化时,在其表面均匀撒上少量干净的粗砂,以增加与即将覆盖的水泥砂浆保护层之间的黏结。

厨房、厕浴间防水层应经多遍涂刷,单组分聚氨酯涂膜总厚度应大于等于1.5 mm 。

6. 蓄水检验

防水层完工后,应做24 h 蓄水试验,蓄水高度在最高处为20~30 mm,确认无渗漏时再做保护层或饰面层。

设备与饰面层施工完毕,还应在其上继续做第二次24 h 蓄水试验,达到最终无渗漏和排水畅通合格后,再进行正式验收。

2.2.3 氯丁胶乳沥青防水涂料施工

氯丁胶乳沥青防水涂料是以氯丁橡胶和沥青为基料,经加工合成的一种单组分固化型水性防水涂料。它兼有橡胶和沥青的双重优点,属于弹塑性防水涂料,具有防水、抗渗、耐老化、不易燃、无毒、抗基层变形能力强等优点,并且施工方便。

2.2.3.1 基层及细部处理

首先应将基层清理干净,然后满刮一遍氯丁胶乳沥青水泥腻子,管根和转角处要厚刮并抹平整。

腻子的配制方法是将氯丁胶乳沥青防水涂料倒入水泥中,边倒边搅拌至稠浆状即可刮涂。腻子厚度一般为2~3 mm 。

待腻子干燥后,满刷一遍防水涂料,要求不得过厚、不得漏刷、表面均匀、不流淌、不堆积,立面应刷至设计标高。

在细部构造部位(如阴阳角、管道根部、地漏、大便器等部位)分别增设一布二油附加层,即将涂料用毛刷均匀涂刷在需要进行附加补强处理的部位,按形状要求把剪好的聚酯纤维无纺布粘贴好,然后涂刷氯丁胶乳沥青防水涂料,干燥后再进行大面施工。

2.2.3.2 大面防水涂料施工

当基层及细部处理的附加层干燥后,即可进行大面防水涂料的施工,其施工方法主要为“一布四油”。

第一步:在洁净的基层上均匀涂刷第一遍涂料,涂刷完成后静置4 h以上,待涂料表面干燥后,即可铺贴聚酯纤维无纺布。

第二步:接着涂刷第二遍涂料,静置24 h以上。

第三步:待第二遍涂料层干燥后,涂刷第三遍涂料,静置4 h以上。

第四步:待第三遍涂料层表面干燥后,涂刷第四遍涂料,静置24 h以上。

施工时可边铺聚酯纤维无纺布边涂刷涂料。铺布时应保证布的平整。彻底排除气泡,使涂料浸透布纹,不得有褶皱。

聚酯纤维无纺布的搭接宽度不应小于70 mm。垂直面应贴高250 mm以上,要求必须粘贴牢固、封闭严密。

2.2.3.3 蓄水试验

最后一遍涂料涂刷完成后,静置24 h以上。待其完全干燥后。方可进行蓄水试验。

蓄水高度一般为50~100 mm,蓄水时间为24~48 h。无渗漏合格后,方可按设计要

求进行保护层施工。

2.2.4 卫生间防渗漏措施

从实际工程反映来看，卫生间等部位的渗漏极大部分发生在管根、墙根、排水口这些细部节点处，因此在这些部位将防水做到位是整个室内防水工程的重要工作之一。

卫生间用水频繁，防水处理不好就会出现渗漏水，其主要现象有楼板管道滴(漏)水、地面积水、墙壁潮湿、渗水，甚至下层顶板和墙壁也出现潮湿、滴水现象。

因渗漏而导致室内及下层天棚的潮湿、霉变、滴水，不仅会严重影响住户使用，还会侵蚀建筑物结构实体，缩短建筑物寿命，因此必须在施工前制定好预防措施，避免发生渗漏现象。

2.2.4.1 施工图设计不合理导致渗漏

1. 渗漏原因

卫生间坡度不合理，且有反坡；地漏位置靠近门口离浴缸或淋浴过远，造成积水；地面泛水坡度不够，导致室内地面积水，水沿混凝土蜂窝、裂缝或墙底空隙渗出。

2. 防治措施

施工图设计应详细标明统一坡向地漏的排水坡度不宜小于1%，并标明地漏在水平与垂直方向上与墙体的准确位置关系，地漏位置应尽量靠近排水点。

卫生间四周墙体与楼地面交接处应设不小于250 mm高度且与墙体同宽的泛水带，并与楼板同时浇筑，以免形成施工缝。

设计图纸应注明管道穿楼板的详细位置和洞口详细尺寸，应有防水构造说明；卫生间楼面应有防水止漏要求；洞口直径应控制在比管道大60 mm左右，不可太大，也不要太小。

2.2.4.2 施工质量差是卫生间渗漏的主要原因

1. 渗漏原因

土建与水电安装施工未同步，土建施工员只看建筑、结构图纸，水电施工员只看水电图纸，当土建与设备图纸有矛盾时，引起事后管道接口的重新处理，导致渗水。

管道穿楼板洞口位置及尺寸未严格按图施工，洞口填缝马虎，往往用水泥纸袋等杂物代替支模。在浇筑管道周围混凝土前，未认真清理基层，新旧混凝土结合不良，导致水沿施工缝处渗漏。

穿过楼板面的塑料排水管未按规定设置套管和伸缩节，伸缩节定位环取得过早或不取，承插口黏结剂黏结不牢，排水管甩口高度不够，大便器排水高度过低，大便器出口插入排水管的深度不够，水会从连接处漏出，蹲位出口与排水管连接处有缝隙，蹲位上水进口连接胶皮碗与冲洗管连接方法不当。

2. 防治措施

结构层混凝土应严格按照规范要求进行施工，振捣应密实；模板拆除应符合施工规范规定的混凝土强度要求，施工中不得超载；泛水带应与楼板同时浇筑，以免形成施工缝。

卫生间楼地面、浴盆的侧面及地面的基层均应采用必要而有效的防水做法，防水层施工完毕后，不得在上面开槽打洞，面层施工前，应先按设计要求找好泛水高度，拉线做坡高控制点，重点做好地漏及出水点周围的坡度，使水能迅速排出。

管道穿楼板灌缝前应将预留洞口清洗干净，不应有浮灰、积砂和其他垃圾粘在洞口边缘。支模时应用铅丝将吊模固定好，封堵严密并洒水保湿，略干后刷上一道纯水泥砂浆结合层，马上浇筑比楼板混凝土强度高一个等级的细石混凝土，最后分两次用密实细石混凝土捣实。堵洞后应注意养护，时间为七昼夜，避免振动及碰撞。

穿过楼面的塑料排水管应在楼层处设置套管，套管必须在浇筑楼面混凝土时预埋，套管应高出楼面50 mm，在套管周围做出高于楼面面层20 mm左右的水泥砂浆阻水圈。

伸缩节应按规范要求每层设置一个，伸缩节的定位环应在排水管安装完毕后及时取出，取得过早或过晚都会使伸缩节失去作用。

塑料排水管承插口应使用质量合格的黏结剂。按要求黏结牢固，安装完毕后。应按规范要求做灌水通水试验，发现漏水、堵塞现象要重新处理，直到不漏、畅通。

大便器排水管甩口高度应根据地面高度确定，使之上口高出地面10～20 mm，安装蹲坑时，排水管甩口高度要选择内径较大、内口平整的承口或套袖，以保证蹲坑出口插入足够的深度。蹲坑出口与排水管连接处应认真填抹严密，防止污水外漏。

蹲位胶皮碗应使用14号铜丝两道错开绑扎拧紧，不得用铁丝代替铜丝，以免锈蚀断裂导致皮碗松动。冲洗管插入胶皮碗角度应合适，施工完毕应经过试水渗漏试验后，再做水泥抹面。

2.2.4.3　选材不合理导致渗漏

1. 渗漏原因

卫生间墙体使用混合砂浆；管道安装完，洞口嵌填时不吊模，不用细石混凝土捣实，而用粉刷砂浆；所用防水材料质量不过关，个别下沉式卫生间埋地给水管材质量有问题，严重锈蚀、砂眼引起渗漏。

2. 防治措施

卫生间墙体应用抗渗性能好的水泥砂浆；管道安装完，洞口嵌填时应吊模，应用细石混凝土捣实；所用防水材料使用前应做检验，不能因量小而不做检验，防水材料质量应过关。

下沉式卫生间增大检查漏水的难度，并增加维修工作量，最好不采用，如采用，则给水管材应采用性能及质量过关的新型管材。下沉式卫生间楼地面应采用抗渗混凝土，卫生间管道穿楼板的接口周围应用聚合物砂浆填实，并指定合适的防水材料作为防水层。

2.3　质量验收标准与检验

2.3.1　防水混凝土工程质量验收标准与检验

防水混凝土工程的质量检验标准和检验方法均应符合表2-3的规定。

表 2-3　防水混凝土工程的质量检验标准和检验方法

项目	序号	检验项目	质量标准	检验方法	检查数量
主控项目	1	原材料、配合比、坍落度	防水混凝土的原材料、配合比及坍落度必须符合设计要求	检查产品合格证、产品性能检测报告、计量措施和材料进场检验报告	按混凝土外露面积 100 m^2 抽查 1 处，每处 10 m^2，且不得少于 3 处
	2	抗压强度、抗渗性能	防水混凝土的抗压强度和抗渗性能必须符合设计要求	检查混凝土抗压强度、抗渗性能检验报告	按混凝土外露面积 100 m^2 抽查 1 处，每处 10 m^2，且不得少于 3 处
	3	细部做法	防水混凝土结构的施工缝、变形缝、后浇带、穿墙管、埋设件等设置和构造必须符合设计要求	观察检查和检查隐蔽工程验收记录	全数检查
一般项目	1	表面质量	防水混凝土结构表面应坚实、平整，不得有露筋、蜂窝等缺陷；埋设件位置应准确	观察检查	按混凝土外露面积 100 m^2 抽查 1 处，每处 10 m^2，且不得少于 3 处
	2	裂缝宽度	防水混凝土结构表面的裂缝宽度不应大于 0.2 mm，且不得贯通	用刻度放大镜检查	按混凝土外露面积 100 m^2 抽查 1 处，每处 10 m^2，且不得少于 3 处
	3	结构厚度及迎水面钢筋保护层	防水混凝土结构厚度不应小于 250 mm，其允许偏差应为 +8 mm、-5 mm；主体结构迎水面钢筋保护层厚度不应小于 50 mm，其允许偏差为 ±5 mm	尺量检查和检查隐蔽工程验收记录	按混凝土外露面积 100 m^2 抽查 1 处，每处 10 m^2，且不得少于 3 处

2.3.2　卷材防水层的验收标准与检验

为保证防水的整体效果，卷材防水层的质量检验标准和检验方法应符合表 2-4 的规定。

表 2-4 卷材防水层的质量检验标准和检验方法

项目	序号	检验项目	质量标准	检验方法	检查数量
主控项目	1	材料要求	卷材防水层所用卷材及其配套材料必须符合设计要求	检查产品合格证、产品性能检测报告和材料进场检验报告	按铺贴面积每100 m^2抽查1处,每处10 m^2,且不得少于3处
	2	细部做法	卷材防水层在转角、变形缝、施工缝、穿墙管等部位做法必须符合设计要求	观察检查和检查隐蔽工程验收记录	
一般项目	1	搭接缝	卷材防水层的接缝应粘帖或焊接牢固,密封严密,不得有扭曲、皱褶、翘边和起泡等缺陷	观察检查	按铺贴面积每100 m^2抽查1处,每处10 m^2,且不得少于3处
	2	搭接宽度	采用外防外贴法铺贴卷材防水层时,立面卷材接槎的搭接宽度,高聚物改性沥青类卷材应为150 mm,合成高分子类卷材应为100 mm,且上层卷材应盖过下层卷材	观察和尺量检查	
	3	保护层	侧墙卷材防水层的保护层与防水层应结合紧密,保护层厚度应符合设计要求	观察和尺量检查	
	4	卷材搭接宽度的允许偏差	卷材搭接宽度的允许偏差为-10 mm	观察和尺量检查	

2.3.3 地下防水工程细部构造验收标准与检验

2.3.3.1 施工缝

防水混凝土应连续浇筑,尽量不留施工缝。必须留设施工缝时,施工缝留设位置应正确,防水构造应符合设计要求。现行国家标准《地下工程防水技术规范》(GB 50108)中按设计要求采用止水带、遇水膨胀止水条或止水胶、水泥基渗透结晶型防水涂料和预埋注浆管等防水设防,使施工缝处不产生渗漏。施工缝的质量检验标准和检验方法应符合表2-5的规定。

表 2-5　施工缝的质量检验标准和检验方法

项目	序号	检验项目	质量标准	检验方法	检查数量
主控项目	1	材料要求	施工缝用止水带、遇水膨胀止水条或止水胶、水泥基渗透结晶型防水涂料和预埋注浆管必须符合设计要求	检查产品合格证、产品性能检测报告和材料进场检验报告	全数检查
	2	防水构造	施工缝防水构造必须符合设计要求	观察检查和检查隐蔽工程验收记录	
一般项目	1	留设位置	墙体水平施工缝应留设在高出底板表面不小于 300 mm 的墙体上。拱、板与墙结合的水平施工缝，宜留在拱、板与墙交接处以下 150 ~ 300 mm 处；垂直施工缝应避开地下水和裂隙水较多的地段，并宜与变形缝相结合	观察检查和检查隐蔽工程验收记录	全数检查
	2	继续施工的强度要求	在施工缝处继续浇筑混凝土时，已浇筑的混凝土抗压强度不应小于 1.2 MPa	观察检查和检查隐蔽工程验收记录	
	3	水平施工缝施工前的处理	水平施工缝浇筑混凝土前，应将其表面浮浆和杂物清除，然后铺设净浆、涂刷混凝土界面处理剂或水泥基渗透结晶型防水涂料，再铺 30 ~ 50 mm 厚的 1∶1水泥砂浆，并及时浇筑混凝土	观察检查和检查隐蔽工程验收记录	
	4	垂直施工缝施工前的处理	垂直施工缝浇筑混凝土前，应将其表面浮浆和杂物清除，再涂刷混凝土界面处理剂或水泥基渗透结晶型防水涂料，并及时浇筑混凝土	观察检查和检查隐蔽工程验收记录	
	5	止水带埋设	中埋式止水带及外贴式止水带埋设位置应准确，固定应牢靠	观察检查和检查隐蔽工程验收记录	
	6	遇水膨胀止水条施工要求	遇水膨胀止水条应具有缓膨胀性能；止水条与施工缝基面应密贴，中间不得有空鼓、脱离等现象；止水条应牢固地安装在缝表面或预留凹槽内；止水条采用搭接时，搭接宽度不得小于 30 mm	观察检查和检查隐蔽工程验收记录	

续表 2-5

项目	序号	检验项目	质量标准	检验方法	检查数量
一般项目	7	遇水膨胀止水胶施工要求	遇水膨胀止水胶应采用专用注胶器挤出粘结在施工缝表面，并做到连续、均匀、饱满，无气泡和孔洞，挤出宽度和厚度应符合设计要求；止水胶挤出成型后，固化期内应采取临时保护措施；止水胶固化前不得浇筑混凝土	观察检查和检查隐蔽工程验收记录	全数检查
	8	预埋注浆管施工要求	预埋注浆管应设置在施工缝断面中部，注浆管与施工缝基面应密贴并固定牢靠，固定间距宜为200～300 mm；注浆导管与注浆管的连接应牢固、严密，导管埋入混凝土内的部分应与结构钢筋绑扎牢固，导管的末端应临时封闭严密	观察检查和检查隐蔽工程验收记录	

2.3.3.2 变形缝

变形缝是防水工程的薄弱环节，施工质量直接影响地下工程的正常使用和寿命。变形缝处混凝土结构的厚度不应小于300 mm，变形缝的宽度宜为20～30 mm。全埋式地下防水工程的变形缝应为环状；半地下防水工程的变形缝应为U字形，U字形变形缝的高度应超出室外地坪500 mm以上。变形缝的质量检验标准和检验方法应符合表2-6的规定。

表 2-6 变形缝的质量检验标准和检验方法

项目	序号	检验项目	质量标准	检验方法	检查数量
主控项目	1	材料要求	变形用止水带、填缝材料和密封材料必须符合设计要求	检查产品合格证、产品性能检测报告和材料进场检验报告	全数检查
	2	防水构造	变形缝防水构造必须符合设计要求	观察检查和检查隐蔽工程验收记录	
	3	中埋式止水带埋设位置	中埋式止水带埋设位置应准确，其中间空心环与变形缝中心线相重合	观察检查和检查隐蔽工程验收记录	
一般项目	1	中埋式止水带的接缝	中埋式止水带的接缝应设置在边墙较高位置，不得设置在结构转角处；接头宜采用热压焊接，接缝应平整、牢固，不得有裂口和脱胶现象	观察检查和检查隐蔽工程验收记录	全数检查

续表 2-6

项目	序号	检验项目	质量标准	检验方法	检查数量
一般项目	2	中埋式止水带特殊位置做法	中埋式止水带在转角处应做成圆弧形；顶板、底板内止水带应安装成盆状，并宜采用专用钢筋套或扁钢固定	观察检查和检查隐蔽工程验收记录	全数检查
	3	外贴式止水带施工要求	外贴式止水带在变形缝与施工缝相交部位宜采用十字配件；外贴式止水带在变形缝转角部位宜采用直角配件。止水带埋设位置应准确，固定应牢靠，并与固定止水带的基层密贴，不得出现空鼓、翘边等现象	观察检查和检查隐蔽工程验收记录	
	4	可卸式止水带的要求	安设于结构内侧的可卸式止水带所需配件应一次配齐，转角应做成 45° 坡脚，并增加紧固件的数量	观察检查和检查隐蔽工程验收记录	
	5	密封材料嵌填的要求	嵌填密封材料的缝内两侧基面应平整、洁净、干燥，并应涂刷基层处理剂；嵌缝底部应设置背衬材料；密封材料嵌填应严密、连续、饱满，黏结牢固	观察检查和检查隐蔽工程验收记录	
	6	隔离层和加强层要求	变形缝处表面粘贴卷材或涂刷涂料前应在缝上设置隔离层或加强层	观察检查和检查隐蔽工程验收记录	

2.3.3.3 后浇带

后浇带是对不允许留设变形缝的防水混凝土结构工程采用的一种刚性接缝，如果处理不当容易影响防水效果。后浇带应设在受力和变形较小的部位，其间距和位置应按结构设计要求确定，宽度宜为 700 ~ 1 000 mm；后浇带可做成平直缝或阶梯缝。后浇带两侧的接缝处理应符合施工缝处理的规定。后浇带需超前止水时，后浇带部位的混凝土应局部加厚。并应增设外贴式或中埋式止水带。后浇带的质量检验标准和检验方法应符合表 2-7的规定。

表 2-7　后浇带质量检验标准和检验方法

项目	序号	检验项目	质量标准	检验方法	检查数量
主控项目	1	材料要求	后浇带用遇水膨胀止水条或止水胶、预埋注浆管、外贴式止水带必须符合设计要求	检查产品合格证、产品性能检测报告和材料进场检验报告	全数检查

续表 2-7

项目	序号	检验项目	质量标准	检验方法	检查数量
主控项目	2	补偿收缩混凝土的原材料及配合比	补偿收缩混凝土的原材料及配合比必须符合设计要求	检查产品合格证、产品性能检测报告和材料进场检验报告	全数检查
	3	防水构造	后浇带防水构造必须符合设计要求	观察检查和检查隐蔽工程验收记录	
	4	掺膨胀剂的补偿收缩混凝土	采用掺膨胀剂的补偿收缩混凝土，其抗压强度、抗渗性能和限制膨胀率必须符合设计要求	检查混凝土抗压强度、抗渗性能和水中养护 14 d 的限制膨胀率的检验报告	
一般项目	1	补偿收缩混凝土浇筑前保护	补偿收缩混凝土浇筑前，后浇带部位和外贴式止水带应采取保护措施	观察检查	全数检查
	2	后浇带表面处理和浇筑时间	后浇带两侧的接缝表面应先清理干净，再涂刷混凝土界面处理剂或水泥基渗透结晶型防水涂料；后浇混凝土的浇筑时间应符合设计要求	观察检查和检查隐蔽工程验收记录	
	3	遇水膨胀止水条、遇水膨胀止水胶、预埋注浆管、外贴式止水带的施工要求	遇水膨胀止水条、遇水膨胀止水胶、预埋注浆管的施工应符合表 2-5 的规定；外贴式止水带的施工应符合表 2-6 的规定	观察检查和检查隐蔽工程验收记录	
	4	后浇带混凝土的浇筑和养护	后浇带混凝土应一次浇筑不得留设施工缝；混凝土浇筑后应及时养护，养护时间不得少于 28 d	观察检查和检查隐蔽工程验收记录	

2.3.3.4 穿墙管

结构变形或管道伸缩量较小时，穿墙管可采用固定式防水构造；结构变形或管道伸缩量较大或有更换要求时，应采用套管式防水构造；穿墙管线较多时，宜相对集中，并应采用穿墙盒防水构造。穿墙管的质量检验标准和检验方法应符合表 2-8 的规定。

表 2-8　穿墙管的质量检验标准和检验方法

项目	序号	检验项目	质量标准	检验方法	检查数量
主控项目	1	材料要求	穿墙管用遇水膨胀止水和密封材料必须符合设计要求	检查产品合格证、产品性能检测报告和材料进场检验报告	全数检查
	2	防水构造	穿墙管防水构造必须符合设计要求	观察检查和检查隐蔽工程验收记录	
一般项目	1	固定式穿墙管做法	固定式穿墙管应加焊止水环或环绕遇水膨胀止水圈，并做好防腐处理；穿墙管应在主题结构迎水面预留凹槽，槽内应用密封材料嵌填密实	观察检查和检查隐蔽工程验收记录	全数检查
	2	套管式穿墙管的做法	套管式穿墙管的套管与止水环及翼环应连续满焊，并做好防腐处理；套管内表面应清理干净。穿墙管与套管之间应用密封材料和橡胶密封圈进行密封处理，并采用法兰盘及螺栓进行固定	观察检查和检查隐蔽工程验收记录	
	3	穿墙盒的做法	穿墙盒的封口钢板与混凝土结构墙上预埋的角钢应焊严，并从钢板上的预留浇注孔注入改性沥青密封材料或细石混凝土，封填后将浇注孔口用钢板焊接封闭	观察检查和检查隐蔽工程验收记录	
	4	加强层	当主体结构迎水面有柔性防水层时，防水层与穿墙管连接处应增设加强层	观察检查和检查隐蔽工程验收记录	
	5	密封材料嵌填	密封材料嵌填应密实、连续、饱满，黏结牢固	观察检查和检查隐蔽工程验收记录	

2.3.3.5　埋设件

结构上的埋设件应采用预埋或预留孔、槽。固定设备用的锚栓等预埋件，应在浇筑混凝土前埋入。如果必须在混凝土预留孔、槽，孔、槽底部需保留至少 250 mm 厚的混凝土；若确实没有预埋条件或埋设件遗漏或埋设件位置不准确的，后置埋件必须采用有效的防水措施。埋设件的质量检验标准和检验方法应符合表 2-9 的规定。

表2-9 预埋件的质量检验标准和检验方法

项目	序号	检验项目	质量标准	检验方法	检查数量
主控项目	1	材料要求	埋设件用密封材料必须符合设计要求	检查产品合格证、产品性能检测报告和材料进场检验报告	全数检查
	2	防水构造	埋设件防水构造必须符合设计要求	观察检查和检查隐蔽工程验收记录	
一般项目	1	埋设件做法	埋设件应位置准确,固定牢靠;埋设件应进行防腐处理	观察、尺量和手扳检查	全数检查
	2	混凝土厚度的要求	埋设件端部或预留孔、槽底部的混凝土厚度不得小于250 mm;当混凝土厚度小于250 mm时,应局部加厚或采取其他防水措施	尺量检查和检查隐蔽工程验收记录	
	3	结构迎水面的埋设件的做法	结构迎水面的埋设件周围应预留凹槽,凹槽内应用密封材料填实	观察检查和检查隐蔽工程验收记录	
	4	固定模板的螺栓做法	用于固定模板的螺栓必须穿过混凝土结构时,可采用工具式螺栓或螺栓加堵头,螺栓上应加焊止水环。拆模后留下的凹槽应用密封材料封堵密实,并用聚合物水泥砂浆抹平	观察检查和检查隐蔽工程验收记录	
	5	预留孔、槽内的防水层	预留孔、槽内的防水层应与主体防水层保持连续	观察检查和检查隐蔽工程验收记录	
	6	密封材料嵌填	密封材料嵌填应密实、连续、饱满,黏结牢固	观察检查和检查隐蔽工程验收记录	

学习项目3　抹灰工程

【学习目标】

1. 通过图片资料，对抹灰工程施工常用的机具有一个感性认识，为施工工艺的学习打下基础。

2. 通过建筑物不同部位抹灰工艺的介绍，对完整施工过程有一个全面的认识。

3. 通过对施工工艺的深刻理解，学会为达到施工质量要求正确选择材料和组织施工的方法，培养解决现场施工常见工程质量问题的能力。

4. 在掌握施工工艺的基础上领会工程质量验收标准。

【学习重点】

1. 一般抹灰中内墙抹灰、外墙抹灰和细部抹灰的具体施工工艺及质量验收标准。

2. 装饰抹灰饰面中水刷石装饰抹灰、干粘石装饰抹灰、斩假石装饰抹灰、假面砖装饰抹灰的施工工艺及质量验收。

3.1　墙面基础知识

室内外墙面装饰的主要目的是保护墙体，美化室内外环境。墙面装饰材料的种类繁多，按照材料和构造做法的不同，大致可以分为抹灰工程、涂料工程、裱糊与软包工程、饰面工程等几大类。

3.1.1　墙面装饰的作用

墙、柱共同构成建筑物三度空间的垂直要素，墙、柱面装饰形成了主要的立面装饰；墙柱面装饰是指利用不同的饰面材料在墙柱的表面上进行的装饰。随着国民经济的不断发展及人民生活水平的不断提高，墙柱面装饰的作用也在不断地发生变化，概括起来主要有三方面：

(1)保护墙柱结构构件，提高使用年限。建筑墙体暴露在大气中。在风、霜、雨、雪和太阳辐射等的作用下，砖、混凝土等主体结构材料可能变得疏松和碳化，影响牢固与安全。通过抹灰、饰面板等饰面装修处理，不仅可以提高墙体对外界各种不利因素（如水、火、酸、碱、氧化、风化等）的抵抗能力，还可以保护墙体不直接受到外力的磨损、碰撞和破坏，从而提高墙体的耐久性，延长其使用年限。

(2)优化空间环境，改善工作条件。通过建筑墙体表面的装修，增强了建筑物的保温、隔热、隔音和采光性能。如砖砌体抹灰后提高了表面平整度并减少了表面挂灰，提高了建筑环境照度，而且能防止可能由砖缝砂浆不密实引起的冬季冷风渗透。有一定厚度和重量的抹灰还能提高墙体的隔音能力，某些饰面还可以有吸声性能，以控制噪声。由此可见,饰面装修对满足房屋的使用要求有重要的功能作用。

(3)装饰墙柱立面,增强装饰美化效果。通过建筑墙体表面装饰层的质感、色彩、造型等处理,形成丰富而悦目的建筑环境效果,提高了舒适度,形成良好的心理感受。

3.1.2 墙面装饰施工的种类及选用原则

建筑装饰施工实质上是建筑装饰材料及制品通过某种连接手段与主体所组成的满足建筑功能要求的装饰造型体现。

3.1.2.1 墙面装饰施工种类

墙面装饰施工的种类从不同的角度有不同的分类,通常有如下几种分类方法。

1. 按建筑装饰施工部位分类

(1)外墙面饰面工程,包括外墙各立面、槽口、外窗台、雨篷等。

(2)内墙面饰面工程,包括内墙各装饰面、踢脚、隔墙隔断等。

2. 按墙面装饰材料分类

(1)抹灰类墙体饰面工程,包括一般抹灰和装饰抹灰饰面装饰。

(2)涂刷类墙体饰面工程,包括涂料和刷浆等饰面装饰。

(3)裱糊与软包工程,包括壁纸布和壁纸饰面装饰、软包装饰。

(4)饰面板(砖)类墙体饰面工程,包括饰面砖镶贴、装饰玻璃安装、木质饰面、石材及金属板材等饰面装饰。

(5)其他材料类,如玻璃幕墙等。

3.1.2.2 墙柱面装饰施工做法的选用原则

选择装饰构造及施工做法主要考虑的原则有功能及材料要求、质量等级要求、耐久年限、安全性、可行性、经济性、现场制作或预制、施工因素、健康环保等方面。特别提示在对墙面进行装饰施工时,首先要根据空间功能用途来确定选择什么样的墙面装饰种类,合理选择装饰材料,墙面装饰施工的种类及选用作为基础知识点应较好地掌握。

3.1.3 墙面材料的性能与应用

墙面是室内空间的重要组成部分,而且是生活、学习、工作空间中视觉敏感性最强的部位。墙面装饰的好坏直接影响着墙体结构和空间的整体效果。而要达到好的装饰效果,就必须准确选择适宜的材料,所以根据墙面材料在建筑物中的部位和使用性能可分为抹灰类、涂料类、贴面类三种。

3.1.3.1 抹灰类墙面装饰材料

抹灰类所用材料,主要有胶凝材料、骨料、纤维材料、颜料和化工材料。根据面层材料及施工工艺的不同,墙面抹灰可分为一般抹灰和装饰抹灰。

胶凝材料是将砂、石等散粒材料或块状材料黏结成一个整体的材料,称为胶结材料。在抹灰工程中,常用的是无机胶凝材料。它又分为气硬性胶凝材料(石灰、石膏)和水硬性胶凝材料(普通硅酸盐水泥、矿渣水泥);骨料主要指砂、石屑、彩色瓷粒等,在抹灰工程用砂中,一般是中砂或中、粗混合砂,但必须颗粒坚硬、洁净,含泥土等杂质不超过3%。使用前过5 mm孔径筛子。可与石灰、水泥等胶凝材料调制成多种建筑砂浆;石屑是粒径

比石粒更小的细骨料，主要用于配制外墙喷涂饰面的聚合物浆。常用的有松香石屑、白云石屑等；彩色瓷粒是以石英、长石和瓷土为主要原料经烧制而成的。粒径 1.2～3 mm，颜色多样；纤维材料主要有纸筋、麻刀、玻璃纤维等，工作原理主要在于控制砂浆基体内部微裂的生成及发展，防止或阻碍结构性裂缝的生成，提高抹面砂浆的变形能力，同时也提高了抗渗能力及抗冻能力，使抹面砂浆的耐久性大大增强。

1. 一般抹灰材料

一般抹灰饰面的构造用料包括石灰砂浆、混合砂浆、水泥砂浆等。为保证抹灰平整、牢固，避免龟裂、脱落，在构造上和施工时须分层操作，每层不宜太厚。各种抹灰层的厚度应视基层材料的性质、所选用的砂浆种类和抹灰质量的要求而定。抹灰类饰面一般分为底层、中层和面层。各层的作用和要求不同。

2. 装饰抹灰材料

装饰抹灰通常是在一般抹灰底层和中层的基础上做各种罩面而成的。根据罩面材料的不同，装饰抹灰可分为水泥石灰类装饰抹灰、石粒类装饰抹灰、聚合物水泥砂浆装饰抹灰三大类。水泥石灰类装饰抹灰主要包括拉毛灰、洒毛灰、搓毛灰、扒拉灰、扒拉石、拉条灰、仿石抹灰和假面砖。石粒类装饰抹灰主要包括水磨石、水刷石、干粘石、斩假石和机喷砂。聚合物水泥砂浆装饰抹灰主要包括喷涂、滚涂和弹涂等。

3.1.3.2 涂料类墙面装修材料

墙面涂料按建筑墙面分类，包括室内墙面涂料和室外墙面涂料两大部分。室内墙面涂料注重装饰和环保，室外墙面涂料注重防护和耐久。

1. 室内墙面涂料

室内墙面涂料主要的功能是装饰和保护室内墙面（包括天花板），使其美观整洁，让人们处于愉悦的居住环境中。室内墙面涂料使用环境条件比室外墙面涂料好，因此在耐候性、耐水性、耐污性和涂膜耐温变性等方面要求较外墙涂料低。就性能来说，室外墙面涂料可用于内墙，而室内墙面涂料不能用于外墙。室内墙面涂料又可以分为合成树脂乳液涂料（俗称乳胶漆）、水溶性内墙涂料、多彩内墙涂料、海藻泥涂料、油漆涂料。

2. 室外墙面涂料

室外墙面涂料是施涂于建筑物外立面或构筑物的涂料。其施工成膜后，涂膜长期暴露在外界环境中，须经受日晒雨淋、冻融交替、干湿变化、有害物质侵蚀和空气污染等，要保持长久的保护和装饰效果，外墙涂料必须具备一定的性能。室外墙面涂料又可以分为乳液型外墙涂料、复层外墙涂料、砂壁状外墙涂料、弹性建筑涂料、氟碳树脂涂料、水性氟碳涂料。

3.1.3.3 贴面类墙面材料

贴面类墙面材料主要有两大类：饰面砖（板）和壁纸墙布。

1. 墙面饰面砖（板）材料

饰面板如大理石板、花岗石板等，但进价较高，一般用于外墙饰面，内墙饰面特别是家庭装修中很少采用。常用饰面砖有瓷砖、陶瓷锦砖（马赛克）、玻璃锦砖（玻璃马赛克）。具有独特的卫生易清洗和清新美观的装饰效果，在家庭装修中常用于厨房、卫生间等的墙面。

2. 墙面壁纸墙布材料

墙面装饰织物是目前我国使用最为广泛的墙面装饰材料。墙面装饰以多变的图案、丰富的色泽、仿制传统材料的外观、独特的柔软质地产生的特殊效果,柔化空间、美化环境,深受用户的喜爱。这些壁纸和墙布的基层材料有全塑料的、布基的、石棉纤维基层的和玻璃纤维基层的等,其功能为吸声、隔热、防菌、放火、防霉、耐水,具有良好的装饰效果。在宾馆、住宅、办公楼、歌厅、影剧院等有装饰要求的室内墙面应用较为普遍。

3.2 抹灰施工

抹灰工程是将水泥、石灰、石膏、砂、石粒及彩砂等材料,采取抹、喷、弹、滚等工艺在基层表面进行的饰面工程。它既可以直接成为饰面层,又可作为各类饰面的基层底灰、找平层或黏结,适用于建筑的内外墙面。

3.2.1 抹灰工程常用材料及机具

3.2.1.1 材料要求

(1)胶凝材料:水泥、石灰、石膏和水玻璃等。水泥品种为325#和425#水泥。

(2)骨料:砂(中砂或中、粗混合砂)、石屑、彩色瓷粒。

(3)纤维材料:麻刀、纸筋和草秸等。

3.2.1.2 主要机具

(1)电动机具:砂浆搅拌机、麻刀灰搅拌机、喷浆机、粉碎淋灰机。

(2)手动工具:抹子、托灰板、木杠、靠尺板、方尺、水平尺、线坠、水桶、喷壶、墨斗、铁锨、灰勺等。

(3)计量检测用具:磅秤、方尺、钢尺、水平尺、靠尺、托线板、线坠等。

抹灰工具如图3-1所示。

3.2.2 一般抹灰

按《建筑装饰装修工程质量验收规范》(GB 50210—2001)的规定,一般抹灰分为普通抹灰和高级抹灰。不同级别抹灰的适用范围、主要工序和外观质量要求见表3-1。

为使抹灰层与建筑主体表面黏结牢固,防止开裂、空鼓和脱落等质量弊病的产生并使表面平整,装饰工程中所采用的普通抹灰和高级抹灰均应分层操作,即将抹灰饰面分底层、中层和面层三个构造层次。

(1)底层抹灰为黏结层,其作用主要是增强抹灰层与基层结构的结合并初步找平。

(2)中层抹灰为找平层,主要起找平作用。根据具体工程的要求可以一次抹成,也可以分遍完成,所用材料通常与底层抹灰相同。

(3)面层抹灰为装饰层,主要起装饰和光洁作用。

抹灰的构成,如图3-2所示。

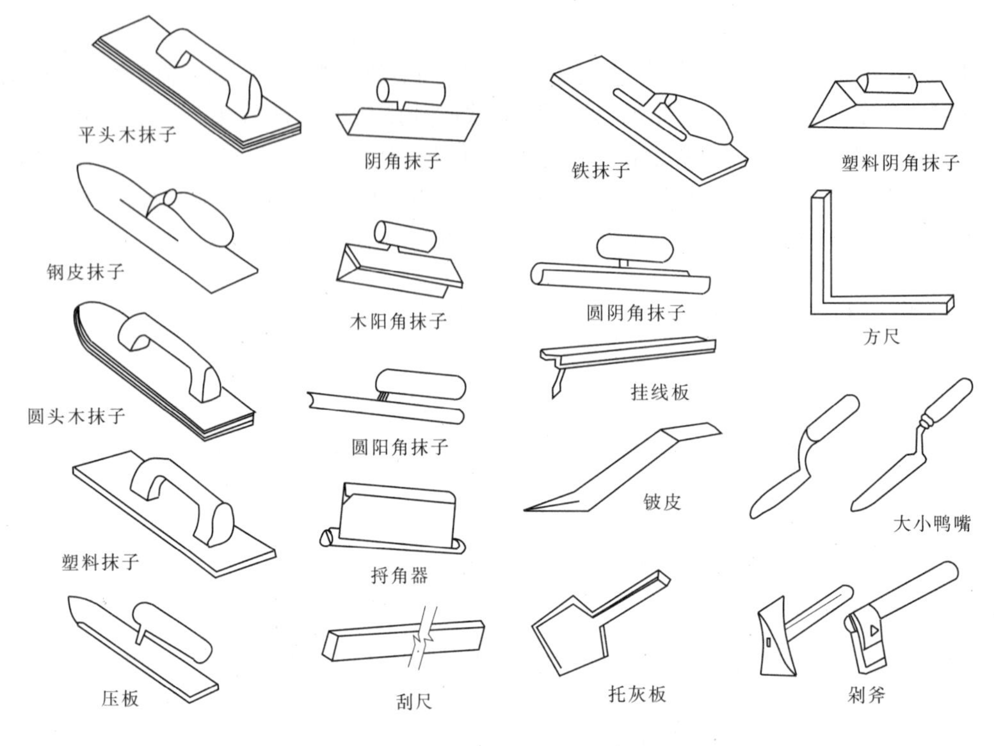

图 3-1　抹灰工具

表 3-1　不同级别抹灰的适用范围、主要工序和外观质量要求

级别	适用范围	主要工序	外观质量要求
普通抹灰	适用于一般居住、公共和工业建筑(如住宅、宿舍、办公楼、教学楼等)以及高级建筑物中的附属用房等	一层底层、一层中层和一层面层(或一层底层和一层面层)。阴阳角找方,设置标筋、分层赶平、修整、表面压光	表面光滑、洁净、接槎平整,灰线清晰顺直
高级抹灰	适用于大型公共建筑、纪念性建筑物(如电影院、礼堂、宾馆、展览馆和高级住宅等)以及有特殊要求的高级住宅等	一层底层、数层中层和一层面层。阴阳角找方,设置标筋、分层赶平、表面压光	表面光滑、洁净、颜色均匀、无抹纹,灰线平直方正,清洁美观

抹灰层必须采用分层分遍涂抹,并应控制厚度。各遍抹灰的厚度,多是由基层材料、砂浆品种、工程部位、质量标准要求及施工气候条件等因素设计确定。每遍厚度可参考表 3-2。抹灰层的平均总厚度根据具体部位、基层材料和抹灰等级等要求而有所差异,但不宜大于表 3-3 的数值。

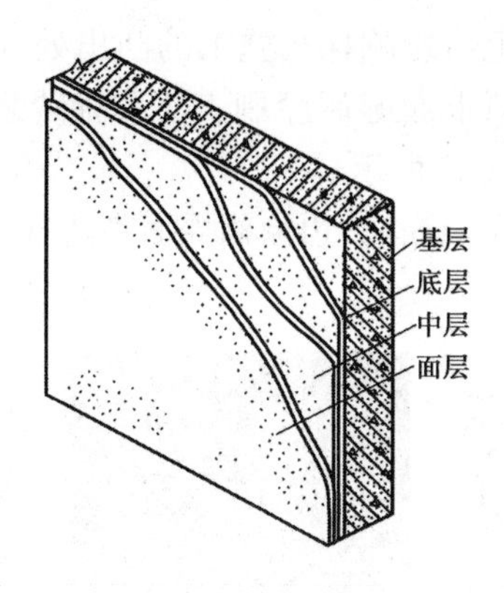

图3-2 抹灰的分层

表3-2 抹灰层每遍厚度

<table>
<tr><th>砂浆品种</th><th>每遍厚度(mm)</th><th>砂浆品种</th><th>每遍厚度(mm)</th></tr>
<tr><td>水泥砂浆</td><td>5～7</td><td rowspan="2">纸筋石灰和石膏灰
(做面层赶平压实后)</td><td rowspan="2">不大于2</td></tr>
<tr><td>石灰砂浆和水泥
混合砂浆</td><td>7～9</td></tr>
<tr><td>麻刀石灰
(做面层赶平压实后)</td><td>不大于3</td><td>装饰抹灰用砂浆</td><td>应符合设计要求</td></tr>
</table>

表3-3 抹灰层的平均总厚度

<table>
<tr><th>施工部位或基体</th><th>抹灰层的平均
总厚度(mm)</th><th colspan="2">施工部位或基体</th><th>抹灰层的平均
总厚度(mm)</th></tr>
<tr><td rowspan="2">板条、空心砖、现浇
混凝土</td><td rowspan="2">15</td><td rowspan="2">内墙</td><td>普通抹灰</td><td>20</td></tr>
<tr><td>高级抹灰</td><td>25</td></tr>
<tr><td rowspan="2">预制混凝土</td><td rowspan="2">18</td><td colspan="2">外墙</td><td>20</td></tr>
<tr><td colspan="2">勒脚及突出外墙面部分</td><td>25</td></tr>
<tr><td>金属网</td><td>20</td><td colspan="2">石墙</td><td>35</td></tr>
</table>

注：当抹灰总厚度超过35 mm时，应采取加强措施。

混凝土大板和大模板建筑的内墙及楼板底面，可不用砂浆涂抹。宜用腻子分遍刮平，总厚度为2～3 mm；如采用聚合物水泥砂浆、水泥混合砂浆喷毛打底，纸筋石灰罩面，或用膨胀珍珠岩水泥砂浆抹面，总厚度为3～5 mm。

3.2.2.1 一般抹灰施工工艺流程

一般抹灰的施工工艺为：基层清理→浇水湿润→吊垂直、套方、找规矩、做灰饼→墙面冲筋→底、中层抹灰→抹罩面灰。

1. 基层清理

(1)砖砌体。应清除表面杂物，残留灰浆、舌头灰、尘土等。

(2)混凝土基体。表面凿毛有影响抹灰施工的凸出处要剔平。将蜂窝、麻面、露筋及疏松部分剔到实处,并在表面洒水润湿后涂刷 1∶1水泥砂浆(加适量胶黏剂或界面处理剂)。模板铁丝头应剪除,如图 3-3 所示。

(3)加气混凝土基体。应在湿润后,边涂刷界面剂边抹强度不大于 M5 的水泥混合砂浆,如图 3-3 所示。

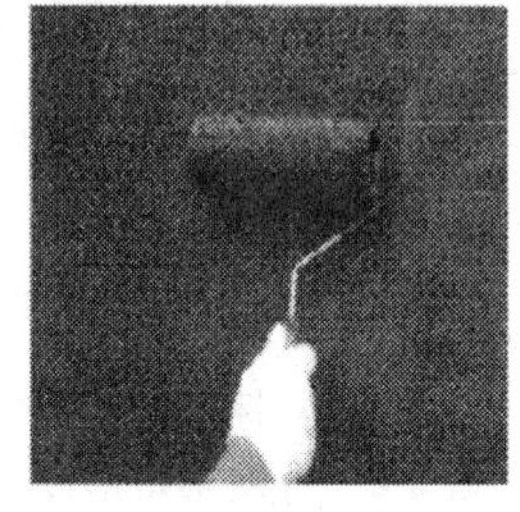
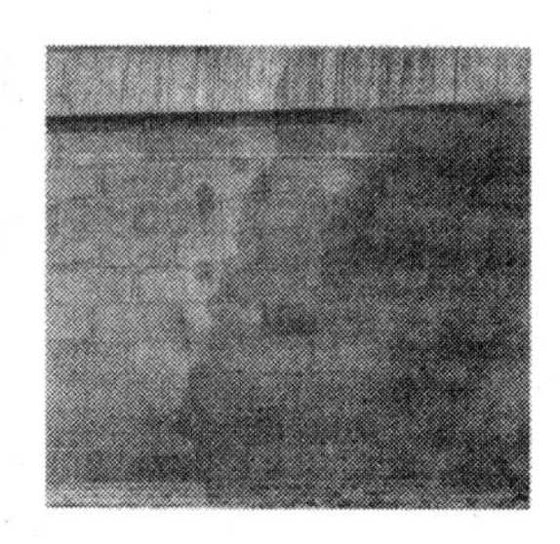

图 3-3 抹灰基层处理

2. 浇水湿润

一般在抹灰前一天,用软管或胶皮管或喷壶顺墙自上而下浇水湿润,每天宜浇两次。

3. 吊垂直、套方、找规矩、做灰饼

根据设计图样要求的抹灰质量,基层表面平整垂直情况,以一面墙为基准,吊垂直、套方、找规矩,确定抹灰厚度,抹灰厚度不应小于 7 mm。当墙面凹度较大时应分层衬平。每层厚度为 7 ~9 mm。操作时应先抹上灰饼,再抹下灰饼。抹灰饼时应根据室内抹灰要求,确定灰饼的正确位置,再用靠尺板找好垂直与平整。灰饼宜用 1∶3水泥砂浆抹成 5 cm 见方形状,如 3-4 所示。

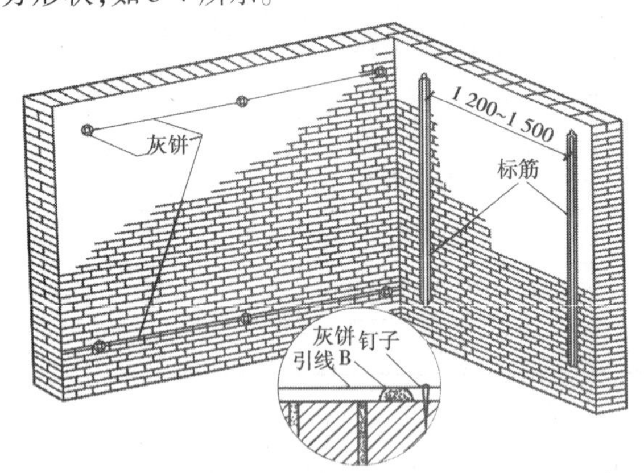

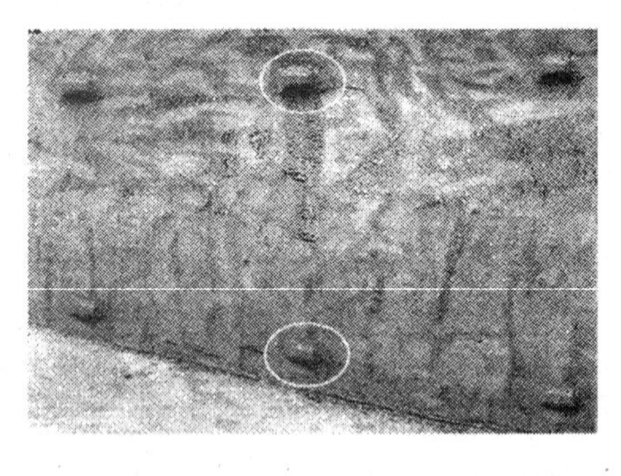

图 3-4 抹灰基层找规矩、做灰饼

4. 墙面冲筋

标志块砂浆收水后,在各排上下标志块之间做砂浆标志带,称为标筋或冲筋,采用的砂浆与标志块相同宽度约为 100 mm,分 2 ~3 遍完成并略高出标志块,两筋间距不大于 1 500 mm,然后用刮杠将其搓抹至与标志块齐平,同时将标筋的两侧修成斜面,使其与抹灰层接槎密切、顺平。当墙面高度小于 3 500 mm 时宜做立筋;大于 3 500 mm 时宜做横筋,做横向冲筋时做灰饼的间距不宜大于 2 000 mm,如图 3-5 所示。

5. 底、中层抹灰

底、中层抹灰俗称刮糙和装档。先后将底层砂浆和中层砂浆批抹于墙面标筋之间。应在底层抹灰收水或凝结后再进行中层抹灰,厚度略高出标筋,然后用刮杠按标筋整体刮平。待中层抹灰面全部刮平时,再用木抹子搓抹一遍,使表面密实、平整,如图3-6所示。

墙面的阴角部位,要用方尺上下核对方正,然后用阴角抹具(阴角抹子及带垂球的阴角尺)抹直、抹平,如图3-7所示。

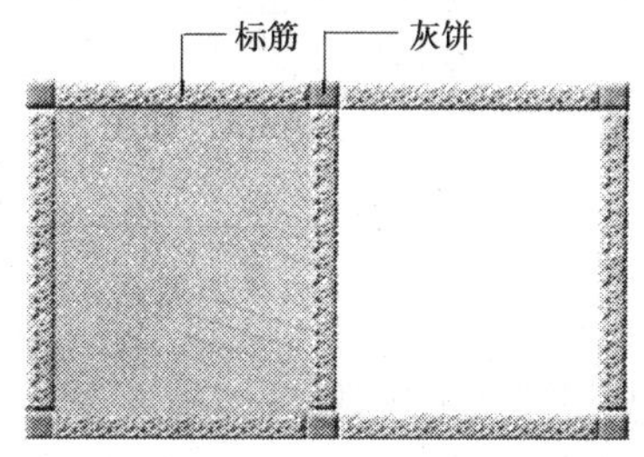

图3-5　墙面冲筋

图3-6　墙面装档

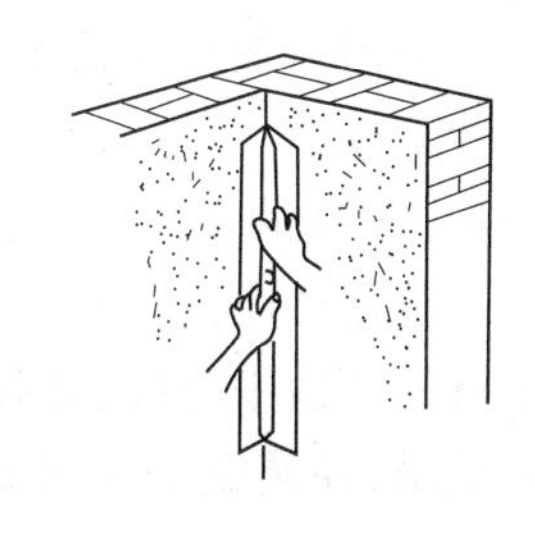

图3-7　阴角上下抽动抹平

6. 抹罩面灰

应在底灰六七成干时开始抹罩面灰(如底灰过干应浇水湿润),罩面灰两遍成活,厚度约2 mm,操作时最好两人同时配合进行,一人先刮一遍薄灰,另一人随即抹平。依先上后下的顺序进行,保证平整、光洁、无裂痕。

3.2.2.2　**一般抹灰细部处理**

1. 抹水泥踢脚(或墙裙)

根据已抹好的灰饼冲筋(此筋可以冲得宽一些,8~10 cm为宜,因此筋既为抹踢脚或墙裙的依据,同时也作为墙面抹灰的依据),底层抹1∶3水泥砂浆,抹好后用大杠刮平,木抹搓毛,常温第二天用1∶2.5水泥砂浆抹面层并压光,抹踢脚或墙裙厚应符合设计要求,无设计要求时凸出墙面5~7 mm为宜。凡凸出抹灰墙面的踢脚或墙裙上口必须保证光洁顺直,踢脚或墙面抹好将靠尺贴在大面与上口平,然后用小抹子将上口抹平压光,凸出墙面的棱角要做成钝角,不得出现毛茬和飞棱。

2. 做护角

为防止门窗洞口及墙(柱)面阳角部位的抹灰饰面在使用中被碰撞损坏,应采用1∶2

水泥砂浆抹制暗护角,以增加阳角部位抹灰层的硬度和强度。护角部位的高度不应低于 200 mm,每侧宽度不应小于 50 mm,如图 3-8 所示。

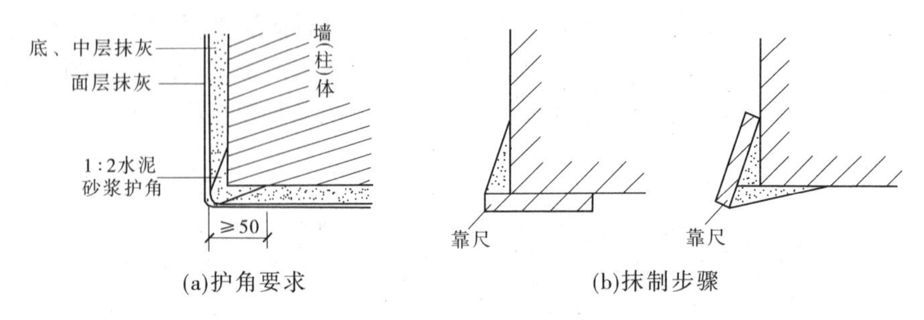

图 3-8 暗护角抹制示意

3. 抹水泥窗台

先将窗台基层清理干净,松动的砖要重新补砌好。砖缝划深,用水润透,然后用 1∶2∶3 豆石混凝土铺实,厚度宜大于 26 mm,次日刷胶黏性素水泥一遍,随后抹 1∶2.5 水泥砂浆面层,待表面达到初凝后,浇水养护 2 ~ 3 d,窗台板下口抹灰要平直,没有毛刺。

4. 柱

室内柱一般用石灰砂浆或水泥砂浆抹底、中层,麻刀石灰或纸筋石灰抹面层。室外一般常用水泥砂浆抹灰。

(1)方柱。方柱的基层处理首先要将砖柱、钢筋混凝土柱表面清扫干净,浇水湿润,然后找规矩。独立柱应按设计图样所标示的柱轴线,测定柱子的几何尺寸和位置,在楼地面弹方向垂直的两道中心线,并弹上抹灰后的柱子边线,然后在柱顶临时固定短靠尺,拴上线锤往下垂吊,并调整线锤对准地面上的四角边线,检查柱子各方面的垂直度和平整度。如果不超差,在柱四角距地坪和顶棚各约 15 cm 处做灰饼,如图 3-9 所示。如柱面超差,应进行处理,再找规矩做灰饼。柱子四面灰饼做好后,应先在侧面卡固八字靠尺,抹正反面,再把八字靠尺卡固正反面,抹两侧面。底、中层抹灰要用短木刮平,木抹子搓平。第二天抹面层压光。

(2)圆柱。其基层处理同方柱。独立圆柱找规矩,一般应先找出纵横两个方向设计要求的中心线,并在柱上弹纵横两个方向四根中心线,按四面中心点,在地面分别弹四个点的切线,就形成了圆柱的外切四边线。这个四边线各边长就是圆柱的实际直径。然后用缺口木板方法,由上四面中心线往下吊线锤,检查柱子的垂直度,如不超偏,先在地面弹上圆柱抹灰后外切四边线(每边长就是抹灰后圆柱直径),然后按这个尺寸制作圆柱的抹灰套板,如图 3-10 所示。

5. 楼梯

抹灰前,先浇水湿润,并抹水泥浆,随即抹 1∶3的水泥砂浆,底层灰厚约 15 mm。抹灰时,应先抹踢脚板,再抹踏板,逐步由上而下做。如踏步板有防滑条,用素水泥浆粘分格条。若防滑条采用铸铁或铜条等材料,应在罩面前,把铸铁或铜条按要求粘好,再抹罩面灰。

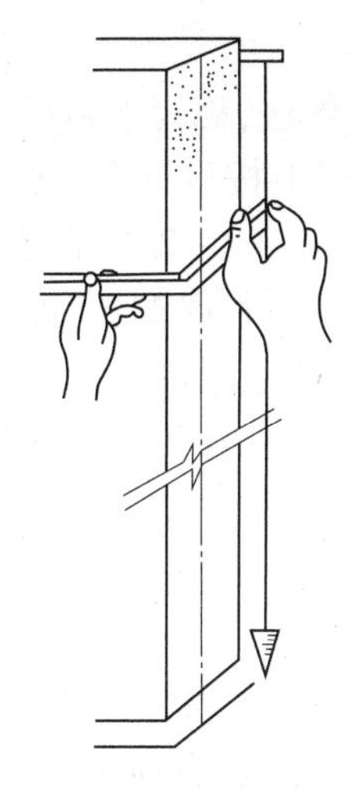

图3-9 独立方柱找规矩

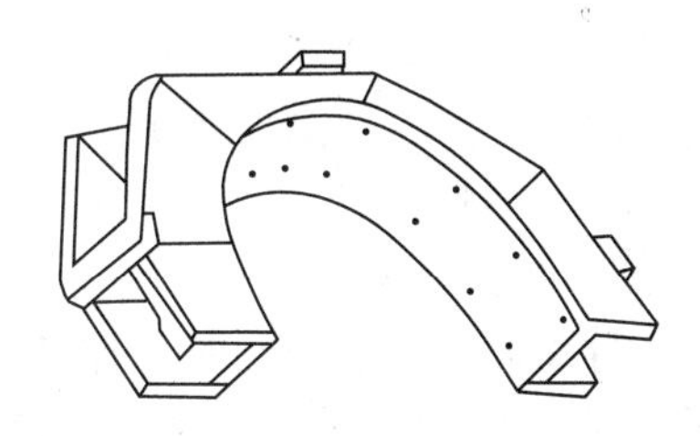

图3-10 圆柱抹灰套板

注意事项：

(1)冬期施工,抹灰的作业面温度不宜低于5 ℃,抹灰层初凝前不得受冻。

(2)用水泥砂浆和水泥混合砂浆抹灰时,应待前一抹灰层凝结后方可抹后一层;用石灰砂浆抹灰时,应待前一抹灰层七八成干后方可抹后一层。

(3)底层的抹灰层强度,不得低于面层的抹灰层强度。

(4)如设计要求在钢模板光滑的混凝土基层上抹水泥砂浆时,混凝土墙面上的脱膜剂可用10%的火碱溶液刷洗并用清水冲净、晾干,然后刷一道混凝土界面剂或素水泥浆(或聚合物水泥浆),随即抹1∶1水泥砂浆,厚度不大于3 mm并将表面扫成毛糙状,经24 h后做标筋进行抹灰。

(5)加气混凝土外墙面的抹灰,设计无具体要求时,可考虑下述做法以防止抹灰层空鼓开裂:

①在基体表面涂刷一层界面处理剂,如YJ－302型混凝土界面处理剂等。

②在抹灰砂浆中添加适量胶黏剂,改善砂浆的黏结性能。

③提前洒水湿润后抹底灰,并将底层抹灰修整压平,待其收水时涂刷或喷一道专用防裂剂,接着抹中层砂浆以同样方法使用防裂剂;如果在其面层抹灰,表面再同样罩一层防裂剂(见湿不流)则效果更好。

④冬期的抹灰施工,如根据设计要求在砂浆内掺入防冻剂时,其掺量应由试验确定;但最终以涂料作饰面的外墙抹灰砂浆中,不得掺入含氯盐的防冻剂。

3.2.3 装饰抹灰

装饰抹灰是能给建筑物以装饰效果的抹灰。装饰抹灰可使建筑物表面光滑、平整、清洁、美观,能满足人们审美的需要。其特点在于能给予整个建筑物以独特的装饰形式和色彩,使它质感丰富、颜色多样、艺术效果鲜明。

装饰抹灰的种类很多,但底层的做法基本相同(均为1∶3水泥砂浆打底),仅面层的做法不同。现将常用建筑抹灰的施工工艺简述如下。

3.2.3.1　**干粘石**

干粘石多用于外墙面，在水泥砂浆上面直接干粘石子的做法，称为干粘石。

其做法是先在已硬化的 12 mm 厚的 1∶3底层水泥砂浆层上按设计要求弹线分格，根据弹线镶嵌分格木条，将底层浇水润湿后，抹上一层 6 mm 厚 1∶(2～2.5) 的水泥砂浆层，同时将配有不同颜色或同色的粒径 4～6 mm 的石子甩在水泥砂浆层上，并拍平压实。拍时不得把砂浆拍出来，以免影响美观，要使石子嵌入深度不小于石子粒径的一半，待达到一定强度后洒水养护。上述为手工甩石子，也可用喷枪将石子均匀有力地喷射于黏结层上，用铁抹子轻轻压一遍，使表面平整。干粘石的质量要求是石粒黏结牢固、分布均匀、不掉石粒、不露浆、不漏粘、颜色一致、阳角处不得有明显黑边。

3.2.3.2　**斩假石与仿斩假石**

斩假石又称剁假石、剁斧石，是在抹灰层上做出有规律的槽纹，做成像石砌成的墙面，要求面层斩纹或拉纹均匀，深浅一致，边缘留出宽窄一样，棱角不得有损坏，具有较好的装饰效果，但费工较多。它的底层、中层和面层的砂浆操作，都同水刷石一样，只是面层不要将石子刷洗外露出来。

先用 1∶3水泥砂浆打底(厚约 12 mm)并嵌好分格条，洒水湿润后，薄刮素水泥浆一道(水灰比 1∶0.42)，随即抹厚为 10 mm、1∶1.25 的水泥石子浆罩面两遍，使与分格条齐平，并用刮尺赶平。待收水后，再用木抹子打磨压实，并从上往下竖向顺势溜直。抹完面层后须采取防晒措施，洒水养护 3～5 d 后开始试剁，试剁后石子不脱落，即可用剁斧将面层剁毛。在墙角、柱子等边棱处，宜横向剁出边条或留出 15～20 mm 的窄条不剁。待斩剁完毕后，拆除分格条、去边屑，即能显示出较强的琢石感。外观质量要求剁纹均匀顺直、深浅一致，不得有漏剁处，阳角处横剁和留出不剁的边条，应宽窄一致、棱角无损，最后洗刷掉面层。

3.2.3.3　**喷涂、滚涂与弹涂**

1. 喷涂饰面

用挤压式灰浆泵或喷斗将聚合物水泥砂浆经喷枪均匀喷涂在墙面基层上。根据涂料的稠度和喷射压力的大小，以质感区分，可喷成砂浆饱满、呈波纹状的波面喷涂和表面布满点状颗粒的粒状喷涂。基层为厚 10～13 mm 的 1∶3水泥砂浆，喷涂前须喷或刷一道胶水溶液(108 胶∶水＝1∶3)，使基层吸水率趋于一致和喷涂层黏结牢固。喷涂层厚 3～4 mm，粒状喷涂应连续三遍完成，波状喷涂必须连续操作，喷至全部泛出水泥浆但又不致流淌为好。喷涂层凝固后再喷罩面一层甲基硅酸钠疏水剂。它具有防水、防潮、耐酸、耐碱的性能，面层色彩可任意选定，对气候的适应性强，施工方便，工期短等优点。

2. 滚涂饰面

在基层上先抹一层厚 3 mm 的聚合物砂浆，随后用带花纹的橡胶或塑料滚子滚出花纹，滚子表面花纹不同即可滚出多种图案，最后喷罩甲基硅酸钠疏水剂。滚涂砂浆的配合比为水泥∶骨料(沙子、石屑或珍珠岩)＝1∶(0.5～1)，再掺入占水泥 20% 量的 108 胶和 0.25% 的木钙减水剂。手工操作，滚涂分干滚和湿滚两种。干滚时滚子不蘸水，滚出的花纹较大，工效较高；湿滚时滚子反复蘸水，滚出花纹较小。滚涂工效比喷涂低，但便于小面积局部应用。滚涂是一次成活，多次滚涂易产生翻砂现象。

3. 弹涂饰面

在基层上喷刷或涂刷一遍掺有108胶的聚合物水泥色浆涂层,然后用弹涂器分几遍将不同色彩的聚合物水泥浆弹在已涂刷的涂层上,形成1~3 mm大小的扁圆花点。弹涂的做法是在1∶3水泥砂浆打底的底层水泥砂浆上,洒水润湿,待干至六七成时进行弹涂。先喷刷底色浆一道,弹分格线,贴分格条,弹头道色点,待稍干后即弹第二道色点,最后进行个别修弹,再进行喷射或涂刷树脂罩面层。弹涂器有手动和电动两种,后者工效高,适合大面积施工。

3.3 抹灰工程施工质量验收标准

3.3.1 一般规定

(1)本任务适用于一般抹灰、装饰抹灰和清水砌体勾缝等分项工程的质量验收。

(2)抹灰工程验收时应检查下列文件和记录:

①抹灰工程的施工图、设计说明及其他设计文件。

②材料的产品合格证书、性能检测报告、进场验收记录和复验报告。

③隐蔽工程验收记录。

④施工记录。

(3)抹灰工程应对水泥的凝结时间和安定性进行复验。

(4)抹灰工程应对下列隐蔽工程项目进行验收:

①抹灰总厚度不小于35 mm时的加强措施。

②不同材料基体交接处的加强措施。

(5)各分项工程的检验批应按下列规定划分。

①相同材料、工艺和施工条件的室外抹灰工程每500~1 000 m^2应划分为一个检验批,不足500 m^2也应划分为一个检验批。

②相同材料、工艺和施工条件的室内抹灰工程每50个自然间(大面积房间和走廊按抹灰面积30 m^2(为一间)应划分为一个检验批,不足50间也应划分为一个检验批。

(6)检查数量应符合下列规定:

①室内每个检验批应至少抽查10%,并不得少于3间;不足3间时应全数检查。

②室外每个检验批每100 m^2应至少抽查一处,每处不得小于10 m^2。

(7)外墙抹灰工程施工前应先安装钢木门窗框、护栏等,并应将墙上的施工孔洞堵塞密实。

3.3.2 装饰抹灰工程

本任务适用于水刷石、斩假石、干粘石、假面砖等装饰抹灰工程的质量要求和检验方法见表3-4。

表 3-4 装饰抹灰工程质量要求和检验方法

项目	项次	质量要求	检验方法
主控项目	1	抹灰前基层表面的尘土、污垢、油渍等应清除干净并应洒水润湿	检查施工记录
	2	装饰抹灰工程所用材料的品种和性能应符合设计要求。水泥的凝结时间和安定性复验应合格。砂浆的配合比应符合设计要求	检查产品合格证书、进场验收记录、复验报告和施工记录
	3	抹灰工程应分层进行。当抹灰总厚度大于或等于 35 mm 时,应采取加强措施。不同材料基体交接处表面的抹灰应采取防止开裂的加强措施,当采用加强网时,加强网与各基体的搭接宽度不应小 100 mm	检查隐蔽工程验收记录和施工记录
	4	各抹灰层之间及抹灰层与基体之间必须黏结牢固,抹灰层应无脱层、空鼓和裂缝	观察,用小锤轻击检查,检查施工记录
一般项目	1	装饰抹灰工程的表面质量应符合下列规定: (1)水刷石表面应石粒清晰、分布均匀、紧密平整、色泽一致,应无掉粒和接槎痕迹; (2)斩假石表面剁纹应均匀顺直、深浅一致,应无漏剁处,阳角处应横剁并留出宽窄一致的不剁边条,棱角应无损坏; (3)干粘石表面应色泽一致、不露浆、不漏粘,石粒应黏结牢固、分布均匀,阳角处应无明显黑边; (4)假面砖表面应平整、沟纹清晰、留缝整齐、色泽一致,应无掉角、脱皮、起砂等缺陷	观察,手摸检查
	2	装饰抹灰分格条(缝)的设置应符合设计要求,宽度和深度应均匀,表面应平整光滑,棱角应整齐	观察
	3	有排水要求的部位应做滴水线(槽)。滴水线(槽)应整齐顺直,滴水线应内高外低,滴水槽的宽度和深度均不应小于 10 mm	观察,尺量检查
	4	装饰抹灰的允许偏差和检验方法应符合表 3-5的规定	—

表3-5　装饰抹灰的允许偏差和检验方法

项次	项目	允许偏差(mm)				检验方法
		水刷石	斩假石	干粘石	假面砖	
1	立面垂直度	5	4	5	5	用2 m垂直检测尺检查
2	表面平整度	3	3	5	4	用2 m靠尺和塞尺检查
3	阳角方正	3	3	4	4	用直角检测尺检查
4	分格条(缝)直线度	3	3	3	3	拉5 m线,不足5 m拉通线,用钢直尺检查
5	墙裙、勒脚上口直线	3	3	—	—	拉5 m线,不足5 m拉通线,用钢直尺检查

实训项目　墙面抹灰实训

某商务与住宅小区室内墙面抹灰工程。

(一)场景要求

(1)本实训项目安排在校内实训基地进行,墙面约10 m^2,门窗间墙面。

(2) 4人一组,用水泥砂浆相互配合进行抹灰。

(3)电气及室内设备安装等预埋件已埋设。

(二)主要材料及工具设备

1. 主要材料

水泥:本工程采用M32.5普通硅酸盐水泥,应有出厂合格证及复验合格试验报告。

砂:抹灰用砂最好是中砂,要求颗粒坚硬、洁净、无杂质,不得含有黏土、草根、树叶、碱质及其他有机物等有害物质。

2. 工具设备

(1)砂浆搅拌机。

(2)主要工具:木抹子、铁抹子、钢皮抹子、木杠、托线板、靠尺、卷尺、筛子、刷子和灰筒等。

(三)步骤提示及操作要领

基层清理→浇水湿润基层→找规矩→做灰饼→设标筋(冲筋)→做护角→抹底层灰和中层灰→抹设脚板→抹面灰→清理→保护。

(1)基层清理。将凸出墙面的混凝土剔平,对于很光滑的混凝土表面进行“毛化处理”,先将表面灰尘、污垢清理干净。

(2)找规矩、做灰饼、设标筋(冲筋)。根据设计图纸要求的抹灰等级,按照基层平整垂直情况,用一面墙作基准先用方尺规方;套方找规矩做好后,以此做灰饼(打底子);设

标筋(冲筋),用与抹灰层相同的砂浆冲筋,冲筋应根据房间墙面的高度而定。

(3)抹灰。在冲完筋 4 h 左右就可以抹灰,但注意不要过早或过迟。

(四)施工质量控制要点

(1)找规矩时,若房间面积较大,应先在地上弹出十字中心线,然后按基层面平整度弹出墙角线。

(2)抹灰用的石灰膏的熟化期不应少于 15 d,罩面用的磨细石灰粉的熟化期不应少于 3 d。

(3)各种砂浆抹灰层,在凝结前应防止快干、水冲、撞击、振动和受冻,在凝结后应采取措施防止玷污和损坏。水泥砂浆抹灰层应在湿润条件下养护。

(五)学生操作评定

姓名: 学号: 得分:

项次	项目	考核内容	评定方法	满分	得分
1	实训态度	职业素质	未做无分,做而不认真扣 2 分	5	
2	基层处理	质量	清理不干净,涂刷不均匀,有缺陷每处扣 2 分	15	
3	做灰饼	质量	吊垂直、套方、找规矩、做灰饼,每项错误一处扣 5 分	20	
4	冲筋	质量	标筋横平竖直,两侧成斜面,宽度、高度宜符合规定要求,每错一处扣 5 分	20	
5	抹灰	质量	平整、光洁、无裂痕,每错一处扣 5 分	30	
6	安全文明施工	安全生产	发生重大安全事故本项目不合格;发生一般事故无分,有事故苗头扣 2 分	10	
合计				100	

考评员: 日期:

学习项目 4 涂饰工程

【学习目标】

1. 通过图片资料,对涂饰工程施工常用的机具有一个感性认识,为施工工艺的学习打下基础。

2. 通过对施工工艺的深刻理解,学会为达到施工质量要求正确选择材料和组织施工的方法,培养解决现场施工常见工程质量问题的能力。

3. 在掌握施工工艺的基础上领会工程质量验收标准。

【学习重点】

涂饰施工工艺及质量验收标准。

涂饰工程是将各种涂料涂覆于建筑物或构件表面,并能将涂料与表面材料牢固黏结的工程。涂饰饰面具有色彩丰富、质感逼真、施工方便、造价低廉、维护简单的特点。在施工过程中,涂料饰面质量受材料、机具、基层情况、施工技术及成品保护等多方面条件的影响,因此涂饰施工应十分严谨,从细节入手。涂饰工程可分为水性涂料涂饰工程、溶剂性涂料涂饰工程两类。

4.1 涂饰工程的基本知识

4.1.1 涂饰工程的材料

(1)水性涂料。凡是用水作溶剂或者作分散介质的涂料,都可称为水性涂料。水性涂料包含合成树脂乳液涂料、水溶性涂料、水稀释性涂料等。相比于溶剂型涂料,水性涂料在施工和使用中更加绿色环保,但同时也要注意使用前的防冻保护及防霉处理。

(2)溶剂性涂料。溶剂性涂料是以有机溶剂作为分散介质而制得的建筑涂料。常用的溶剂性涂料有丙烯酸酯涂料、聚氨酯丙烯酸涂料、有机硅丙烯酸涂料、色漆等。相比于水性涂料,虽然溶剂型涂料存在着污染环境、浪费能源以及成本高等问题,但其涂料层的稳定性、强度仍占很大优势。除此之外,溶剂型涂料的装饰效果也是水性涂料不可替代的。

4.1.2 涂饰工程施工常用机具

涂饰工程施工常用机具主要分为基层清理机具、涂饰机具及其他辅助工具。

4.1.2.1 基层清理工具

基层清理手工工具主要有铲刀、刮刀、打磨块及金属刷等,如图 4-1 所示。

基层清理机械工具主要有各种打磨器、除锈枪,各种热、蒸汽清除工具等,如图 4-2 所示。

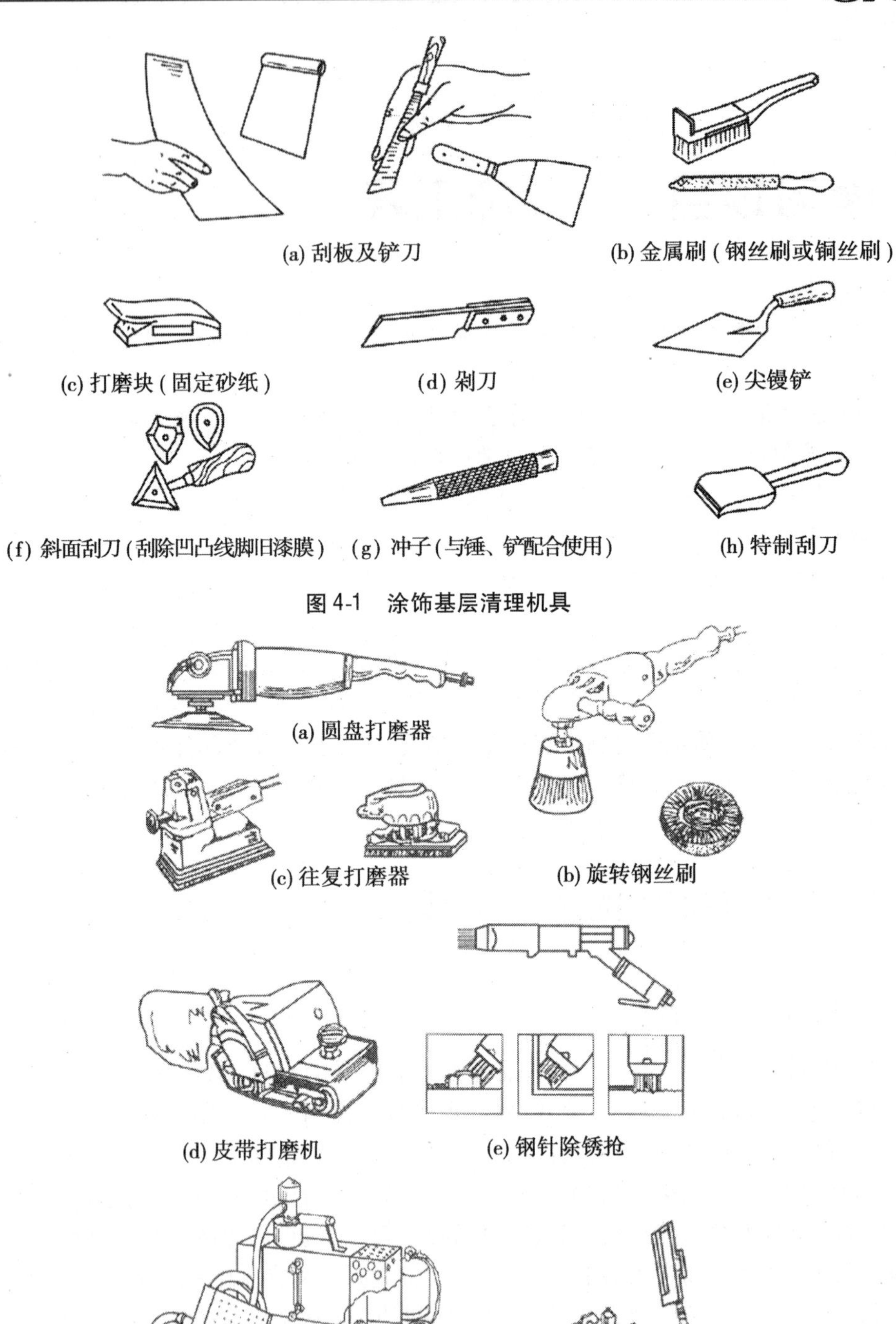

(a) 刮板及铲刀　(b) 金属刷（钢丝刷或铜丝刷）

(c) 打磨块（固定砂纸）　(d) 剁刀　(e) 尖镘铲

(f) 斜面刮刀（刮除凹凸线脚旧漆膜）　(g) 冲子（与锤、铲配合使用）　(h) 特制刮刀

图 4-1　涂饰基层清理机具

(a) 圆盘打磨器　(b) 旋转钢丝刷　(c) 往复打磨器

(d) 皮带打磨机　(e) 钢针除锈枪

(f) 蒸汽剥除器　(g) 热清除器

图 4-2　涂饰基层清理机械

4.1.2.2　**涂饰机具**

(1)涂料滚涂工具如图 4-3 所示。

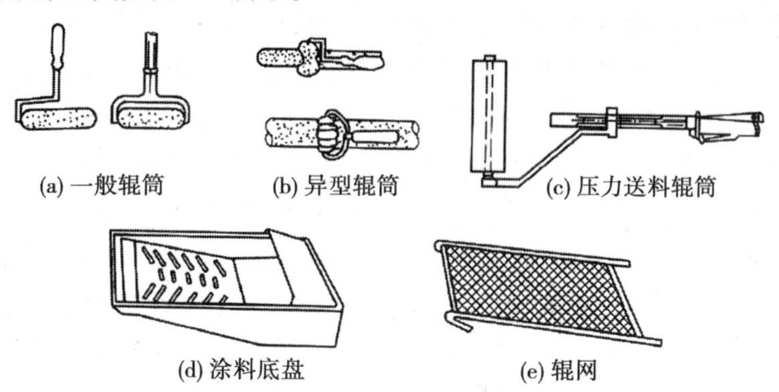

图 4-3　涂料滚涂工具

(2)涂料空气喷涂所用工具。空气喷涂也称为有气喷涂,即指利用压缩空气作为喷涂动力的油漆喷涂,油漆喷涂常用的喷枪形式主要有吸出式、对嘴式和流出式三种,如图 4-4所示。

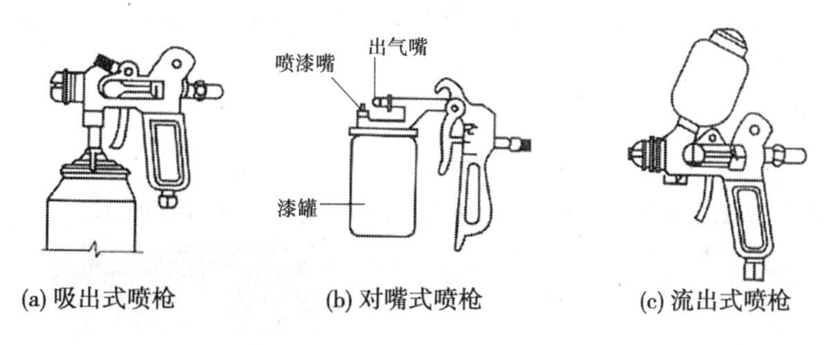

图 4-4　涂料空气喷涂工具

(3)涂料高压无气喷涂设备。高压无气喷涂通常是利用 0.4 ~ 0.8 MPa 的压缩空气作为动力,带动高压泵将油漆涂料吸入,加压至 15 MPa 左右通过特制的喷嘴喷出。承受高压的油漆涂料喷至空气中时,即刻剧烈膨胀雾化成扇形气流射向被涂物面。涂料高压无气喷涂设备如图 4-5 所示。

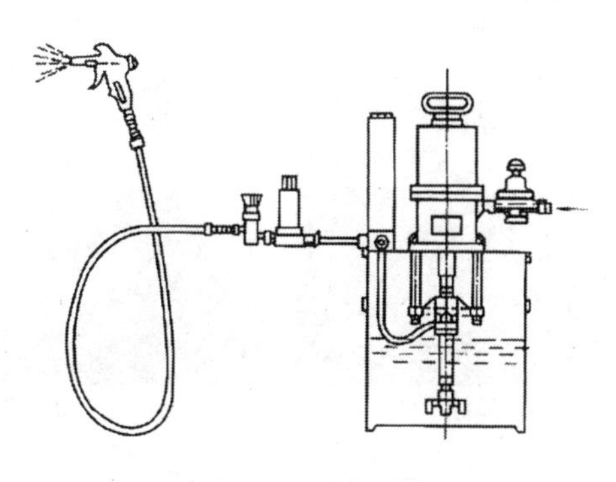

图 4-5　涂料高压无气喷涂设备

4.1.3 涂饰工程施工环境条件

涂饰工程施工的环境条件应注意以下几个方面。

(1)环境气温。一般要求其施工环境的温度宜在10~35 ℃,最低温度不得低于5 ℃;冬期在室内进行涂料施工时,应当采取保温和采暖措施,室温要保持均匀,不得骤然变化。溶剂型涂料宜在5~35 ℃气温条件下施工,不能采用现场烘烤饰面的加温方式促使涂膜表面干燥和固化。

(2)环境湿度。建筑涂料所适宜的施工环境相对湿度一般为60%~70%,在高湿度环境或降雨天气不宜施工,如氯乙烯-偏氯乙烯共聚乳液作为地面罩面涂料时,在湿度大于85%时就难以干燥。

(3)太阳光照。建筑涂料一般不宜在阳光直接照射下进行施工,特别是在夏季的强烈日光照射之下,会造成涂料的成膜不良而影响涂层质量。

(4)风力大小。在大风天气情况下不宜进行涂料涂饰施工,风力过大会加速涂料中的溶剂或水分的挥(蒸)发,致使涂层的成膜不良并容易沾染灰尘而影响饰面的质量。

(5)污染性物质。施工过程中,如发现有特殊的气味(SO_2 或 H_2S 等强酸气体),应停止施工或采取有效措施。

4.1.4 涂饰施工的一般方法

涂料的施工方法主要有喷涂、辊涂、弹涂、刷涂几种,如图4-6所示。

(a) 喷涂　(b) 辊涂　(c) 弹涂　(d) 刷涂

图4-6　涂饰方法

4.1.4.1 喷涂

喷涂是利用高速气流产生的负压力将涂料带到所喷物体的表面,形成涂膜。其优点是涂膜外观质量好,施工速度快,适合大面积施工。但施工时形成的涂料喷雾会对人体健康造成危害,需在施工前做好劳动保护措施,此外喷涂对现场施工条件要求较高。

喷涂时空气压缩机的压力一般为0.4~0.7 MPa,气泵的排气量不小于0.6 m^3/h,喷嘴距喷涂面的距离一般为400~500 mm,以喷涂后表面不流坠为准。喷嘴应垂直于墙面做连贯的S形平行移动,移动速度要均匀。一般横竖两遍成活。

4.1.4.2 辊涂

辊涂是利用蘸涂料的辊子在物体表面上滚动的涂饰方法。常用辊子有羊毛辊子、橡胶辊子、海绵辊子。辊涂时路线需直上直下,以保证涂层薄厚均匀,一般两遍成活。

4.1.4.3 弹涂

弹涂是借助专用的电动(或手动)筒形弹力器,将各种颜色的涂料弹到饰面基层上,形成直径2~8 mm、大小近似、颜色不同、互相交错的圆粒状色点,或深、浅色点相互衬托,形成一种彩色装饰面层。这种饰面黏结能力强,对基层的适应性较广,可以直接弹涂在底子灰上和基层较平整的混凝土墙板、加气板、石膏板等墙面上。

4.1.4.4 刷涂

用涂料刷子刷,涂刷时方向应与行程方向一致,涂料浸满全刷毛的1/2。勤蘸短刷,不能反复刷。

4.1.5 施工安全措施

(1)对施工操作人员进行安全教育,并进行书面交底,使其对所使用涂料的性能及安全措施有基本了解。

(2)施工现场严禁设涂料材料仓库。涂料仓库应有足够的消防设施。

(3)施工现场应有“严禁烟火”的安全标语,现场应设专职安全员监督,保证施工现场无明火。

(4)不得在有焊接作业的附近施涂油漆工作,以防发生火灾。

(5)每天收工后应尽量不剩涂料材料。如有剩余涂料,不准乱倒,应收集后集中处理。涂料使用后,应及时封闭存放。废料应及时从室内清出并处理。

(6)在操作中严格执行劳动保护制度,涂刷作业时,操作工人应穿戴相应的劳动保护设施,如防毒面具、口罩、手套等,以免危害人体的肺、皮肤等。

(7)严禁在民用建筑工程室内用有机溶剂清洗施工用具。

4.2 水性涂料涂饰工程施工(以合成树脂乳液涂料工程施工为例)

4.2.1 施工准备

4.2.1.1 材料准备

(1)水性涂料、水性胶黏剂和水性处理剂,进入现场时应有产品合格证书、性能检测报告、出厂质量保证书、进场验收记录。其苯、游离甲醛、游离甲苯二异氰酸酯(TDI)、总挥发性有机化合物(TVOC)的含量,应符合有关的规定,不应采用聚乙烯醇缩甲醛胶黏剂。

(2)基层处理选用的腻子应注意其配置品种、性能及适用范围,应当根据基体、室内外的区别及功能要求选用适宜的配制腻子或成品腻子。

配置腻子所用水泥应选用合格的强度等级不低于 32.5 级的普通硅酸盐水泥,对超过 90 d 的水泥应进行复检,复检达不到质量标准的不得使用。

配置腻子所用石膏一般选用建筑石膏,进场时应随用随进,受潮石膏不得使用。

配置腻子所用胶黏剂应符合国家质量标准。超过保质期的材料应进行复试,经试验鉴定后方可使用。结块、结皮、搅拌不均匀的材料严禁使用。

水一般采用饮用水,当采用其他来源水时,水质必须符合相关标准的规定。

4.2.1.2 机具准备

主要机具包括腻子打磨机、砂纸、钢丝刷、油刷、排笔、涂料辊、涂料喷枪、手提式涂料搅拌器、弹涂漆压送机等,如图 4-7 所示。

4.2.1.3 环境准备

施工环境要干净,灰尘不能太大,避免阳光直射作业面,同时要在控制风力不要太大的前提下,保证一定的空气流通;环境温度应控制在 10 ~ 35 ℃,冬季在室内进行涂料施工时,应当采取保温和采暖措施,室温要保持均匀,不得骤然变化;环境相对湿度应控制在 60% ~70%。同时要保证环境具有一定的通风性。

4.2.2 操作工艺

工艺流程:基层处理→刮腻子→涂底层封闭涂料→涂面层涂料。

4.2.2.1 基层处理

工程施工前,应认真检查基层质量,基层经验收合格后方可进行下道工序操作。基层处理方法如下:先将装修表面上的灰块、浮渣等杂物用开刀铲除,如表面有油污,应用清洗剂和清水洗净,干燥后再用棕刷将表面灰尘清扫干净;表面清扫后,用水与界面剂(配合比为 10:1)的稀释液刷一遍,再用底层石膏或嵌缝石膏将底层不平处填补好,石膏干透后局部需贴 T 皮纸或网格布进行防裂处理,干透后进行下一步施工。

4.2.2.2 刮腻子

刮三遍腻子。第一遍腻子填补气孔、麻点、缝隙及凹凸不平处,干后用 0 ~2 号砂纸打

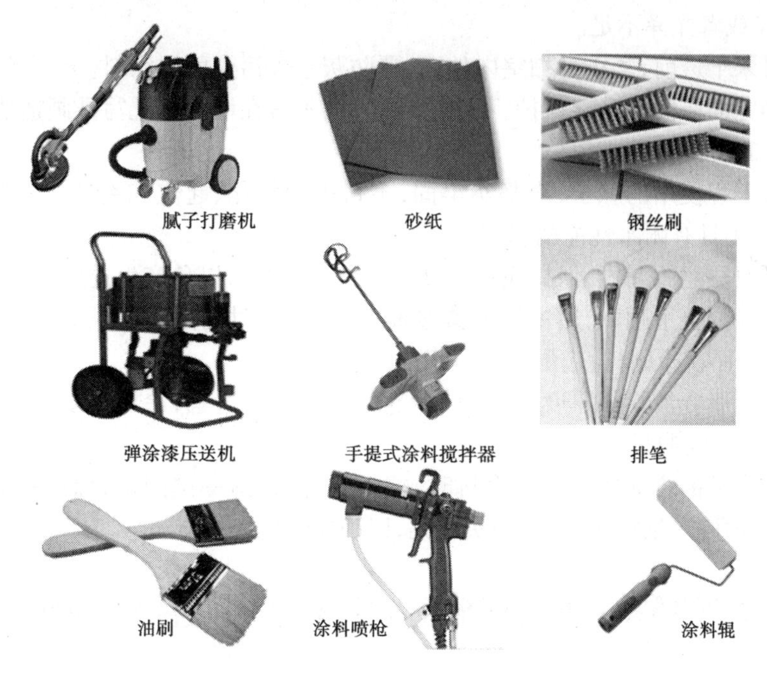

图4-7　施工机具

磨平。之后满刮两遍腻子,要求尽量薄,不得漏刮,接头不得留槎,直至表面光滑平整、线角及边棱整齐。两遍刮批方向相互垂直。干后用砂纸磨光磨平,清理干净。

4.2.2.3　**涂底层封闭涂料**

封闭涂料喷涂或辊涂一遍,涂层均匀,不得漏涂。其作用是封闭基层,减少基层吸收面层的水分,同时防止基层内的水分渗透到涂料底层影响黏结强度。

4.2.2.4　**涂面层涂料**

待底层封闭涂料干燥2～3 h以后,方可进行面层施工。面层施工可根据需要,采用不同的施涂方法。

(1)刷涂。涂刷前用手提式涂料搅拌器将涂料搅拌均匀。如稠度较大,可加清水稀释并搅匀。

(2)辊涂法施工。施工前要遮盖非涂刷区域,辊涂一面墙要从一端开始,一气呵成,避免出现接槎刷迹重叠,沾污到其他地方的乳胶要及时清理干净。刷不到的阴角处需用刷子补刷,不得漏涂。

(3)喷涂法施工。施工顺序一般为墙→柱→顶,以不增加重复遮挡和不影响已完成饰面为原则。一般两遍成活,两遍间隔时间约为6 h。

4.2.3　成品保护及施工注意事项

4.2.3.1　**成品保护**

(1)在涂刷墙面层涂料时,不得污染地面、踢脚线、窗台、阳台、门窗及玻璃等已完成的分部分项工程,必要时采取遮挡措施。

(2)最后一遍涂料涂刷完后,设专人负责开关门窗,使室内空气流通,以预防漆膜干燥后表面无光或者光泽不足。

(3)涂料未干透前,禁止打扫室内地面,严防灰尘等污染面层涂料。

(4)涂刷完的墙面要妥善保护,不得磕碰墙面,不得在墙面上乱写乱画造成污染。

4.2.3.2 施工注意事项

(1)涂饰工程使用的腻子,应坚实牢固,不得出现粉化、起皮和裂纹。厨房、厕所、浴室等部位应使用具有耐水性能的腻子。

(2)涂刷时注意不漏刷,保持涂料稠度,不可加水过多,以免产生透底现象。

(3)涂刷时要上下顺刷,后一排笔紧接前一排笔,若时间间隔稍长,就容易看出明显接槎。因此,大面积涂刷时,应配足人员,互相衔接好。

(4)合成树脂乳液涂料厚度要适中,排笔蘸涂料量要适宜,涂刷时要多理多顺,防止刷纹过大,使得刷纹明显。

(5)涂刷带色的合成树脂乳液涂料时,配料要合适,并一次配足,保证每间或每个独立面和每遍都用同一批涂料,并宜一次用完,以确保颜色一致。

4.3 溶剂型涂饰工程施工(以木基层磁漆涂饰施工为例)

4.3.1 施工准备

4.3.1.1 材料准备

(1)木基层磁漆涂饰施工的材料主要包含涂料、填充材料、稀释剂、催干剂、抛光剂、腻子等。进入现场时应有产品合格证书、性能检测报告、出厂质量保证书、进场验收记录。其材料的选择应符合有关要求和规定。

(2)基层处理腻子应注意其配置品种、性能及适用范围。

4.3.1.2 机具准备

(1)主要机械设备:圆盘打磨器、喷枪和空气压缩机等。

(2)主要工具:棕毛刷、排笔、油画笔、砂纸、砂布、棉丝、擦布、铲刀、腻子刀、钢刮板、牛角刮刀、调料刀、油灰刀、刮刀、滤漆筛等。

4.3.1.3 环境准备

操作前应认真进行交接检查工作,湿作业已完毕,并具有一定强度,对遗留问题及时进行妥善处理;门窗有变形不合格的应拆换,并且刷末道油漆前必须将玻璃全部安装好;当作业高度大于3.6 m时,应事先搭好脚手架;环境通风良好、干燥,施工时温度不宜低于10 ℃,相对湿度不大于60%。

4.3.2 操作工艺

工艺流程:基层处理→刷封底涂料→磨光→刮腻子→刷第一遍醇酸磁漆→修补腻子→刷第二遍醇酸磁漆→刷第三遍醇酸磁漆→刷第四遍醇酸磁漆→打砂蜡→擦上光蜡。

(1)基层处理。

先将木基层表面上的灰尘、斑迹、胶迹等用刮刀或碎玻璃片刮除干净,但应注意不要刮出毛刺,也不要刮破抹灰的墙面,然后用1号以上砂纸顺木纹精心打磨,先磨线角,后磨平面,直到光滑。木基层有小块活翘皮时,可用小刀撕掉。重皮的地方应用小钉子钉牢固,如重皮较大或有烤糊印疤,应由木工修补,并用酒精漆片点刷。

(2)刷封底涂料。

封底涂料由清油、汽油、光油配制,略加一些红土子(避免漏刷不好区分)。对于泛碱、析盐的基层应选用耐碱底漆。涂饰时,先从框上部左边开始顺木纹涂刷,框边涂油不得碰到墙面上,厚薄要均匀,框上部刷好后,再刷亮子。刷窗扇时,如两扇窗应先刷左扇后刷右扇,三扇窗应最后刷中间扇。窗扇外面全部刷完后,用梃钩勾住不得关闭,然后刷里面。刷门时,先刷亮子再刷门框,门扇的背面刷完后用木楔将门扇固定,最后刷门扇的正面。待全部刷完后检查一下有无遗漏,要注意里外门窗油漆分色是否正确,并将小五金等处沾染的油漆擦干净。

(3)磨光。

腻子干透后,用1号砂纸打磨,打磨方法与底层磨砂纸相同,注意不要磨穿漆膜并保护好棱角,不留松散腻子痕迹。磨完后应打扫干净,并用潮布将磨下粉末擦净。

(4)刮腻子。

刮第一遍腻子,腻子中要适量加入醇酸磁漆。待涂刷的清油干透后,将钉孔、裂缝、节疤以及边楞残缺处,用油腻子刮抹平整,腻子要不软不硬、不出蜂窝、挑丝不倒为准,刮时要横抹竖起,将腻子刮入钉孔或裂纹内。若接缝或裂缝较宽、孔洞较大,可用开刀或铲刀将腻子挤入缝洞内,使腻子嵌入后刮平收净,表面上腻子要刮光,无松散腻子、残渣。上下冒头、榫头等处均应抹到,待腻子干透后,用砂纸打磨,打磨方法与底层磨砂纸相同,注意不要磨穿漆膜并保护好棱角,不留松散腻子痕迹。磨完后应打扫干净,并用潮布将磨下粉末擦净。

刮腻子一般为两遍。刮第二遍腻子时,大面用钢片刮板,要平整光滑;小面处用开刀刮,明角要直。腻子干透后,用0号砂纸磨平、磨光,清扫并用湿布擦净。

(5)刷第一遍醇酸磁漆。

头道涂料中可适量加入醇酸稀料,调得稍稀一些。刷涂顺序应从外向内、从左向右、从上至下进行,并顺着木纹涂刷。刷门窗框时不得碰到墙面上,刷到接头处要轻飘,达到颜色一致;刷涂动作应快速、敏捷,要求无缕无节,横平竖直,顺刷时棕刷要轻飘,避免出现刷纹。刷木窗时,先刷好框子上部后再刷亮子;待亮子全部刷完后,将梃钩勾住,再刷窗扇;如为双扇窗,应先刷左扇后刷右扇;三扇窗应最后刷中间扇;纱窗扇先刷外面后刷里面。刷木门时,先刷亮子后刷门框、门扇背面,刷完后用小木楔子将门扇固定,最后刷门扇正面,全部刷好后检查是否有漏刷,小五金沾染的油漆要及时擦净。涂刷应厚薄均匀,不流不坠。刷纹通顺,不得漏刷。待涂料完全干透后,用1号或旧砂纸彻底打磨一遍,将头遍漆面上的光亮基本打磨掉,再用潮布将粉尘擦掉。

(6)修补腻子。

如发现凹凸不平处,要进行修补,其要求与操作方法同前。待腻子干透后,用1号以下砂纸打磨,其要求与操作方法同前。

(7)刷第二遍醇酸磁漆。

涂刷方法与第一遍相同。本遍磁漆中不加稀料,注意不得漏刷和流坠。干透后磨砂纸,如表面疙瘩多,可用280号水砂纸打磨。如局部有不平、不光处,应及时复补腻子,待腻子干透后,用砂纸打磨,清扫并用湿布擦净。刷完第二遍涂料后,可进行玻璃安装等工序。

(8)刷第三遍醇酸磁漆。

刷法和要求与第二遍相同,磨光时,可用320号水砂纸打磨,要注意不得磨破棱角,要达到平和光,磨好后清扫干净并擦净。

(9)刷第四遍醇酸磁漆。

刷油的要求与操作方法同前。刷完7 d后用320~400号水砂纸打磨,打磨时用力要均匀,应将刷纹基本磨平,要注意不得磨破棱角,磨好后清扫干净并擦净。

(10)打砂蜡。

将配制好的砂蜡用双层呢布头蘸擦,擦时用力要均匀,不可漏擦,擦至出现暗光,大小面上下一致为准,擦后清除浮蜡。

(11)擦上光蜡。

用干净白布揩擦上光蜡,应擦匀擦净,直到光泽饱满。

4.3.3 成品保护及施工注意事项

4.3.3.1 成品保护

(1)每遍涂饰前,都应将地面、窗台清扫干净,防止尘土飞扬,影响油漆质量。

(2)每遍涂饰后,都应将门窗扇用梃钩勾住,防止门窗扇、框油漆黏结,破坏漆膜,造成修补及扇活损伤。

(3)刷油后应将滴在地面或窗台上及碰在墙上的油点清刷干净。

(4)油漆涂完后,应派专人负责看管,以防止在其表面乱写乱画造成污染。

4.3.3.2 施工注意事项

(1)防止节疤、裂缝、钉孔、榫头、上下冒头、合页、边楞残缺等处的缺刮腻子、缺打砂纸现象,操作者应认真按照规程和工艺标准操作。

(2)防止漏刷。漏刷是刷油操作易出现的问题,一般多发生在门窗的上、下冒头和靠合页小面以及门窗框、压缝条的上、下端部和衣柜门框的内侧等处。主要原因是内门窗安装时油工与木工配合欠佳,下冒头未刷油漆就把门扇安装了,事后油工根本刷不了(除非把门扇合页卸下来重新涂刷),其次是操作者不认真所致。

(3)涂刷油漆时,操作者应注意避免涂料太稀、漆膜太厚或环境温度高、油漆干性慢等因素影响。并采取合理操作顺序和正确的手法,防止油漆流坠、裹楞。尤其是门窗边楞分色处,一旦油量过大和操作不注意,就容易造成流坠、裹楞。

(4)防止刷纹明显。操作者应用合适的棕刷,并把油棕刷用稀料泡软后使用。

(5)防止漆面粗糙现象。操作前必须将基层清理干净,用湿布擦净,油漆要过箩,严禁刷油时扫尘、清理或刮大风天气刷油漆。

(6)严防漆质不好,兑配不均,溶剂挥发快或催干剂过多等,以免造成涂膜表面出现皱纹。

(7)防止污染五金,操作者要认真细致,及时将小五金等污染处清擦干净,并应尽量将门锁、门窗拉手和插销等后装,以确保五金件洁净美观。

(8)在玻璃油灰上刷油,应待油灰达到一定强度后方可进行。刷完油漆后要立即检查一通,如有缺陷应及时修整。

4.4 美术涂饰工程施工

4.4.1 施工准备

依据具体装饰效果与工艺,准备相应涂料、与之相配套的稀料、填充料和各色颜料。相应机具设备准备和施工环境准备。

4.4.2 操作工艺

4.4.2.1 套色花饰施工

工艺流程:清理基层→弹水平线→刷底油(清油)→刮腻子→砂纸磨光→刮腻子→砂纸磨光→弹分色线(俗称方子)→涂饰调和漆。

套色花饰,亦称为假壁纸、仿壁纸油漆。它是在墙面涂饰完油漆的基础上进行的。用特制的漏花板,按美术图案(花纹或动物图像)的形式,有规律地将各种颜色的油漆喷(刷)在墙面上,这种美术涂饰用于宾馆、会议室、影剧院以及高级住宅等抹灰墙面上,建筑艺术效果很好,给人们以柔和、舒适之感觉。

注意事项:漏花前,应仔细检查漏花的各色图案版有无损伤。图案花纹的颜色须试配,使之深浅适度、协调柔和,并有立体感。漏花时,图案版必须找好垂直,第一遍色浆干透再上第二遍色浆,以防混色。多套色者依次类推,多套色的漏花版要对准,以保持各套颜色严密,不露底子。配料稠度适宜,过稀易流淌、污染墙面;过干则易堵塞喷嘴。

4.4.2.2 仿木纹涂饰施工

工艺流程:清理基层→弹水平线→涂刷清油→刮腻子→砂纸磨光→刮色腻子→砂纸磨光→涂饰调和漆→弹分格线→刷面层油→做木纹→用干刷轻扫→划分格线→涂饰清漆。

仿木纹亦称木丝,一般是仿硬质木材的木纹。在涂饰美术装饰工程中,常把人们最喜爱的几种硬质木材的花纹,如黄菠萝、水曲柳、榆木、核桃木等,通过艺术手法用油漆把它涂到室内墙面上,花纹如同镶木墙裙一样,在门窗上亦可用同样的方法涂仿木纹。仿木纹美术涂饰多用于宾馆和影剧院的走廊、休息厅,也有用在高级饭店及住宅工程上的。

4.4.2.3 涂饰鸡皮皱施工

鸡皮皱是一种高级油漆涂饰工程,它的皱纹美丽、疙瘩均匀,可做成各种颜色,具有隔音、协调光的特点(有光但不反射),给人以舒适感,适用于公共建筑及民用建筑的室内装饰,如休息室、会客室、办公室和其他高级建筑物的抹灰墙面上,也有涂饰在顶棚上的。

施工要点:在涂饰好油漆的底层上涂上拍打鸡皮皱纹的油漆,其配合比十分重要,否则拍打不成鸡皮皱纹。目前常用的配合比(质量比)为清油∶大白粉∶双飞粉(麻斯面)∶松

节油 =15∶26∶54∶5，也可由试验确定。

涂饰面层的厚度为 1.5 ~2.0 mm，比一般涂饰的油漆要厚一些。涂饰鸡皮皱油漆和拍打鸡皮皱纹是同时进行的，应由两人操作，即前面一人涂饰，后面一人随着拍打。拍打的刷子应平行墙面，距离 20 cm 左右，刷子一定要放平，一起一落，拍击成稠密而散布均匀的疙瘩，犹如鸡皮皱纹一样。

4.4.2.4 涂饰墙面拉毛施工

1. 腻子拉毛施工

在腻子干燥前，用毛刷拍拉腻子，即得到表面有平整感觉的花纹。

施工要点：

(1)墙面底层要做到表面嵌补平整。

(2)用血料腻子加石膏粉或滑石粉，亦可用熟桐油胶腻子，用钢皮或木刮尺满批。石膏粉或滑石粉的掺入量，应根据波纹大小由试验确定。

(3)要严格控制腻子厚度，一般办公室、卧室等面积较小的房间，腻子的厚度不应超过 5 mm；公共场所及大型建筑的内墙墙面，因面积大，拉毛小了不能明显看出，腻子厚度要求为 20 ~30 mm，这样拉出的花纹才大。腻子厚度应根据波纹大小，由试验来确定。

(4)不等腻子干燥，立即用长方形的猪鬃毛刷拍拉腻子，使其头部有尖形的花纹，再用长刮尺把尖头轻轻刮平，即成表面有平整感觉的花纹。或等平面干燥后，再用砂纸轻轻磨去毛尖。批腻子和拍拉花纹时的接头要留成弯曲状，不得留得齐直，以免影响美观。

(5)根据需要涂饰各种油漆或粉浆，由于拉毛腻子较厚，干燥后吸收力特别强，故在涂饰油漆、粉浆前必须刷清油或胶料水润滑。涂饰时应用新的排笔或油刷，以防流坠。

2. 石膏油拉毛施工

石膏油满批后，用毛刷紧跟着进行拍拉，即形成高低均匀的毛面，称为石膏油拉毛。

施工要点：

(1)基层清扫干净后，应涂一遍底油，以增强其附着力和便于操作。

(2)底油干后，用较硬的石膏油腻子将墙面洞眼、低凹处及门窗边与墙间的缝隙补嵌平整，腻子干后，用铲刀或钢皮刮去残余的腻子。批石膏油，面积大可使用钢皮或橡皮刮板，也可以用塑料板或木刮板；面积小，可用铲刀批刮。满批要严格控制厚度，表面要均匀平整。剧院、娱乐场、体育馆等大型建筑的内墙一般要求大拉毛，石膏油应批厚些，其厚度为 15 ~25 mm；办公室等较小房间的内墙，一般为小拉毛，石膏油的厚度应控制在 5 mm 以下。

(3)石膏油批上后，随即用腰圆形长猪鬃刷子捣平、捣匀，使石膏油厚薄一致。紧跟着进行拍拉，即形成高低均匀的毛面。

(4)如石膏油拉毛面要求涂刷各色油漆时，应先涂刷 1 遍清油，由于拉毛面涂刷困难，最好采用喷涂法，应将油漆适当调稀，以便操作。

(5)石膏必须先过箩。石膏油如过稀，出现流淌时，可加入石膏粉调整。

4.5 涂饰工程施工质量验收及检验

4.5.1 一般规定

(1)本规定适用于水性涂料涂饰、溶剂型涂料涂饰、美术涂饰等分项工程的质量验收。

(2)涂饰工程验收时应检查下列文件和记录:

①涂饰工程的施工图、设计说明及其他设计文件。

②材料的产品合格证书、性能检测报告和进场验收记录。

③施工记录。

(3)各分项工程的检验批应按下列规定划分:

①室外涂饰工程每一栋楼的同类涂料涂饰的墙面每500~1 000 m^2 应划分为一个检验批,不足500 m^2 也应划分为一个检验批。

②室内涂饰工程同类涂料涂饰墙面每50间(大面积房间和走廊按涂饰面积30 m^2 为一间)应划分为一个检验批,不足50间也应划分为一个检验批。

(4)检查数量应符合下列规定:

①室外涂饰工程每10 m^2 应至少检查1处,每处不得小于10 m^2。

②室内涂饰工程每个检验批应至少抽查10%,并不得少于3间;不足3间时应全数检查。

4.5.2 水性涂料涂饰工程质量验收

4.5.2.1 主控项目

(1)水性涂料涂饰工程所用涂料的品种、型号和性能应符合设计要求。

检验方法:检查产品合格证书、性能检测报告和进场验收记录。

(2)水性涂料涂饰工程的颜色、图案应符合设计要求。

检验方法:观察。

(3)水性涂料涂饰工程应涂饰均匀、黏结牢固,不得漏涂、透底、起皮和掉粉。

检验方法:观察;手摸检查。

(4)水性涂料涂饰工程的基层处理应符合以下要求。

①新建建筑物的混凝土或抹灰层基层在涂饰涂料前应涂刷抗碱封闭底漆。

②旧墙面在涂饰涂料前应清除疏松的旧装修层,并涂刷界面剂。

③混凝土或抹灰基层涂刷溶剂型涂料时,含水率不得大于8%;涂刷乳液型涂料时,含水率不得大于10%。木材基层的含水率不得大于12%。

④基层腻子应平整、坚实、牢固,无粉化、起皮和裂缝;内墙腻子的黏结强度应符合《建筑室内用腻子》(JG/T 298—2010)的规定。

⑤厨房、卫生间墙面必须使用耐水腻子。

检验方法:观察;手摸检查;检查施工记录。

4.5.2.2 一般项目

薄涂料的涂饰质量和检验方法应符合表4-1的规定。

表4-1 薄涂料的涂饰质量和检验方法

项次	项目	普通涂饰	高级涂饰	检验方法
1	颜色	均匀一致	均匀一致	观察
2	泛碱、咬色	允许少量轻微	不允许	
3	流坠、疙瘩	允许少量轻微	不允许	
4	砂眼、刷纹	允许少量轻微砂眼，刷纹通顺	无砂眼，无刷纹	
5	装饰线、分色线直线度允许偏差(mm)	2	1	拉5 m线，不足5 m拉通线，用钢直尺检查

4.5.3 溶剂型涂料涂饰工程质量验收

4.5.3.1 主控项目

(1)溶剂型涂料涂饰工程所选用涂料的品种、型号和性能应符合设计要求。

检验方法：检查产品合格证书、性能检测报告和进场验收记录。

(2)溶剂型涂料涂饰工程的颜色、光泽、图案应符合设计要求。

检验方法：观察。

(3)溶剂型涂料涂饰工程应涂饰均匀、黏结牢固，不得漏涂、透底、起皮和返锈。

检验方法：观察，手摸检查。

(4)溶剂型涂料涂饰工程的基层处理应符合水溶性涂料涂饰工程基层的要求。

检验方法：观察，手摸检查，检查施工记录。

(5)涂层与其他装修材料和各衔接处应吻合，界面应清晰。

检验方法：观察。

4.5.3.2 一般项目

色漆和清漆的涂饰质量和检验方法应符合表4-2的规定。

表4-2 色漆和清漆的涂饰质量和检验方法

项次	项目	普通涂饰	高级涂饰	检验方法
1	颜色	基本一致	均匀一致	观察
2	木纹	棕眼刮平、木纹清楚	棕眼刮平、木纹清楚	观察
3	光泽、光滑	光泽基本均匀光滑无挡手感	光泽均匀一致光滑	观察，手摸检查
4	刷纹	无刷纹	无刷纹	观察
5	裹楞、流坠、皱皮	明显处不允许	不允许	观察

4.5.4　美术涂饰工程质量验收

4.5.4.1　主控项目

(1)美术涂饰所用材料的品种、型号和性能应符合设计要求。

检验方法:观察,检查产品合格证书、性能检测报告和进场验收记录。

(2)美术涂饰工程应涂饰均匀、黏结牢固,不得漏涂、透底、起皮、掉粉和返锈。

检验方法:观察,手摸检查。

(3)美术涂饰工程的基层处理应符合本规范的要求。

检验方法:观察,手摸检查,检查施工记录。

(4)美术涂饰的套色、花纹和图案应符合设计要求。

检验方法:观察。

4.5.4.2　一般项目

(1)美术涂饰表面应洁净,不得有流坠现象。

检验方法:观察。

(2)仿花纹涂饰的饰面应具有被模仿材料的纹理。

检验方法:观察。

(3)套色涂饰的图案不得移位,纹理和轮廓应清晰。

检验方法:观察。

实训项目　涂饰工程实训

(一)任务书

(1)按实际总人数将学生划分小组。

(2)每组自选完成规定单元面积的乳胶漆的涂饰(包括混凝土和纸面石膏板的处理)、木基层磁漆涂饰和任一种美术涂饰。其中,乳胶漆涂饰采用辊涂法、木基层磁漆涂饰采用刷涂,美术涂饰方法自选。

(3)施工完成后,按照施工验收规范互检,写出验收报告。

(二)指导书

按照施工流程完成此次实训,要求每一步均有书面记录。实训时注意每一步的注意事项。

学习项目5 饰面板(砖)工程

【学习目标】

本项目主要阐述了饰面板(砖)工程的施工工艺流程、施工操作要点。此外,还介绍了饰面板(砖)工程施工的质量标准和验收方法等。

通过本项目的学习和实训,熟悉饰面板(砖)工程的各种材料,掌握施工的工艺流程及操作要点,熟悉施工过程的各项质量标准和验收方法。要求能掌握要点,能独立操作。

【学习重点】

掌握面板(砖)工程的施工工艺流程。

5.1 饰面板(砖)材料基本知识

饰面板(砖)工程是在建筑物主体结构完成后,利用具有装饰、耐久、适合墙体饰面要求的某些天然或人造板、块状材料镶贴(安装)在基层上,以形成良好装饰面层,用以保护墙柱结构构件,提高使用年限,优化空间环境,改善工作条件,改善建筑物的使用功能,装饰墙柱立面,增强装饰美化效果。

5.1.1 饰面板(砖)工程的分类

饰面板(砖)工程常用的块料面层的种类可分为饰面板和饰面砖两大类。饰面板有天然石饰面板(如大理石、花岗石、青石板等)、人造石饰面板(预制水磨石板、人造大理石板等)、金属饰面板(如不锈钢板、涂层钢板、铝合金饰面板等)、木质饰面板(如胶合板、实木条板、生态面漆板)、塑料饰面板、玻璃饰面板等;饰面砖有釉面瓷砖、外墙面砖、陶瓷锦砖、玻璃锦砖等。

5.1.2 常用的饰面板(砖)工程材料

5.1.2.1 天然石饰面板

装饰饰面常使用的天然石材,主要有大理石和花岗石。

1. 大理石饰面板

大理石饰面板主要用于建筑物室内的墙面、柱面、台面等部位的装饰。天然大理石是由石灰岩变质而成的一种变质岩。结构致密,强度较高,吸水率低。由于大理石一般都含有杂质,而且碳酸钙在大气中受二氧化碳、碳化物、水汽的作用,也容易风化和溶蚀,而使表面很快失去光泽。所以,除少数如汉白玉、艾叶青等质纯、比较稳定耐久的品种可用于室外,其他品种不宜用于室外,一般只用于室内装饰面。大理石饰面板如图5-1所示。

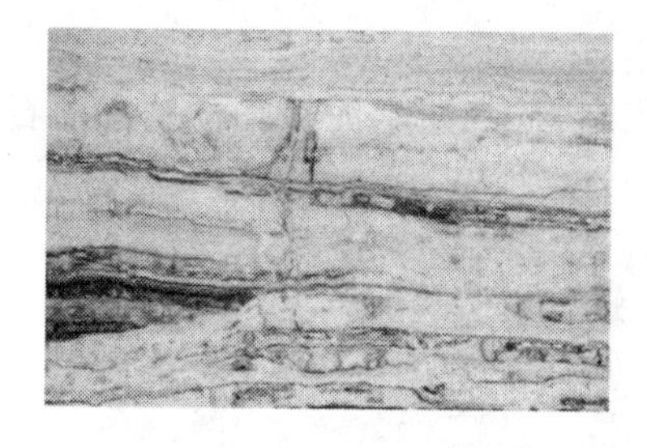

图 5-1　大理石饰面板

2. 花岗石饰面板

花岗石饰面板适用于高级民用建筑或永久性纪念建筑的墙面和地面、台面、台阶以及室外装饰。花岗石是岩浆岩(又称火成岩)的统称,如花岗岩、安山岩、辉绿岩、辉长岩、片麻岩等,矿物组分主要是石英、长石、云母等。质地坚硬密实,具有良好的抗风化性、耐磨性、耐酸碱性,耐用年限 75~200 年,广泛用于墙基础和外墙饰面,如图 5-2 所示。根据加工方法的不同,花岗石饰面板外观可分为 5 种,如表 5-1 所示。

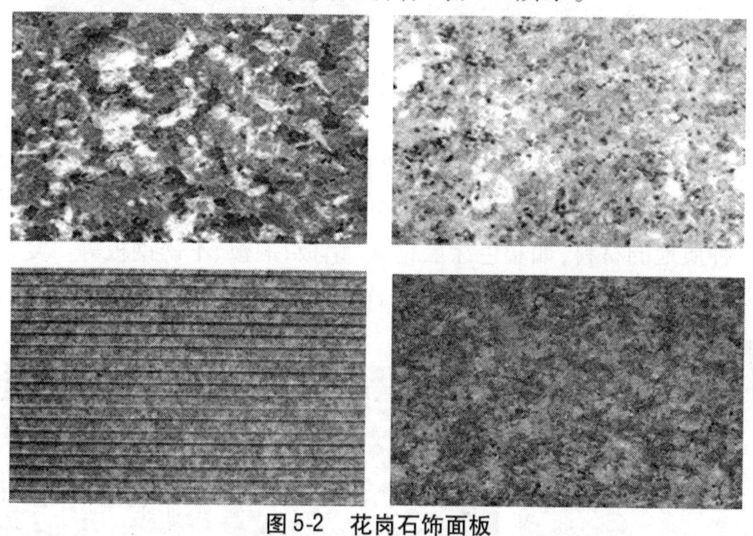

图 5-2　花岗石饰面板

表 5-1　花岗石饰面板外观形状

项次	加工方式	表面形状
1	剁斧板材	表面粗糙,并具有规则的条状剁纹
2	机刨板材	表面平整,具有平行刨纹
3	粗磨板材	表面平整无光
4	磨光板材	表面平整,色泽光亮如镜,晶粒显露
5	蘑菇石	通过层裂加工使其表面形成自然高低不平的表面

5.1.2.2　**人造石饰面板**

人造石饰面板主要有人造大理石、人造花岗石、人造水泥板和预制水磨石等板材，可用于室内墙面、柱面的装饰，如图 5-3 所示。

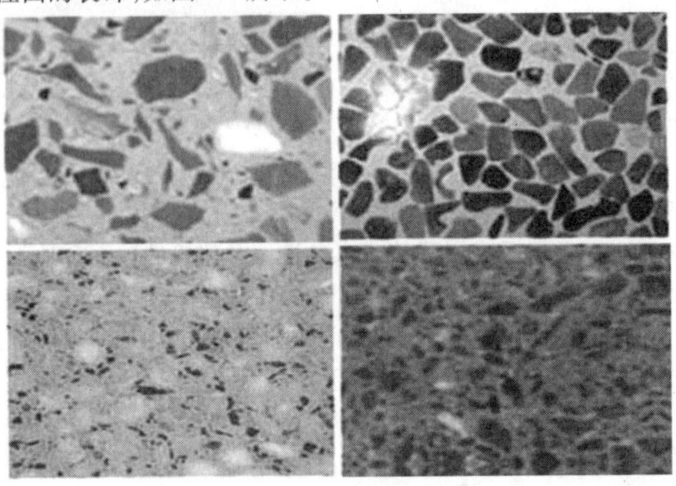

图 5-3　人造石饰面板

5.1.2.3　**金属饰面板**

金属外墙板一般悬挂或粘贴在承重骨架和外墙面上，施工方法多为预制装配，节点构造复杂，施工精度要求高。按组成材料又可分为单一材料板和复合材料板两种。单一材料板是只有一种质地的材料，如彩色涂层钢板、铝板、铜板、不锈钢板等。复合材料板是由两种或两种以上质地的材料组成，如铝合金、铝塑板、烤漆板、彩色塑料膜板、金属夹心板等，如图 5-4 所示。

图 5-4　金属饰面板

5.1.2.4　饰面砖

饰面砖的品种、规格、图案和颜色繁多,华丽精致,是高档墙面装饰材料,如图5-5所示。

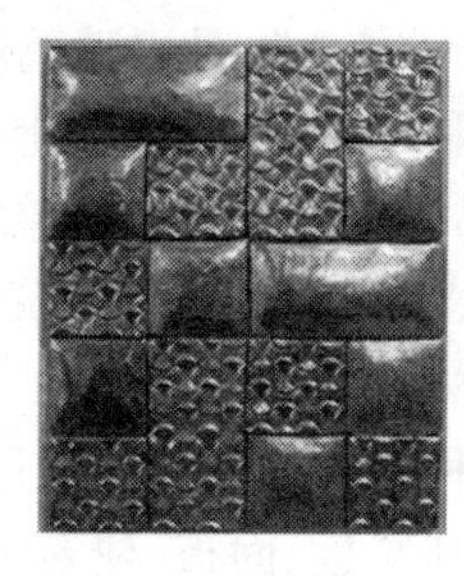
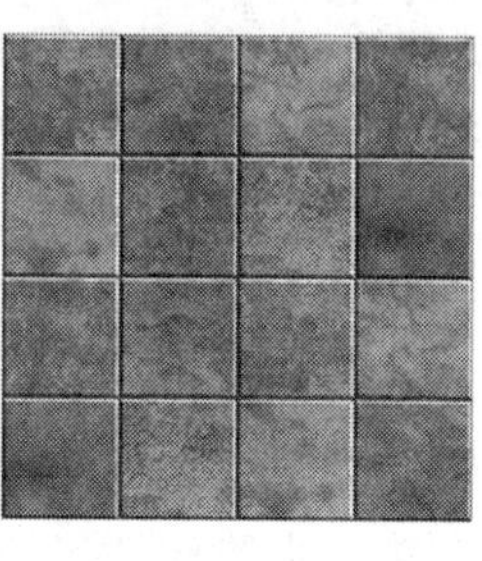

图5-5　饰面砖

(1)外墙面砖。外墙面砖是用于建筑物外墙表面的半瓷质饰面砖,分为有釉和无釉两种,外墙面砖主要适用于商店、餐厅、旅馆、展览馆、图书馆、公寓等民用建筑的外墙装饰。

(2)内墙砖。内墙砖通常均施釉,有正方形和长方形两种,阴阳角处有特制的配件,表面光滑平整,按外观质量分为一级、二级和三级,适用于室内墙面装饰、粘贴台面等。釉面砖质量要求如表5-2所示。

表5-2　釉面砖质量要求

项目			指标		
			优等品	一等品	合格品
尺寸允许的偏差(mm)	长度或宽度	≤152	±0.5		
		>152	±0.8		
		≤250	±1.0		
	厚度	≤5	+0.4,-0.3		
		>5	厚度的±8%		
开裂、夹层、釉裂			不允许		
背面磕碰			深度为砖厚的1/2	不影响使用	
剥边、落脏、釉泡、斑点、坯粉、釉缕、桔釉、波纹、缺釉、棕眼、裂纹、图案缺陷、正面磕碰			距离砖面1 m处目测无可见缺陷	距离砖面2 m处目测缺陷不明显	距离砖面3 m处目测缺陷不明显
色差			基本一致	不明显	不严重
吸水率			≤21.0%		
弯曲强度			平均值大于等于6 MPa,厚度大于等于7.5 mm时,平均值大于等于13 MPa		
耐急冷急热性			釉面无裂纹		

(3)陶瓷锦砖。有挂釉及不挂釉两种,具有质地坚硬、色泽多样、耐酸、耐碱、耐火、耐磨、不渗水、抗压强度高的特点,按外观质量分为一级和二级。这种饰面砖可用于地面,也可用于内、外墙面的装饰。

(4)玻璃锦砖。又称"玻璃马赛克",是以玻璃烧制而成的贴于纸上的小块饰面材料,施工时用掺胶水的水泥浆作胶黏剂,镶贴在外墙上。它花色品种多,透明光亮,性能稳定,具有耐热、耐酸碱、不龟裂、不易污染等特点。玻璃锦砖主要适用于住宅卫生间、洗漱间及局部装饰;商场、宾馆、影剧院、图书馆、医院等建筑外墙装饰。

5.1.2.5 木质饰面板

木质饰面板工程是指将各种木饰面板通过采用钉、镶、贴、拼、木压条等方法固定于墙面的饰面做法。木质构件包括基层板、面板、建筑细部及其他装饰木线等。此类装饰做法应用广泛,是高级的内墙装饰做法。

(1)胶合板。胶合板常用作基层板使用。由于防火等级的提高,现在必须使用阻燃性(又名难燃型)两面刨光一级胶合板。胶合板是由数层(一般为奇数层)木质薄板按上下纤维互相垂直胶合而成的,最常用的是三合板、五合板和九合板。

(2)细木工板。细木工板是将一定规格的木条排列、胶合起来,作为细木工板的芯板,再上下胶合单板或三合板作为面板,如图 5-6 所示。

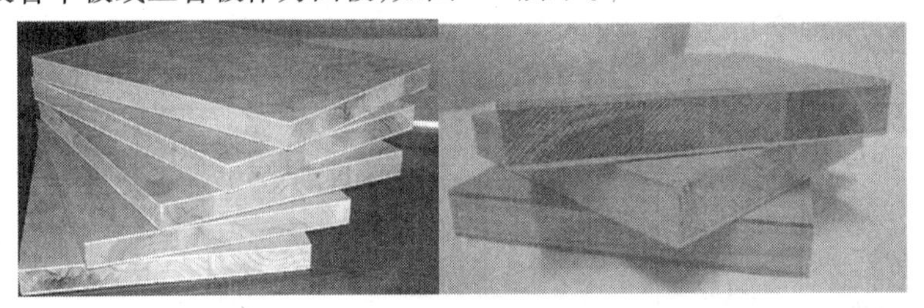

图 5-6 细木工板

(3)薄木贴面装饰板。薄木贴面装饰板是通过对珍贵树木进行精密刨切,制得厚度为 0.2 ~0.5 mm 的薄木,如图 5-7 所示。

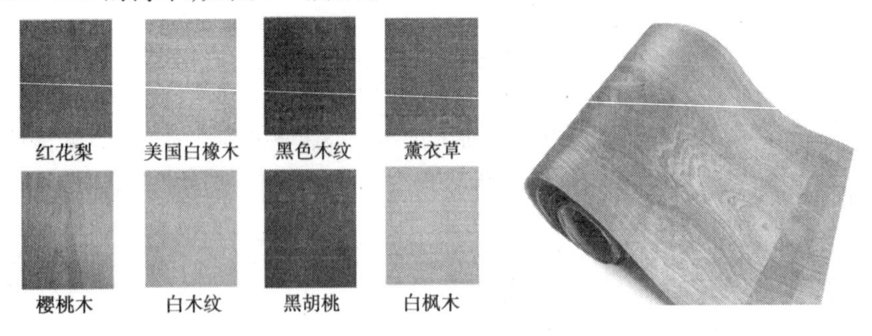

图 5-7 薄木贴面装饰板

(4)生态免漆板。生态免漆板是将带有不同颜色或纹理的纸放入三聚氰胺树脂胶黏剂中浸泡,然后干燥到一定固化程度,将其铺装在刨花板、防潮板、中密度纤维板、胶合板、细木工板或其他实木板材上面,经热压而成的装饰板,因此也常常叫作三聚氰胺板。防火且具有美丽的花纹,可逼真地仿各种珍贵木材或石材的花纹,真实感强,装饰效果好,且有防尘、耐磨、耐酸碱、耐冲撞、耐擦洗、防火、防水、易保养等特性。生态免漆板的规格一般有1 220 mm×2 440 mm。厚度为9 mm、16 mm、17 mm、18 mm;也有薄型卷材产品,厚度为3~5 mm。

(5)万通板。万通板也叫PP塑料中空板,是以聚丙烯为主要原料,加入高效无毒阻燃剂,经混炼、挤出、成型、加工而成的一种难燃型塑料中空装饰板材,它具有防火、燃烧时不产生有毒浓烟、防水、防潮、隔音、隔热、质量轻、成本低、经济实用、耐老化、施工方便等特点,如图5-8所示。它适用于室内墙面、柱面、墙裙、保温层、装饰面、吊顶等处的装修。

图5-8　万通板

(6)木质装饰板材。木质装饰板材也称为木线条。它是选用质硬,木质较细、耐磨、耐腐蚀、不劈裂、切面光滑的,且加工性能良好、油漆上色性好、黏结性好、钉着力强的木材,经过干燥处理后加工而成的。

①木质装饰板材的形式。常用木质装饰板材的形式主要有天花角线、木贴脸线、踢脚线(板)、窗帘盒装饰线、挂镜线、顶角线、墙面不同层次面的交接处封边、墙面装饰造型线。

②常见木线条的样式。常见木线条的样式如图5-9所示。

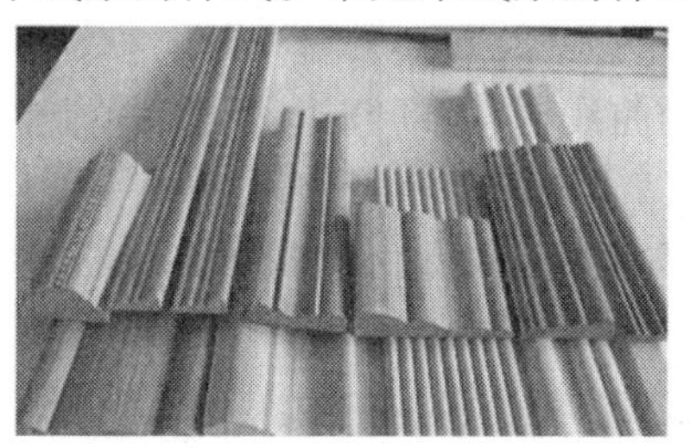

图5-9　木线条的样式

5.1.3　饰面板(砖)工程常用的施工机具

5.1.3.1　贴面装饰施工用的手工工具

湿作业贴面装饰施工除一般抹灰常用的手工工具外,开刀、木垫板、安装或镶贴饰面板木锤、橡胶锤、錾子、磨石、合金钢钻头等,如图5-10所示。

5.1.3.2　贴面装饰施工用的机具

手动切割器、打眼器(见图5-11),手电钻、台式切割机、电动切割机、电锤等。

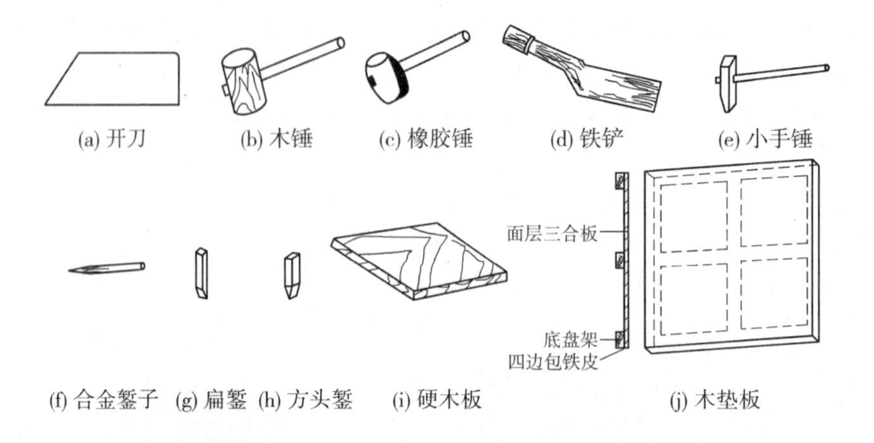

图 5-10　手工工具

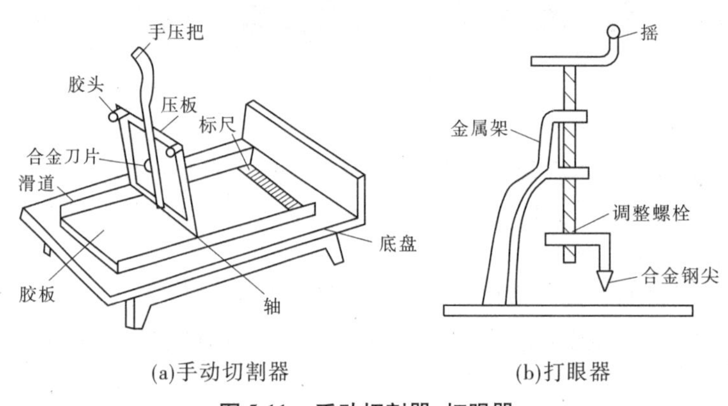

图 5-11　手动切割器、打眼器

5.1.3.3　木质饰面工程施工机具

墙面木质饰面板的主要施工机具有电动曲线锯、电动圆锯、手提式电刨、气钉枪、斧、锤、凿、量尺、方尺、墨斗、吊线坠等。

5.2　饰面板(砖)工程施工

5.2.1　饰面板安装

饰面板的安装包括石材(如大理石、花岗石、青石板等)和人造饰面板(如人造大理石、预制水磨石)安装。根据规格大小的不同,饰面板分为小规格和大规格两种。小规格饰面板即边长小于等于 400 mm,安装高度不超过 3 m,可采用水泥砂浆粘贴法,其施工工艺基本等同于面砖镶贴。大规格饰面板的安装主要有粘贴施工法、钢筋网片锚固施工法、干挂法、钢筋钩挂贴法、胶粘法等;金属板的安装有用螺钉固定的方法、铝合金蜂窝板的固定与连接的连接件、板条卡在特制的龙骨上、胶粘法;木质饰面板工程是指将各种木饰面板通过钉、镶、贴、拼等方法固定于墙面的饰面做法。

5.2.1.1 **饰面板安装前的准备工作**

(1)做好施工大样图。

在饰面板材安装前,应根据设计图纸要求,核实饰面板安装部位的结构实际尺寸,偏差较大者应剔凿、修补。对表面光滑的基层进行凿毛处理。基层应具有足够的稳定性和刚度,表面平整、粗糙,基体表面清理完后,用水冲净。找平层干燥后,在基层上分块弹出水平线和垂直线,并在地面上顺墙(柱)弹出大理石外廓尺寸线,在外廓尺寸线上再弹出每块大理石板的就位线,把饰面板编号写在分格线内。

饰面板所用的锚固件、连接件,一般用镀锌铁件。镜面的大理石、花岗石饰面板,应用不锈钢制的连接件。

(2)基层处理和测量放线作业可参照饰面砖工程施工。

(3)饰面板进场。

饰面板进场拆包后,应逐块进行检查,将破碎、变色、局部污染和缺棱掉角的全部挑拣出来,另行堆放;符合要求的饰面板,应进行边角垂直测量、平整度检验、裂缝检验、棱角缺陷检验,确保安装质量。

(4)选板、预拼、排号。

对照排板图编号检查复核所需板的几何尺寸,并按误差大小归类;检查板材磨光面的疵点和缺陷,按纹理和色彩选择归类。对有缺陷的板,应改小使用或安装在不显眼的部位。

在选板的基础上进行预拼。尤其是天然板材,由于具有天然纹理和色差,因此必须通过预拼使上下左右的颜色花纹一致,纹理通顺,接缝严密温和。

预拼好的石材应编号,然后分类竖向堆放待用。

(5)水泥。一般采用强度等级为32.5或42.5的普通硅酸盐水泥或矿渣硅酸盐水泥。水泥应有出厂合格证及性能检测报告。

(6)砂。中砂,平均粒径为0.35~0.5 mm,砂颗粒要求坚硬洁净,不得含有草根、树叶等其他杂质。砂在使用前应根据使用要求用不同孔径的筛子过筛,含泥量不得大于3%(质量分数)。

5.2.1.2 **石材湿贴法施工工艺**

大理石、花岗石、青石板、预制水刷石板等安装工艺基本相同。以大理石、花岗石为例,其安装工艺流程如下:选材→放样→基层处理→找规矩弹线→安装钢筋骨架→预拼→钻孔制槽→安装饰面板、灌浆→清理嵌缝。

1.绑扎固定灌浆法

饰面板绑扎固定灌浆法的施工顺序:绑扎钢筋网片→对石板修边、钻孔、剔槽→面板安装→灌浆。其主要工艺如下:

(1)安装钢筋骨架。

一种方法是在预埋钢筋上绑扎(或焊接)Φ6~Φ8的竖向钢筋,随后绑扎横向钢筋,如图5-12所示。

另一种方法是用电锤钻孔径为 25 mm、孔深为 90 mm 的孔，用 M16 膨胀螺栓固定预埋铁件，如图 5-13 所示。或用电钻在基体上打直径为 6.5 ~ 8.5 mm、深度大于 60 mm 的孔，打入短钢筋；外露 50 mm 以上并弯钩，然后按上述方法绑扎竖向、横向钢筋。

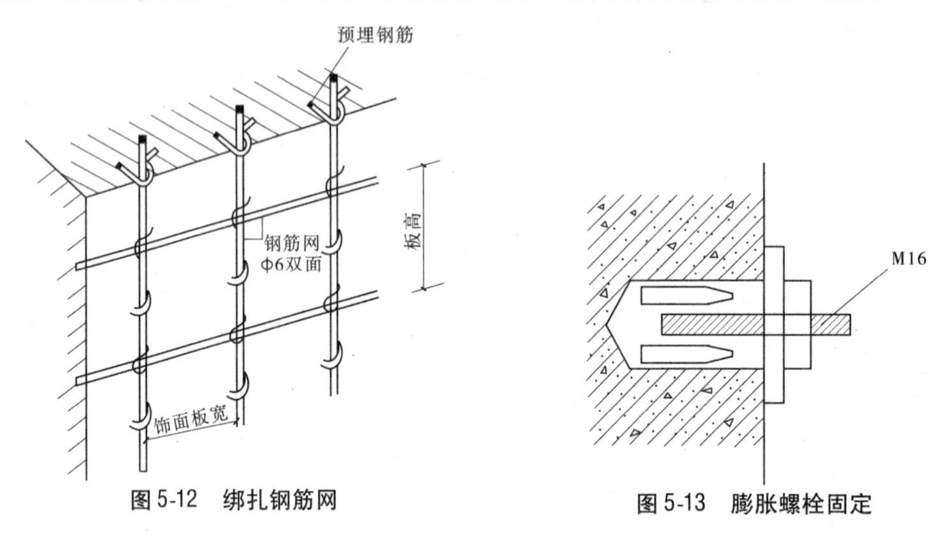

图 5-12　绑扎钢筋网

图 5-13　膨胀螺栓固定

（2）预拼。

饰面板应按设计图挑出品种、规格、色泽一致的块料，校正尺寸及四角套方，按设计尺寸进行试拼。凡阳角处相邻两块板应磨边卡角，如图 5-14 所示，要同时对花纹，预拼好后由下向上编排施工号，然后分类竖向堆好备用。

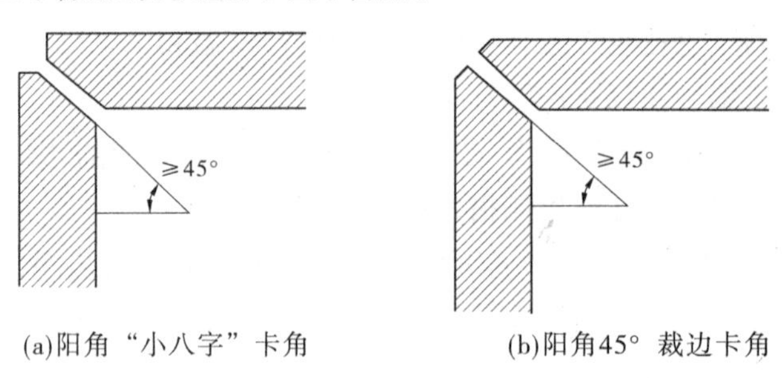

(a)阳角“小八字”卡角　　(b)阳角45° 裁边卡角

图 5-14　阳角磨边卡角

（3）钻孔制槽。

为方便板材的绑扎安装，在板背上下两面需打孔，将不锈钢丝或细铜丝穿在里面并固定好，以便绑扎用。饰面板钻孔位置一般在板的背面算起 2/3 处，使横孔、竖孔相连通，钻孔大小能满足穿丝即可。孔的形状有牛角孔、斜孔和三角形锯口，如图 5-15 所示。

目前，石板材钻孔打眼的方法已逐步淘汰，而采用工效高的四道或三道槽扎钢丝的方法。即用电动手提式石材无齿切割机的圆锯片，在需绑扎钢丝的部位上开槽，四道槽的位置为：板块背面的边角处开两条竖槽，其间距为 30 ~ 40 mm；板块侧边处的两道竖槽位置上开一条横槽，再在板块背面上的两条竖槽位置下部开一条横槽，如图 5-16 所示。

（4）饰面板安装。

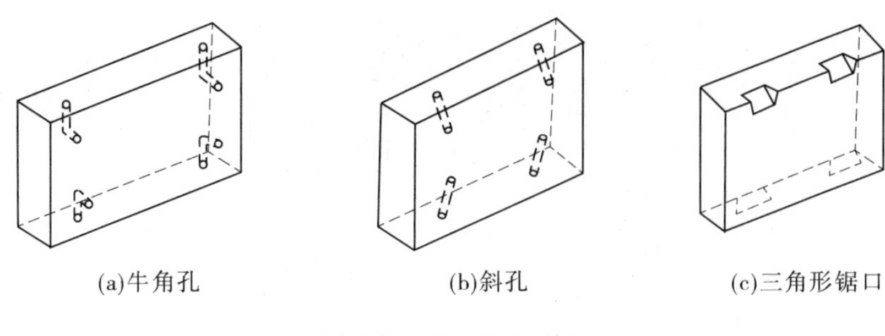

图 5-15　饰面板材钻孔

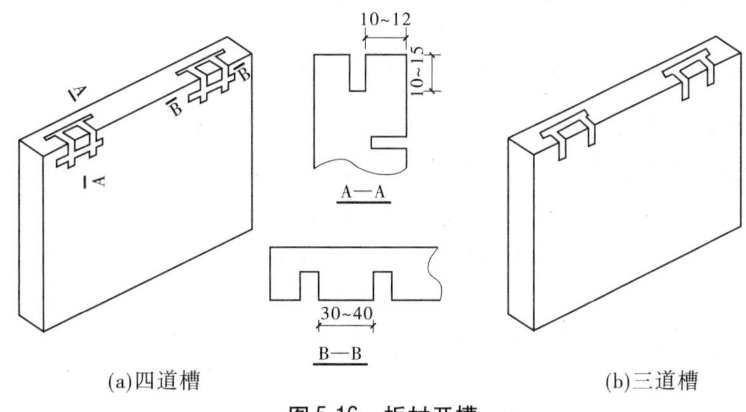

图 5-16　板材开槽

先检查所有准备工作,再安装饰面板。饰面板安装由下往上进行,每层板的安装由一端或中间开始。操作时,一人拿饰面板,使板下口对准水平线,板上略向外倾,另一人及时将板下口的铜丝绑扎在钢筋网的横筋上,然后扣好板上口铜丝,调整板的水平度和垂直度(调整木楔),保证板与板交接处四角平整,用托线板检查,调整无误后扎紧铜丝,使之与钢筋网绑扎牢固,如图 5-17 所示,然后用木楔固定好,如发现间隙不匀,应用镀锌铁皮加垫。将调成粥状的熟石膏浆粘贴在饰面板上、下端及相邻板缝间,在木楔处可粘贴石膏,以防发生移位,如图 5-18 所示。

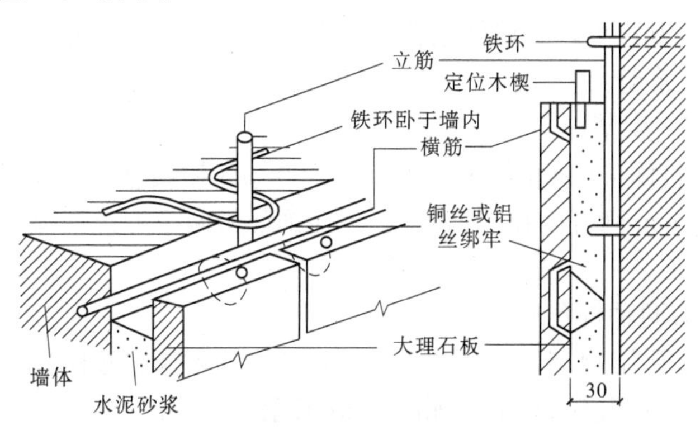

图 5-17　钢筋网片绑扎固定石板

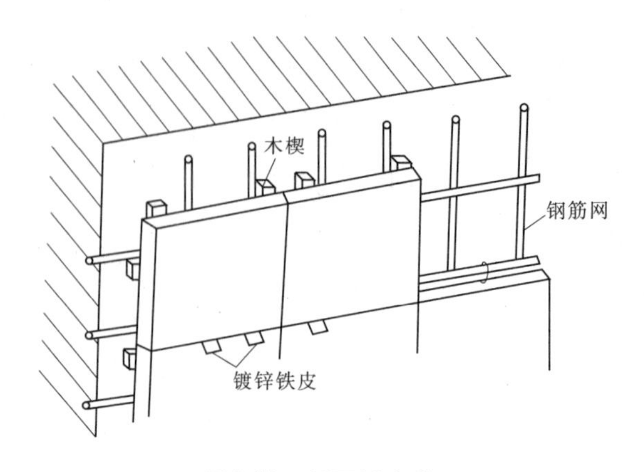

图 5-18　板面材安装

(5)分层灌浆。

待石膏硬化后即可灌浆,可分三次进行。第一次灌浆约为板高的1/3,间隔2 h之后,第二次灌到板高的1/2,第三次灌到板上口50 mm处,余下高度作为上层板灌浆的接缝。注意灌浆时应沿水平方向均匀浇灌,不要只在一处灌注。每次灌注不宜过高,否则易使饰面板膨胀发生位移,影响饰面平整。灌注砂浆可用不低于C15细石混凝土,也可用1∶2.5水泥砂浆,为达到饱满度,还要用木棒轻轻振捣。

(6)清理嵌缝。

灌浆完成,待砂浆初凝之后,即可清除饰面板上的余浆,并擦干净,隔天取下临时固定用的木楔和石膏等,然后按上述相同方法继续安装上一层饰面板。为使饰面板拼缝缝隙灰浆饱满、密实、干净及颜色一致,最后还需用与饰面板颜色相同的色浆作为嵌缝材料,进行嵌缝,并将饰面板表面擦干净。如表面有损伤、失光,应打蜡处理。板材安装完毕应做好成品保护工作,墙面可采用木板遮护。

2. 挂贴楔固法(钢筋钩挂贴法)

钢筋钩挂贴法就是将饰面板以不锈钢钩直接楔固于墙体之上,又称挂贴楔固法,与钢筋网片锚固法不同。

施工工艺流程:基层处理→墙体钻孔→饰面板选材编号→饰面板钻孔、剔槽→安装饰面板→灌浆→清理、灌缝→打蜡。

(1)饰面板钻孔、剔槽。

先在板厚中心打深7 mm的直孔。板长≤500 mm钻两孔,500 mm<板长≤800 mm钻三孔,板长>800 mm则打四孔。钻孔后,再在饰面板两个侧边下部开ϕ8 mm横槽各一个,如图5-19所示。

(2)墙体钻孔有两种打孔方式。

一种是打直孔,孔径14.5 mm,孔深65 mm,以能锚入膨胀螺栓为准;另一种是在墙上打45°斜孔,孔径7 mm,孔深50 mm,如图5-20所示。

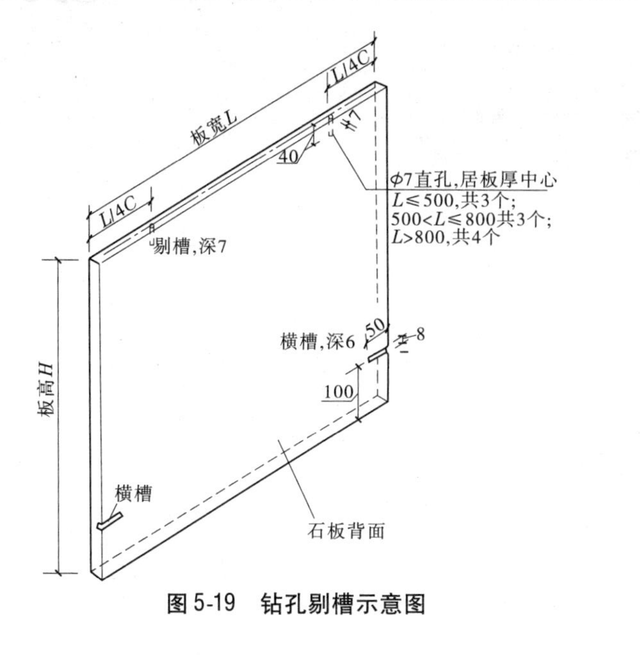

图 5-19 钻孔剔槽示意图

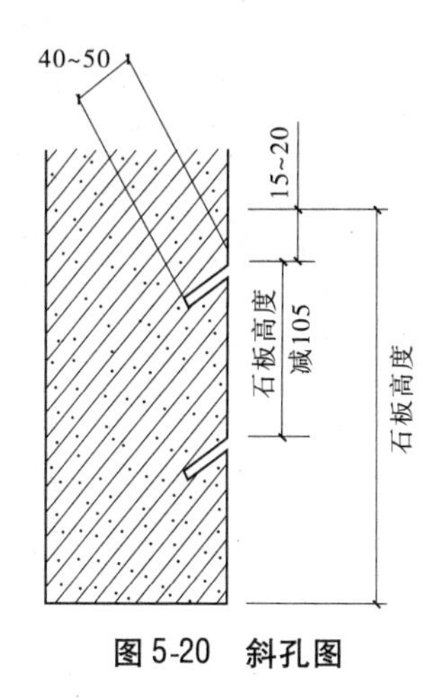

图 5-20 斜孔图

(3)饰面板安装。

饰面板须由下向上安装。

第一种方法是先将饰面板安放就位,将ϕ6 mm 不锈钢斜脚直角钩(见图 5-21)刷胶,把 45°斜角一端插入墙体斜洞内,直角钩一端插入石板顶边直孔内,同时将不锈钢斜角 T 形钉(见图 5-22)刷胶,斜脚放入墙体钻斜孔内,T 形一端扣入石板ϕ8 mm 横槽内,最后用大头硬木楔揳入石板与墙体之间,将石板定牢,石板固定后木楔取掉,如图 5-23 所示。

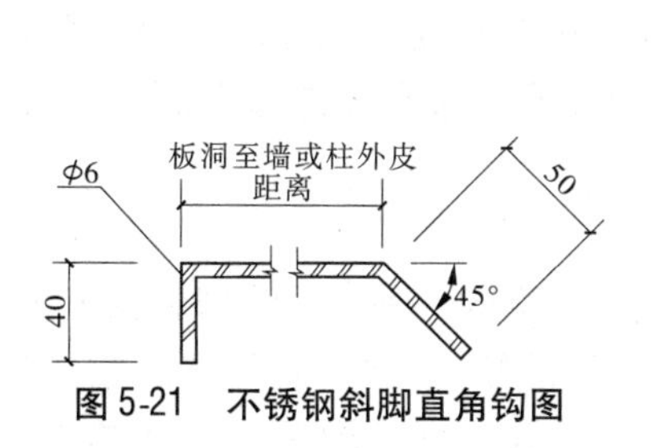

图 5-21 不锈钢斜脚直角钩图

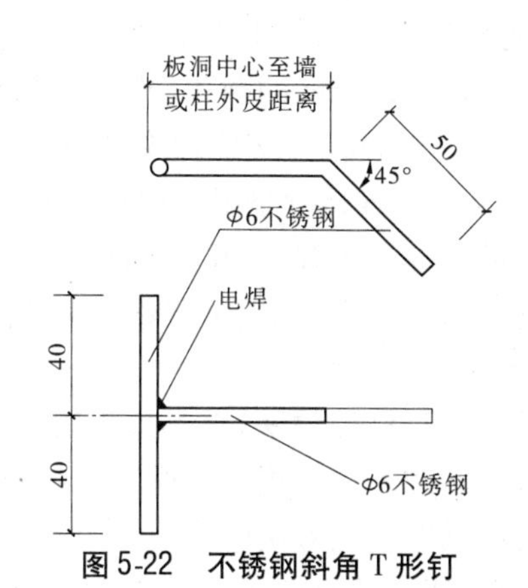

图 5-22 不锈钢斜角 T 形钉

第二种方法为将不锈钢斜脚直角钩改为不锈钢直角钩,不锈钢斜角 T 形钉改为不锈钢 T 形钉,一端放入板内,板材剔槽如图 5-24 所示,一端与预埋在墙内的膨胀螺栓焊接。其他工艺不变。

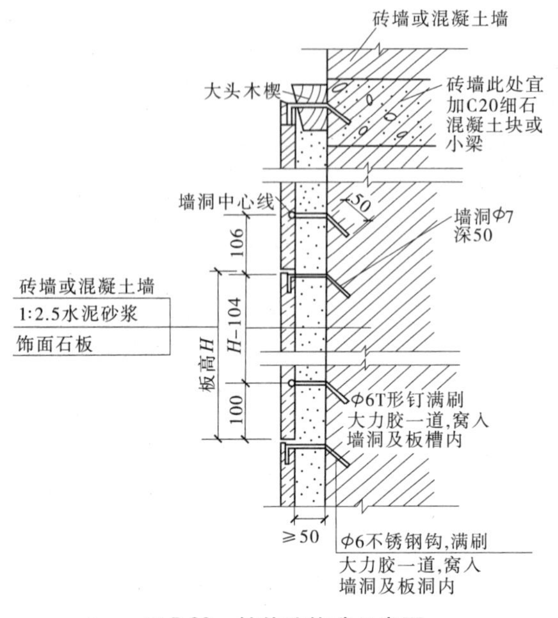

图 5-23　挂钩法构造示意图

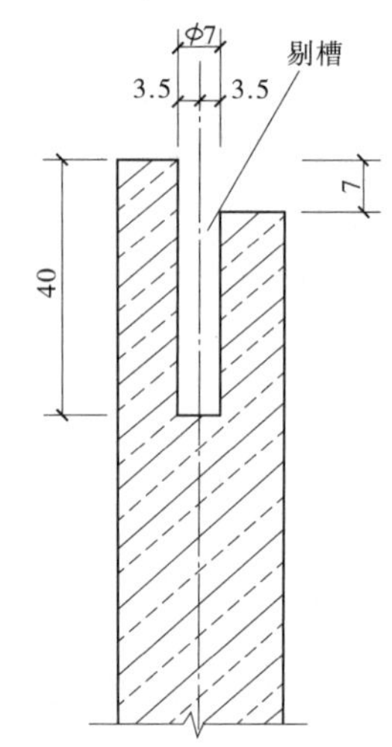

图 5-24　板材剔槽示意图

每行饰面板挂锚完毕,安装就位、校正调整后,向板与墙内灌浆,如图 5-25 所示。

5.2.1.3　石材的干挂施工工艺(又称膨胀螺栓锚固施工法)

施工工艺包括选材→钻孔→基层处理→弹线、板材铺贴→固定。除钻孔和板材固定工序外,其余做法均同前。

(1)钻孔。由于相邻板材是用不锈钢销钉连接的,因此钻孔位置要准确,以便使板材之间的连接水平一致、上下平齐。钻孔前应在板材侧面按要求定位后,用电钻钻成直径为 5 mm、深 12 ~ 15 mm 的圆孔,然后将直径为 5 mm 的销钉插入孔内。

(2)板材的固定。用膨胀螺栓将固定和支承板块的连接件固定在墙面上,如图 5-26、图 5-27 所示。连接件是根据墙面与板块销孔的距离,用不锈钢加工成 L 形组合挂件,L 形组合挂件如图 5-28 所示。为便于安装板块时调节销孔和膨胀螺栓的位置。在 L 形连接件上留槽形孔眼,待板块调整到正确位置时,随即拧紧膨胀螺栓螺母进行固结,并用环氧树脂胶将销钉固定。

5.2.1.4　石材(胶粘法)粘贴施工工艺

大理石胶粘法是当前石材装饰装修最简捷、经济可靠的一种新型装修施工工艺,它摆脱了传统粘贴施工方法中受板块面积和安装高度限制的缺点,除具有干挂法施工工艺的优点外,对于一些复杂的,其他工艺难以施工的墙面、柱面,大理石胶粘法均可施工。饰面板与墙面距离仅 5 mm 左右,缩小了建筑装饰所占面积,增加了使用面积;施工简便、进度快,综合造价比其他工艺低。

施工工艺流程为:基层处理→弹线、找规矩→选板预拼→打磨净、磨糙→调涂胶→饰面石板铺贴→检查、校正→清理嵌缝→打蜡上光。

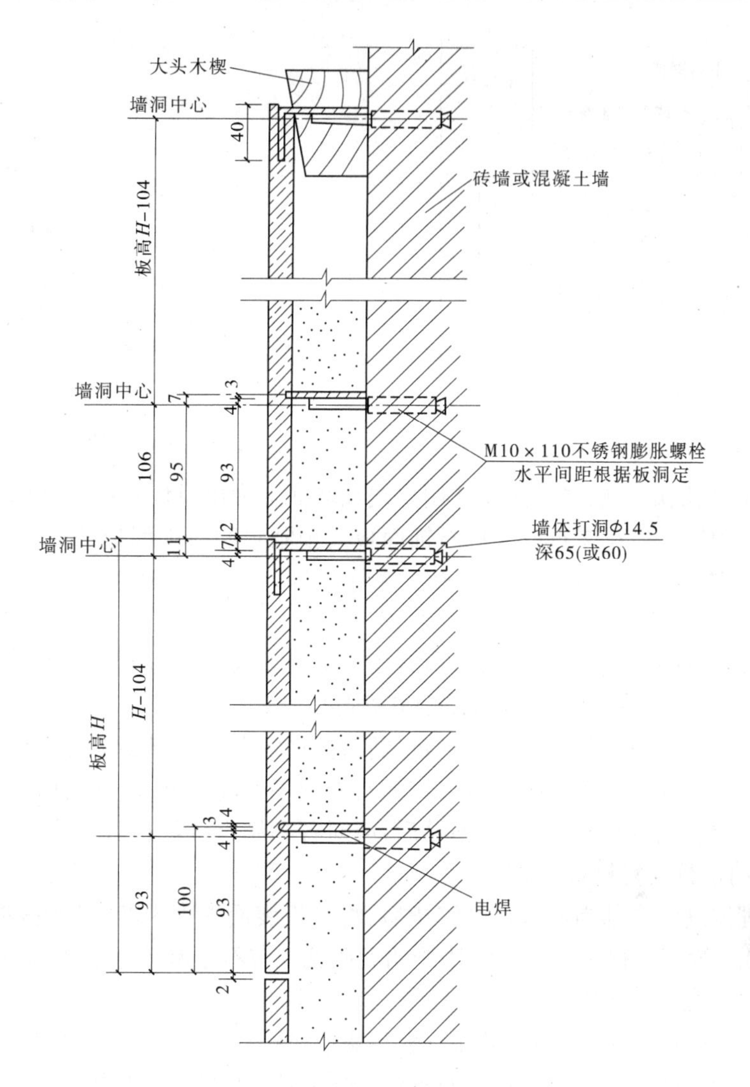

图5-25　挂钩法构造示意图

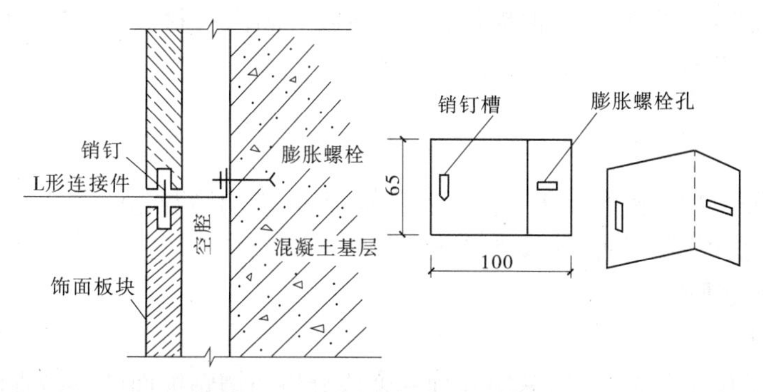

图5-26　膨胀螺栓锚固法固定板块

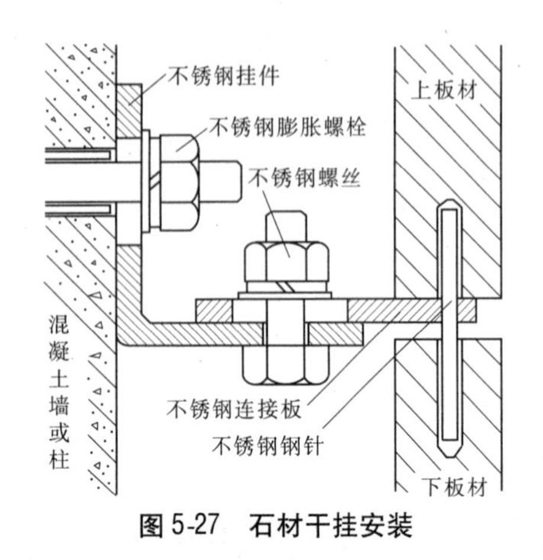

图 5-27　石材干挂安装

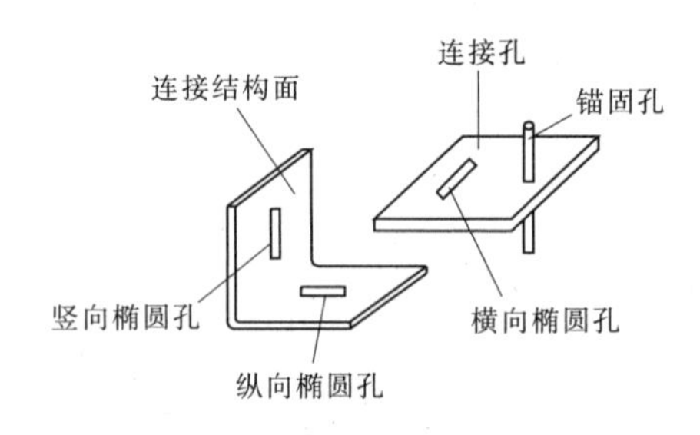

图 5-28　组合挂件三向调节

(1)弹线、找规矩。根据具体设计用墨线在墙面上弹出每块石材的具体位置。

(2)选板预拼。将花岗石或大理石饰面板或预制水磨石饰面板选取其品种、规格、颜色、纹理,外观质量一致者按墙面装修施工大样图排列编号,并在建筑现场上进行翻样试拼,校正尺寸,四角套方。

(3)上胶处打磨净,磨糙墙面及石板背面。上胶处及与大理石胶接触处,预先用砂纸均匀打磨净,处理粗糙并保持洁净,保证粘贴强度。

(4)调涂胶。严格按照产品有关规定调胶,按规定在石板背面点式涂胶。

(5)饰面石板铺贴。按石板编号将饰面石板顺序上墙就位,进行粘贴。

(6)检查、校正。饰面石板定位粘贴后,应对各黏结点详细检查,必要时加胶补强,要在胶未硬化前进行反复检查、校正。

(7)清理嵌缝。全部饰面板粘贴完毕后,将石板表面清理干净,进行嵌缝。板缝根据具体设计预留,缝宽不得小于 2 mm,用透明型胶调入与石板颜色近似的颜料将缝嵌实。

(8)打蜡上光。石板表面打蜡上光或涂憎水剂。

上述做法适用于高度≤9 m,饰面石板与墙面净距离≤5 mm 者。当装修高度≤9 m,但饰面板与墙净距离 >5 mm 且 <20 mm 时,须采用加厚粘贴法,如图 5-29 所示。

当贴面高度超过 9 m 时,采用粘贴锚固法。即在墙上具体位置钻孔、剔槽,埋入Φ 10 mm 钢筋,将钢筋与外面的不锈钢板焊接,在钢板上满涂石材胶,将饰面板与之粘牢,如图 5-30所示。图 5-31 为不锈钢锚固件示意图。

5.2.2　饰面砖镶贴施工

饰面砖镶贴一般是指内墙砖、外墙砖、陶瓷锦砖、玻璃马赛克的镶贴。陶瓷砖,正面有白色和其他颜色,可带有各种花纹和图案。

5.2.2.1　陶瓷砖镶贴

1. 施工工艺

面砖镶贴的施工工艺流程:基层处理→弹线分格→镶贴饰面砖→检查清理。

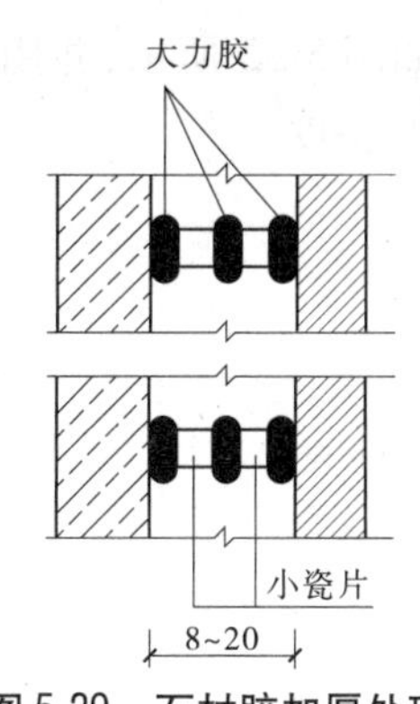

图 5-29 石材胶加厚处理

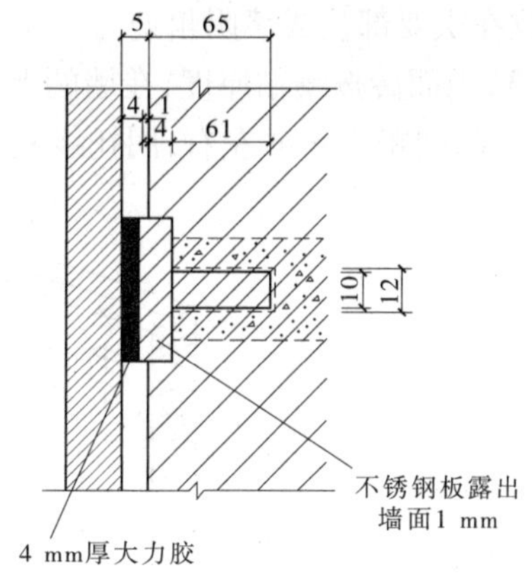

图 5-30 粘贴锚固法

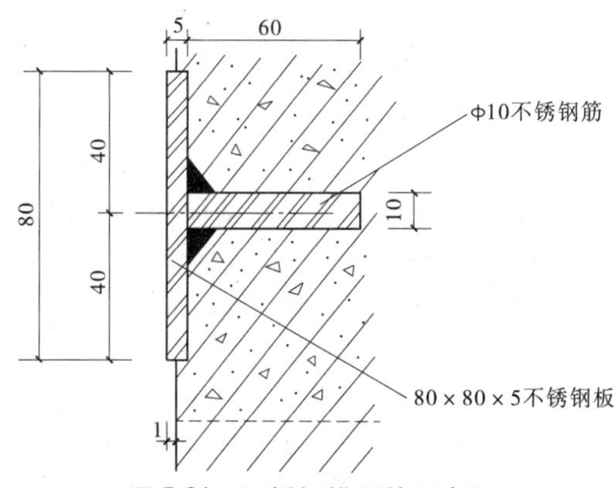

图 5-31 不锈钢锚固件示意图

2. 操作要点

1)基层处理

面砖应镶贴在湿润、干净的基层上,并应根据不同的基体进行如下处理:

(1)混凝土表面处理。将混凝土表面凿毛后用水湿润,刷一道聚合物水泥砂浆,抹1∶3水泥砂浆打底,木抹子搓平,隔天浇水养护;将1∶1水泥细砂浆(内掺20%的107胶)喷或甩到混凝土基体上,做“毛化处理”,待其凝固后,用1∶3水泥砂浆打底,木抹子搓平,隔天浇水养护;用界面处理剂处理基体表面,待表干后,用1∶3水泥砂浆打底,木抹子搓平,隔天浇水养护。

(2)砖墙表面处理。剔除多余砂浆,将基体用水湿透后,用1∶3水泥砂浆打底,木抹子搓平,隔天浇水养护。

(3)纸面石膏板基体。将板缝用嵌缝腻子填密实,并在其上粘贴玻璃丝网格布(或穿孔纸带)使之形成整体。

2)弹线分格

(1)镶贴前应在找平层水泥砂浆上用墨线弹出饰面砖的分格线。按设计的镶贴形式和接缝宽度,计算纵横皮数,弹出釉面砖的水平和垂直控制线。

(2)在分尺寸、定皮数时,注意同一墙面上横竖方向不得出现一排以上的非整砖,并将其放在次要部位或墙阴角处。

(3)用面砖按镶贴厚度,在墙的上下左右做标志块,如图 5-32 所示,并用标砖棱角作为基准线,间距 1.5 m 左右,用托线板、靠尺等挂直、校正平整度。

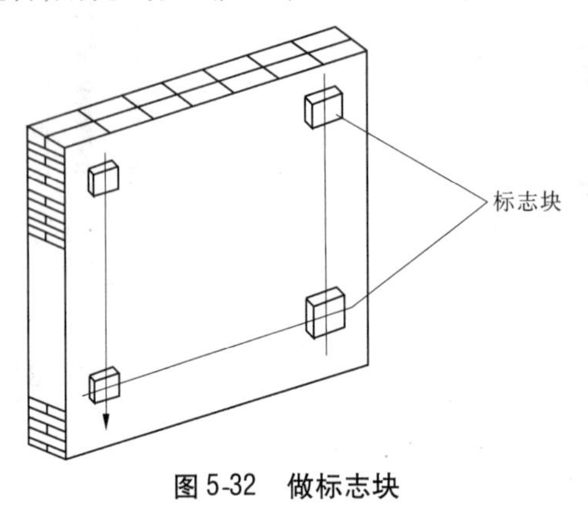

图 5-32 做标志块

3)镶贴饰面砖

(1)预排饰面砖,同一面墙只能有一行与一列非整块饰面砖,把非整砖留在地面处或阴角处。镶贴时先浇水湿润中层,沿最下层一皮釉面砖的下口放好垫尺,并用水平尺找平。贴第一行釉面砖时,面砖下口即坐在垫尺上,这样可防止面砖因自重而向下滑移,以使其横平竖直,并从下往上逐行进行镶贴,如图 5-33 所示。

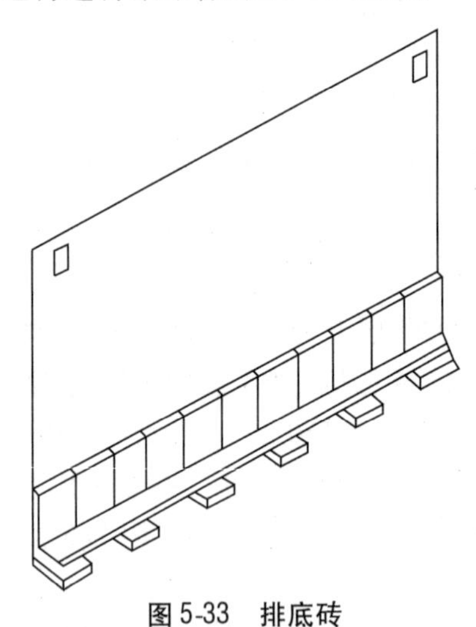

图 5-33 排底砖

(2)镶贴时,先在釉面砖背面满刮砂浆,按所弹尺寸线将釉面砖贴于墙面,用小铲把轻轻敲击,用力按压,使其与中层黏结密实、牢固,并用靠尺按标志块将其表面移正平整,理直灰缝,使暗缝宽度控制在设计要求范围,且保持宽度一致。

4)检查清理

(1)在镶贴中,应随贴随敲击随用长靠尺横向校正一次,对于高于标志块的釉面砖,可轻轻敲击,使其平齐;对于低于标志块的釉面砖,应取下重贴,不得在砖口处塞灰,以免造成空敲。

(2)全部铺贴完毕后,用清水或棉丝将釉面砖表面擦洗干净,室外接缝应用水泥砂浆勾缝,室内接缝宜用与釉面砖颜色相同的石灰膏或水泥浆嵌缝。若表面有水泥污染,先用稀盐酸刷洗,再用清水冲刷。对非规格釉面砖切割,可用切割机。

5.2.2.2 陶瓷锦砖镶贴

1.施工工艺

陶瓷锦砖镶贴施工过程:基层处理→吊垂直、套方、找规矩、贴灰饼→抹底子灰→弹线分格→贴陶瓷锦砖→揭纸、调缝→擦缝。

1)基层为混凝土墙面的施工工艺

(1)基层处理。墙面凸出的混凝土剔平,对大钢模施工较光滑的混凝土墙面应凿毛,并用钢丝刷满刷一遍,再浇水湿润,并用水泥:砂:界面剂=1:0.5:0.5的水泥砂浆对混凝土墙面进行拉毛处理。

(2)吊垂直、套方、找规矩、贴灰饼。根据墙面结构平整度找出贴陶瓷锦砖的规矩,还要考虑墙面的窗台、腰线、阳角立边等部位砖块贴面排列的对称性,以及块料铺贴方正等因素,力求整体美观。贴灰饼方法与贴饰面砖的做法一致。

(3)抹底子灰。底子灰一般分二次操作,水泥砂浆配合比为1:2.5或1:3,并掺20%水泥质量的界面剂胶,薄薄地抹一层,用抹子压实。第二次用相同配合比的砂浆按标筋抹平,用短杠刮平,低凹处事先填平补齐,最后用木抹子搓出麻面。底子灰抹完后,隔天浇水养护。找平层厚度不应大于20 mm,若超过此值必须采取加强措施。

(4)弹线分格。贴陶瓷锦砖前弹出若干条水平控制线,在弹控制线时,计算陶瓷锦砖的块数,使两线之间保持整砖数。如分格,需按总高度均分,可根据设计及陶瓷锦砖的品种、规格定出缝宽度,加工分格条。

(5)贴陶瓷锦砖。贴陶瓷锦砖时底灰要浇水润湿,并在弹好控制线的下口上支上一根垫尺,可3人为一组进行操作。一人浇水润湿墙面,先刷上一道素水泥浆,再抹2~3 mm厚的混合灰黏结层,其配合比为纸筋:石灰膏:水泥=1:1:8,亦可采用1:0.3水泥纸筋灰,用靠尺板刮平,再用抹子抹平;另一人将陶瓷锦砖铺在木托板上,底面朝上,缝里灌上1:1水泥细砂子灰,用软毛刷子刷净底面,再抹上薄薄的一层灰浆,然后递给第三人,第三人将四边灰刮掉,两手执住陶瓷锦砖上面,在已支好的垫尺上由下往上贴,缝对齐,要注意按弹好的横竖线贴。分格贴完一组后,将米厘条放在上口线继续贴第二组。

(6)揭纸、调缝。贴完陶瓷锦砖后,要一手拿拍板,靠在一贴好的墙面上,一手拿锤子对拍板满敲一遍,然后将陶瓷锦砖上的纸用刷子刷上水,等20~30 min便可揭纸。

(7)擦缝。陶瓷锦砖粘贴48 h后,先用抹子把近似陶瓷锦砖颜色的擦缝水泥浆摊放在需擦缝的陶瓷锦砖上,然后用刮板将水泥浆往缝隙里刮满、刮实,再用麻丝和擦布将表面擦净。

2)基层为砖墙墙面的施工工艺

(1)基层处理。抹灰前墙面必须清理干净,检查窗台、窗套和腰线等处,对损坏和松动的部分要处理好,然后浇水润湿墙面。

(2)吊垂直、套方、找规矩。同基层为混凝土墙面的做法。

(3)抹底子灰。抹底子灰一般分两次操作,第一次抹薄薄的一层,用抹子压实,水泥

砂浆的配合比为1:3,并掺水泥质量20%的界面剂胶;第二次用相同配合比的砂浆按标筋线抹平,用短杠刮平,低凹处事先填平补齐,最后用木抹子搓出麻面。底子灰抹完后,隔天浇水养护。

(4)面层做法。同基层为混凝土墙面的做法。

3)基层为加气混凝土墙面的施工工艺

基层为加气混凝土墙面时,可酌情选用下述两种方法中的一种:

(1)用水湿润加气混凝土表面,修补缺棱掉角处。修补前,先刷一道聚合物水泥浆,然后用水泥:石灰膏:砂子=1:3:9的混合砂浆分层补平,隔天刷聚合物水泥浆,并抹1:6混合砂浆打底;木抹子搓平,隔天浇水养护。

(2)用水湿润加气混凝土表面,在缺棱掉角处刷聚合物水泥浆一道,用1:3:9混合砂浆分层补平,待干燥后,钉金属网一层并绷紧。在金属网上分层抹1:1:6混合砂浆打底,砂浆与金属网应结合牢固,最后用木抹子轻轻搓平,隔天浇水养护。

5.3 饰面板(砖)工程施工质量标准及检验

5.3.1 一般规定

本节适用于饰面板安装、饰面砖粘贴等分项工程的质量验收。

饰面板工程采用的石材有花岗石、大理石、青石板和人造石材;采用的瓷板有抛光和磨边板两种,面积不大于1.2 m^2、不小于0.5 m^2;金属饰面板有钢板、铝板等品种;木材饰面板主要用于内墙裙。陶瓷面砖主要包括釉面瓷砖、外墙面砖、陶瓷锦砖、陶瓷壁画、劈裂砖等;玻璃面砖主要包括玻璃锦砖、彩色玻璃面砖、釉面玻璃等。

(1)饰面板(砖)工程验收时应检查下列文件和记录:

①饰面板(砖)工程的施工图、设计说明及其他设计文件。

②材料的产品合格证书、性能检测报告、进场验收记录和复验报告。

③后置埋件的现场拉拔检测报告。

④外墙饰面砖样板件的黏结强度检测报告。

⑤隐蔽工程验收记录。

⑥施工记录。

(2)饰面板(砖)工程应对下列材料及其性能指标进行复验:

①室内用花岗石的放射性。

②粘贴用水泥的凝结时间、安定性和抗压强度。

③外墙陶瓷面砖的吸水率。

④寒冷地区外墙陶瓷面砖的抗冻性。

本条仅规定对人身健康和结构安全有密切关系的材料指标进行复验。天然石材中花岗石的放射性超标的情况较多,故规定对室内用花岗石的放射性进行检测。

(3)饰面板(砖)工程应对下列隐蔽工程项目进行验收:

①预埋件(或后置埋件)。

②连接节点。

③防水层。

(4)各分项工程的检验批应按下列规定划分:相同材料、工艺和施工条件的室内饰面板(砖)工程每50间(大面积房间和走廊按施工面积30 m^2 为一间)应划分为一个检验批,不足50间也应划分为一个检验批。相同材料、工艺和施工条件的室外饰面板(砖)工程每500~1 000 m^2 应划分为一个检验批,不足500 m^2 也应划分为一个检验批。

(5)检查数量应符合下列规定:室内每个检验批应至少抽查10%,并不得少于3间;不足3间时应全数检查。室外每个检验批每100 m^2 应至少抽查1处,每处不得小于10 m^2。

5.3.2　饰面板安装工程

本节适用于内墙饰面板安装工程和高度不大于24 m、抗震设防烈度不大于7度的外墙饰面板安装工程的质量验收。

5.3.2.1　主控项目

(1)饰面板的品种、规格、颜色和性能应符合设计要求,木龙骨、木饰面板和塑料饰面板的燃烧性能等级应符合设计要求。

检验方法:观察,检查产品合格证书、进场验收记录和性能检测报告。

(2)饰面板孔、槽的数量、位置和尺寸应符合设计要求。

检验方法:检查进场验收记录和施工记录。

(3)饰面板安装工程的预埋件(或后置埋件)、连接件的数量、规格、位置、连接方法和防腐处理必须符合设计要求,后置埋件的现场拉拔强度必须符合设计要求,饰面板安装必须牢固。

检验方法:手扳检查,检查进场验收记录、现场拉拔检测报告、隐蔽工程验收记录和施工记录。

5.3.2.2　一般项目

(1)饰面板表面应平整、洁净、色泽一致,无裂痕和缺损。石材表面应无泛碱等污染。

检验方法:观察。

(2)饰面板嵌缝应密实、平直,宽度和深度应符合设计要求,嵌填材料色泽应一致。

检验方法:观察,尺量检查。

(3)采用湿作业法施工的饰面板工程,石材应进行碱背涂处理。饰面板与基体之间的灌注材料应饱满、密实。

检验方法:用小锤轻击检查,检查施工记录。

采用传统的湿作业法安装天然石材时,由于水泥砂浆在水化时析出大量的氢氧化钙,泛到石材表面,产生不规则的花斑,俗称泛碱现象,严重影响建筑物室内外石材饰面的装饰效果。因此,在天然石材安装前,应对石材饰面采用“防碱背涂剂”进行背涂处理。

(4)饰面板上的孔洞应套割吻合,边缘应整齐。

检验方法:观察。

(5)饰面板安装的允许偏差和检验方法应符合表5-3的规定。

表 5-3　饰面板安装的允许偏差和检验方法

项次	项目	允许偏差(mm)							检验方法
		石材			瓷板	木材	塑料	金属	
		光面	剁斧石	蘑菇石					
1	立面垂直度	2	3	3	2	1.5	2	2	用 2 m 垂直检测尺检查
2	表面平整度	2	3	—	1.5	1	3	3	用 2 m 靠尺和塞尺检查
3	阴阳角方正	2	4	4	2	1.5	3	3	用直角检测尺检查
4	接缝直线度	2	4	4	2	1	1	1	拉 5 m 线,不足 5 m 拉通线,用钢直尺检查
5	墙裙、勒脚上口直线度	2	3	3	2	2	2	2	拉 5 m 线,不足 5 m 拉通线,用钢直尺检查
6	接缝高低差	0.5	3	—	0.5	0.5	1	1	用钢直尺和塞尺检查
7	接缝宽度	1	2	2	1	1	1	1	用钢直尺检查

5.3.3　饰面砖粘贴工程

本节适用于风墙饰面砖粘贴工程和高度不大于 100 m、抗震设防烈度不大于 8 度、采用满粘法施工的外墙饰面砖粘贴工程的质量验收。

5.3.3.1　主控项目

(1)饰面砖的品种、规格、图案颜色和性能应符合设计要求。

检验方法:观察,检查产品合格证书、进场验收记录、性能检测报告和复验报告。

(2)饰面砖粘贴工程的找平、防水、黏结和勾缝材料及施工方法应符合设计要求及国家现行产品标准和工程技术标准的规定。

检验方法:检查产品合格证书、复验报告和隐蔽工程验收记录。

(3)饰面砖粘贴必须牢固。

检验方法:检查样板件黏结强度检测报告和施工记录。

(4)满粘法施工的饰面砖工程应无空鼓、裂缝。

检验方法:观察,用小锤轻击检查。

5.3.3.2　一般项目

(1)饰面砖表面应平整、洁净、色泽一致,无裂痕和缺损。

检验方法:观察。

(2)阴阳角处搭接方式、非整砖使用部位应符合设计要求。

检验方法:观察。

(3)墙面突出物周围的饰面砖应整砖套割吻合,边缘应整齐。墙裙、贴脸突出墙面的厚度应一致。

检验方法:观察,尺量检查。

(4)饰面砖接缝应平直、光滑,填嵌应连续、密实;宽度和深度应符合设计要求。

检验方法:观察,尺量检查。

(5)有排水要求的部位应做滴水线(槽)。滴水线(槽)应顺直,流水坡向应正确,坡度应符合设计要求。

检验方法:观察,用水平尺检查。

(6)饰面砖粘贴的允许偏差和检验方法应符合表 5-4 的规定。

表 5-4　饰面砖粘贴的允许偏差和检验方法

项次	项目	允许偏差(mm)		检验方法
		外墙面砖	内墙面砖	
1	立面垂直度	3	2	用 2 m 垂直检测尺检查
2	表面平整度	4	3	用 2 m 靠尺和塞尺检查
3	阴阳角方正	3	3	用直角检测尺检查
4	接缝干线度	3	2	拉 5 m 线,不足 5 m 拉通线,用钢直尺检查
5	接缝高低差	1	0.5	用钢直尺和塞尺检查
6	接缝宽度	1	1	用钢直尺检查

实训项目　饰面砖镶贴实训

(一)实训目的与要求

实训目的:掌握内墙饰面砖镶贴的施工工艺和主要的质量控制要点,掌握常用饰面砖镶贴工具的使用方法。

实训要求:现有室内住宅卫生间墙面镶贴 600 mm × 600 mm 白色瓷砖 16 m^2,如图 5-34所示。要求 2 人一组,完成 16 m^2 的墙面贴白色饰面瓷砖施工工艺,质量控制要点操作(镶贴排列方式采用直缝,如图 5-35 所示)。

(二)实训准备

1. 主要材料

(1)水泥:一般采用强度等级为 32.5 的矿渣硅酸盐水泥或普通硅酸盐水泥,应有出厂证明或复验单,若出厂超过 3 个月,应按试验结果使用。

(2)白水泥:强度等级为 32.5。

(3)砂子:粗砂或中砂,用前过筛。

(4)面砖:面砖的表面应光洁、方正、平整、质地坚固,不得有缺棱、掉角、暗痕和裂纹等缺陷。不同规格的面砖要分别堆放。同规格的面砖用套模筛分成大、中、小三类,再根据各类面砖的数量分别确定使用部位。粘贴砖还必须选配有关的配件砖收口。选用的饰面砖质量和性能均应符合国家现行产品标准的规定。釉面砖的吸水率不得大于 10%。

(5)白乳胶和矿物颜料等。

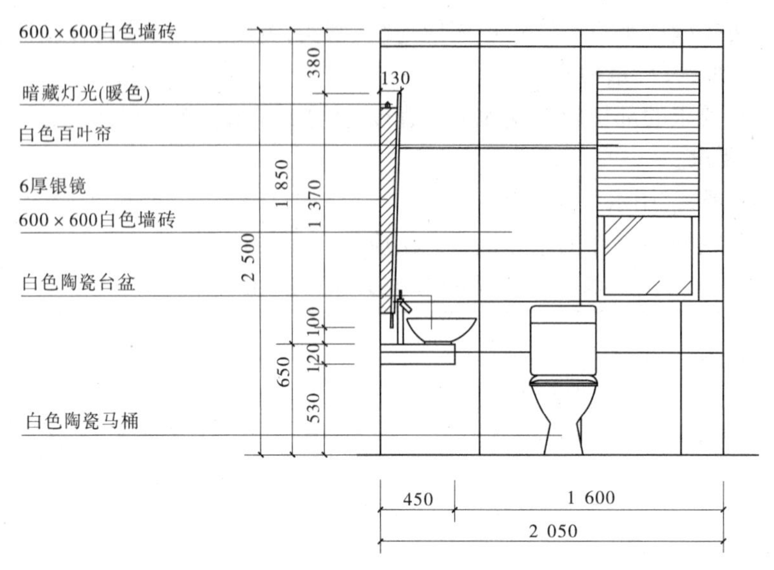

图 5-34　卫生间墙立面示意图

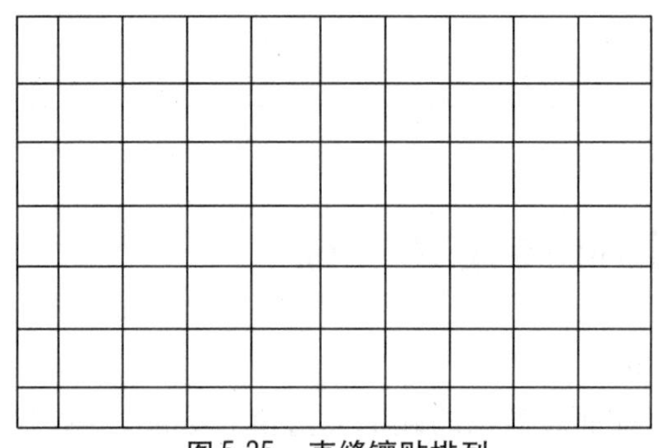

图 5-35　直缝镶贴排列

2. 作业条件

(1)墙面基层清理干净,窗台、窗套等事先砌筑好。隐蔽部位的防腐、填嵌应处理好,并用1:3水泥砂浆将门窗框、洞口缝隙塞严实。

(2)按面砖的尺寸、颜色进行选砖,并分类存放备用。

(3)室内应搭设双排架子或钉高凳,脚手架间距应满足安全规范的要求,同时已留出施工操作空间。架子的步高和凳高、长要符合施工要求和安全操作规程。

(4)脸盆架、管卡、水箱、煤气设备安装等预埋件提前安装好,位置正确。

(5)管、线、盒等安装完并验收合格。

3. 主要机具

孔径为 5 mm 的筛子、窗纱筛子、水桶、木抹子、铁抹子、中杠、靠尺、直角检测尺、铁制水平尺、灰槽、灰勺、毛刷、钢丝刷、笤帚、锤子、小白线、擦布或棉纱、钢片开刀、小灰铲、石云机、勾缝溜子、线坠、盒尺等。

(三)施工工艺

内墙饰面砖施工过程:基层处理→抹底子灰→抄平弹线→做标志块→垫尺、排底砖→

浸砖、镶贴→边角收口→擦缝。

1.基层处理

清理墙面残余砂浆、灰尘、污垢、油渍,并提前一天浇水湿润。

2.抹底子灰

分层分遍抹1∶3水泥砂浆。木杠刮平后,用木抹子搓毛,总厚度应控制在15 mm左右。

表面要平整、垂直、方正、粗糙,隔天浇水养护。

3.抄平弹线

当要求满墙贴砖时,先在与顶棚交接的墙面上弹水平控制线(如果已有50 cm线也可利用),再进行排砖设计。采用直缝排列方式,饰面砖缝宽度可在1~1.5 mm变化。根据水平和垂直控制线,弹出竖向每块砖的分格线,水平可采取挂立线扯水平准线的方法解决。

4.做标志块

铺贴前应确定水平及竖向标志,根据砂浆粘贴厚度及饰面砖的厚度用砂浆把小块饰面砖贴在底面砂浆层上,并用托线板靠直,作为挂线的标志,如图5-32所示标志块。

5.垫尺、排底砖

按最下一皮瓷砖的上口交圈线反量标高垫好底尺板,作为最下一皮砖的下口标准和支托。底尺板面须用水平尺测平后垫实摆稳。垫点间距应以不致弯曲变形为准。底砖应与第一层皮数相吻合,要求底砖排法合理,上口平直,阳角方正,与标志块共面,立缝均匀。检查无误后,再进行大面积镶贴,如图5-33所示。

6.浸砖、镶贴

饰面砖铺贴前先进行挑选,使其规格一致,砖面平整方正。放入净水中浸泡2 h以上,晾干表面水分。铺贴自下而上、自右而左进行。从阳角开始,左手平托饰面砖,右手拿灰铲,把粘贴砂浆打在饰面砖背面,厚度由标志块决定,以水平准线和垂直控制线为准贴于墙面上,用力压紧,用铲柄轻击饰面砖使其吻合于控制标志。每铺贴完一行后,用靠尺校正上口与大面,不合格的地方及时修理合格。第一皮贴完后贴第二皮,逐皮向上,用同样贴法直至完成。注意一面墙上的饰面砖不宜一次铺贴到顶,以防塌落。

7.边角收口

饰面砖上口到顶可采用压条;如没有压条,可采用一面圆的饰面砖。阳角的大面一侧用一面圆的饰面砖,这一排的最上面一块应用两面圆的饰面砖,如图5-36所示。大面贴完后再镶贴阴阳角、凹槽等配件收口砖,最后全面清理干净。

8.擦缝

饰面砖粘贴完后,即用铲刀将砖缝间挤出的余浆铲去。沿砖边一边铲一次,然后清除铲下的余渣,再用棉纱蘸水将砖擦净后,调制白水泥成粥状,用铲刀将白水泥浆把缝隙刮满、刮实,注意缝隙均匀,溢出的水泥浆应随手揩抹干净。最后用干净棉纱擦出饰面砖本色。

(四)施工质量控制要点

(1)为保证施工质量,防止出现空鼓、脱落现象,施工时应注意:

①因冬季气温低,砂浆受冻,到来年春天化冻后容易发生脱落,因此在进行贴面砖操作时应保持温度在0 ℃以上。

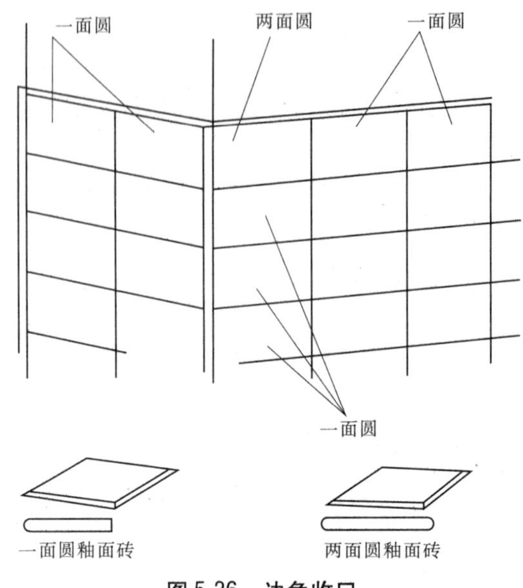

图 5-36　边角收口

②基层表面偏差较大，基层处理或施工不当，面层就容易产生空鼓、脱落，施工时应避免这些问题。

③如砂浆配合比不准，稠度控制不好，砂子含泥量过大，在同一施工面上采用几种不同配合比的砂浆容易出现空鼓。应在贴面砖砂浆中加适量白乳胶，增强黏结力，严格按工艺操作，重视基层处理和自检工作，要逐块检查，发现空鼓的应随即返工重做。

(2)应加强对基层打底工作的检查，合格后方可进行下道工序。防止造成外墙面垂直、平整偏差过大，影响施工。

(3)施工前认真按照图样尺寸，核对结构施工的实际情况，根据要求分段分块弹线、排砖，严格控制贴灰饼控制点数量，施工中仔细选砖，按规程操作，防止出现分格缝不匀、不直现象。

(4)应加强成品保护。饰面勾完缝后没有及时擦净砂浆以及其他工种污染，可用棉纱蘸稀盐酸加 20% 水刷洗，然后用自来水冲净。

(五)质量检查与验收

(1)饰面砖的品种、规格、图案、颜色和性能应符合设计要求。

检验方法：观察，检查产品合格证书、进场验收记录、性能检测报告和复验报告。

(2)饰面砖粘贴工程的找平、防水、黏结和勾缝材料及施工方法应符合设计要求及国家现行产品标准和工程技术标准的规定。

检验方法：检查产品合格证书、复验报告和隐蔽工程验收记录。

(3)饰面砖粘贴必须牢固。

检验方法：检查样板间黏结强度检测报告和施工记录。

(4)满粘法施工的饰面砖工程应无空鼓、裂缝。

检验方法：观察，用小锤轻击检查。

(5)饰面砖表面应平整、洁净、色泽一致，无裂痕和缺损。

检验方法:观察。

(6)阴阳角处搭接方式、非整砖使用部位应符合设计要求。

检验方法:观察。

(7)墙面突出物周围的饰面砖整砖套割应吻合,边缘应整齐。墙裙、贴脸突出墙面的厚度应一致。

检验方法:观察,尺量检查。

(8)饰面砖接缝应平直、光滑,填嵌应连续、密实,宽度和深度应符合设计要求。

检验方法:观察,尺量检查。

(9)有排水要求的部位应做滴水线(槽)。滴水线(槽)应顺直,流水坡向正确,坡度应符合设计要求。

检验方法:观察,用水平尺检查。

(10)饰面砖粘贴的允许偏差和检验方法应符合表5-5的规定。

表5-5　饰面砖粘贴的允许偏差和检验方法

项次	项目	允许偏差(mm)		检验方法
		外墙面砖	内墙面砖	
1	立面垂直度	3	2	用2 m垂直检测尺检查
2	表面平整度	4	3	用2 m靠尺和塞尺检查
3	阴阳角方正	3	3	用直角检测尺检查
4	接缝干线度	3	2	拉5 m线,不足5 m拉通线,用钢直尺检查
5	接缝高低差	1	0.5	用钢直尺和塞尺检查
6	接缝宽度	1	1	用钢直尺检查

(六)安全环保措施

(1)在施工过程中防止噪声污染,在噪声敏感区域宜选择使用低噪声的设备,也可以采取其他降低噪声的措施。

(2)胶黏剂等材料必须符合环保要求,无污染。

(3)操作前检查脚手架和脚手板是否搭设牢固,高度是否符合操作要求,合格后才能上架操作,凡不符合安全之处应及时修整。

(4)禁止穿硬底鞋、拖鞋、高跟鞋在架子上工作,架子上人不得集中在一起,工具要搁置稳定,以防止坠落伤人。

(5)在两层脚手架上同时操作时,应尽量避免在同一垂直线上工作,不可避免时,下层操作者必须戴安全帽,并应设置防护措施。

(6)抹灰时应防止砂浆进入眼内;采用竹片和钢筋固定八字靠尺板时,应防止竹片或钢筋回弹伤人。

(7)作业时,饰面砖的碎片不得向外抛扔。

(8)电钻、砂轮等手持电动机具,必须装有漏电保护器,作业前应试机检查,作业时应戴绝缘手套。

(七)成品保护

(1)及时清擦干净残留在门框上的砂浆,铝合金等门窗框应粘贴保护膜,以防污染、锈蚀,施工人员应加以保护,不得碰坏。

(2)合理安排施工顺序,专业工种应施工在前,防止损坏面砖。

(3)各抹灰层在凝结前应防止风干、水冲和振动,以保证黏结层有足够的强度。

(4)搬、拆架子时注意不要碰撞墙面。

(5)装饰材料和饰件以及饰面的构件,在运输、保管和施工过程中,必须采取措施,防止损坏。

(八)学生操作评定

姓名: 学号: 得分:

序号	项目	评定方法	满分	得分
1	立面垂直度	用 2 m 垂直检测尺检查,每一处超过标准规定扣 2 分	10	
2	表面平整度	用 2 m 靠尺和塞尺检查,每一处超过标准规定扣 2 分	10	
3	阴阳角方正度	用直角检测尺检查,每一处超过标准规定扣 2 分	10	
4	接缝直线度	拉 5 m 线,不足 5 m 拉通线,用钢直尺检查,每一处超过标准规定扣 2 分	10	
5	接缝高低差	用钢直尺和塞尺检查,每一处超过标准规定扣 2 分	10	
6	接缝宽度	用钢直尺检查,每一处超过标准规定扣 2 分	10	
7	表面清洁	观测,每一处超过标准规定扣 2 分	10	
8	无空鼓、裂缝	用小锤子轻击检查,每一处超过标准规定扣 2 分	10	
9	安全、文明操作	有事故扣 10 分,施工垃圾未做扣 10 分,做而不清扣 2 分	10	
10	工效	不在额定时间内完成,扣 10 分	10	
合计			100	

考评员: 日期:

学习项目6 吊顶工程

【学习目标】

本项目主要阐述了吊顶工程的施工工艺流程、施工操作要点。此外,还介绍了吊顶工程施工的质量标准和验收方法等。

通过本项目的学习和实训,熟悉吊顶工程施工的各种材料,掌握施工的工艺流程及操作要点,熟悉施工过程的各项质量标准和验收方法。要求能掌握要点,能独立操作。

【学习重点】

掌握木龙骨吊顶和轻钢龙骨吊顶的施工工艺流程。

6.1 吊顶的基本知识

吊顶工程属于建筑装饰工程的一个重要分部工程,它是室内装饰的重要组成部分之一,吊顶就是指天花板的装饰装修,通常是指房屋环境的顶部装饰和装修。吊顶工程在整个建筑装饰中占有相当重要的地位,在选择吊顶装饰设计及施工方案时,既要省材、安全、牢固、美观、实用,同时还要从建筑功能、建筑声学、建筑照明、设备安装、管线敷设、维护检修、防火安全等多方面综合考虑。

6.1.1 吊顶的分类及构造

(1)吊顶种类很多,具体的分类方法和种类详见表6-1。

表6-1 吊顶的分类

分类的方法	类型细节
根据施工工艺	①抹灰刷浆类;②贴面类;③装配式板材;④裱糊类;⑤喷刷类
根据外观	①平滑式;②井格式;③悬浮式;④分层式
根据表面与基层关系	①直接式;②悬吊式
根据构造方法	①无筋类;②有筋类
根据显露状况	①开敞式;②隐藏式
根据龙骨材料	①木质龙骨;②轻钢龙骨;③其他龙骨吊顶
根据承受荷载的能力	①上人;②不上人
其他	①结构吊顶;②软膜吊顶;③发光吊顶;④艺术装饰

(2)吊顶的构造如图6-1~图6-5所示。

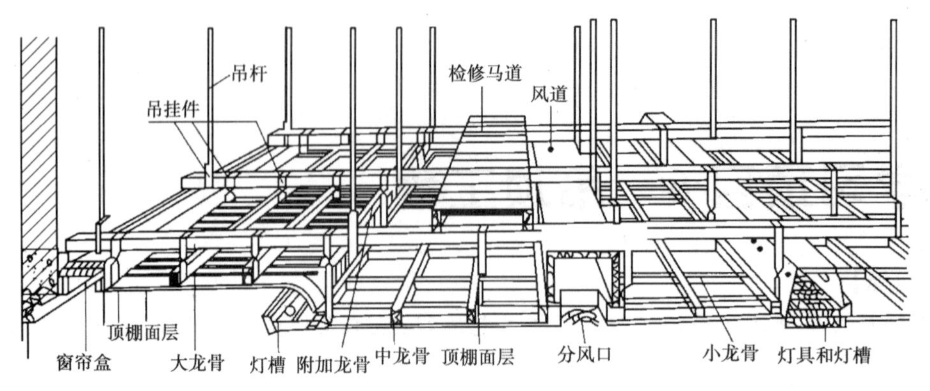

图 6-1　吊顶构造示意图

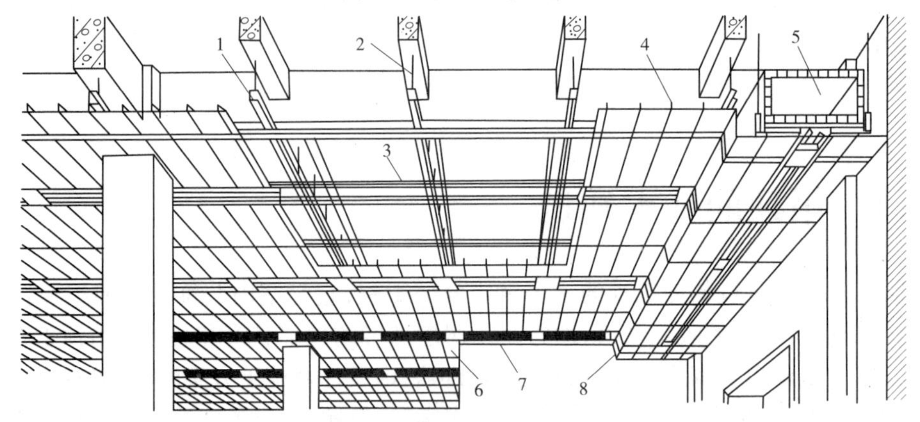

1—主龙骨;2—吊筋;3—次龙骨;4—间距龙骨;5—风道;6—面层;7—灯具;8—出风口

图 6-2　悬挂楼底板吊顶构造示意图

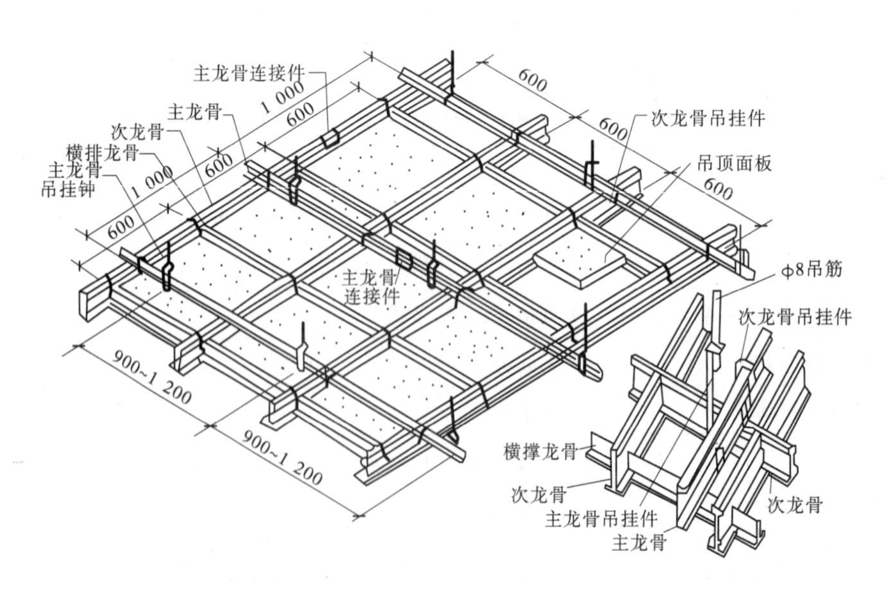

图 6-3　龙骨外露吊顶构造

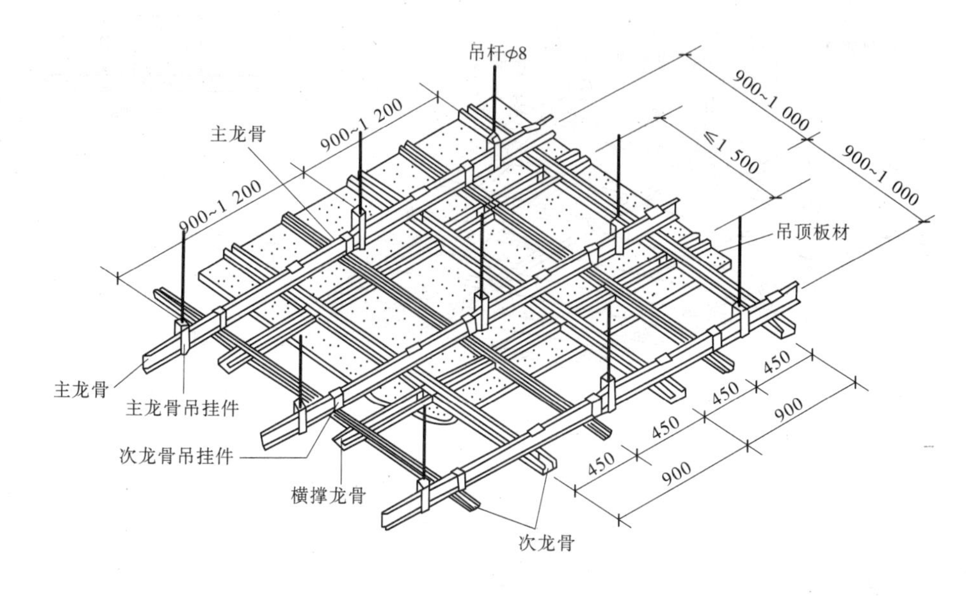

图 6-4　不外露龙骨吊顶构造

6.1.2　吊顶的功能

吊顶除了满足一定的使用功能，还要满足人们在生理、心理和精神信仰等方面的需求。

(1)改善室内环境，满足使用功能要求。

吊顶处理不仅要考虑室内的装饰效果和艺术风格，而且要考虑使用者对室内空间的环境质量提出的要求，在照明、通风、保温、隔音、防尘、防潮、防火等方面的使用要求。

(2)美化室内空间。

室内吊顶是人们视线聚集较多的地方之一，也是室内装饰中一个重要的组成部分，不同造型形式的吊顶、丰富多变的灯光、绚丽多姿的材质为整个室内环境增强了视觉感染力，使顶面处理变化多端、富有个性，烘托了整个室内环境气氛，提高生活的品质。

选用不同的吊顶造型和处理方法，会产生不同的空间感觉，有的可以使人感到舒心、亲切、温暖，有的可以扩大室内空间，丰富不同的层次，从而满足人们不同的生理和心理方面的需求。吊顶和不同的灯光相结合也能够丰富室内照明光源层次，产生多变的照明和光影形式，达到良好的照明效果。通过吊顶的处理，能产生点光、线光、面光相互辉映的光照效果及丰富的光影形式，增添了空间的装饰性；吊顶也可以将许多管线隐藏起来，保证了整个顶棚的整体性。在吊顶材料的选择上，可选用一些不同色彩、纹理、质感的材料，有机地进行搭配，增添了室内的美化成分。

(3)隐藏安置设备管线。

随着人们生活水平的不断提高，空间的装饰要求也趋向多样化，相应的设备管线日益增多，如通风管道、消防管道、空调管道、给排水管道、强电线路和弱电线路和其他特殊要求的线路管道。这些错综复杂的设备管线容易影响室内的观感，吊顶工程的饰面装饰层

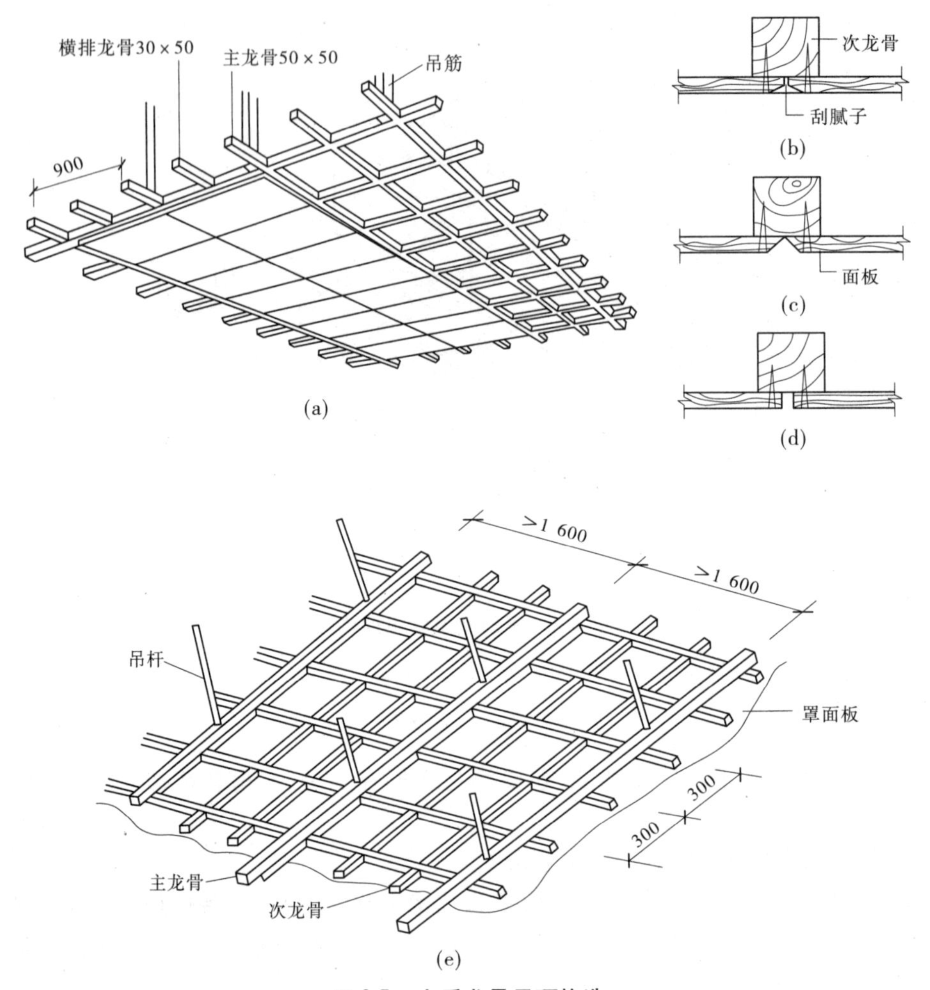

图 6-5　木质龙骨吊顶构造

与建筑物结构层之间的空间恰巧也可以作这些管线的隐蔽层，利用吊顶可以将设备管线隐藏，从而不会影响室内空间的整体性。

6.1.3　吊顶的材料

一般吊顶有吊筋（吊杆）、龙骨、连接件和饰面板组成，如图 6-6 所示。

6.1.3.1　**吊筋（吊杆）**

吊筋（吊杆）主要是承担龙骨和饰面材料全部荷载的承重受力构件，并将荷载传至承重结构上的杆件，同时也是控制吊顶高度和调平龙骨架的主要构件。吊杆的材料主要有金属和木质两种。如选用钢筋做吊杆，其直径应不小于 6 ~ 10 mm；通丝镀锌吊杆，适用于轻钢龙骨；型钢吊杆一般用于整体刚度要求高或重型顶棚，具体规格尺寸要经过结构计算来确定；木骨架的吊杆一般可采用 30 mm × 30 mm 的方木，适用于木质龙骨吊顶，如图 6-7 所示。

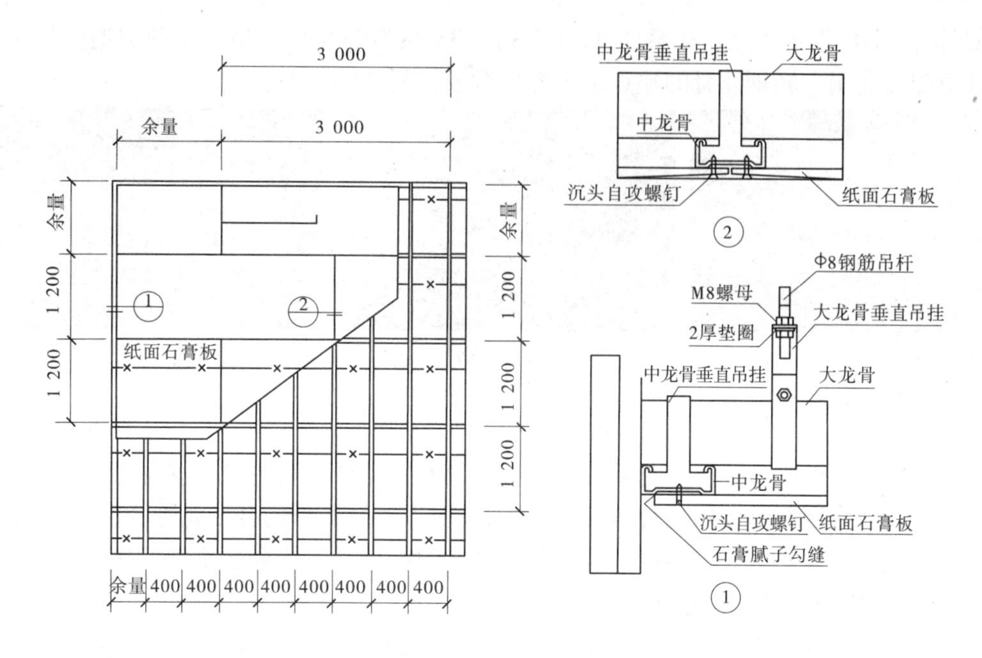

图 6-6　吊顶构造示意图

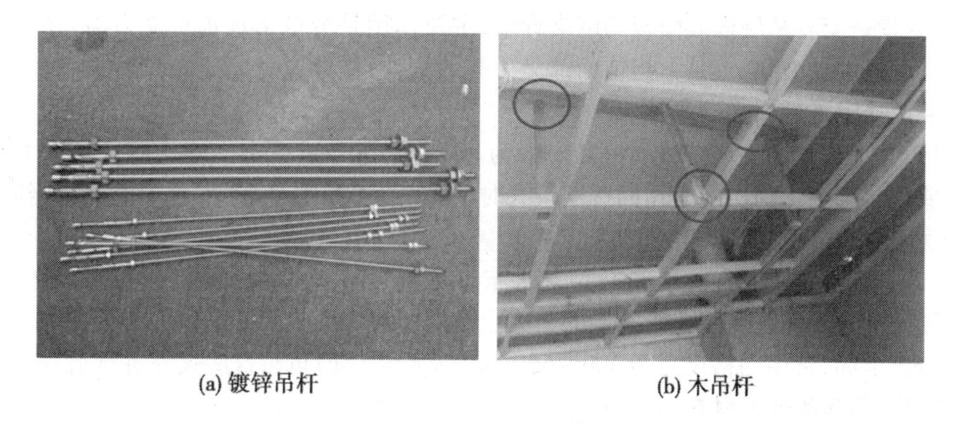

(a) 镀锌吊杆　　(b) 木吊杆

图 6-7　吊杆示意图

6.1.3.2　龙骨

龙骨是用来支撑各种饰面造型、固定结构的一种材料，包括木龙骨、轻钢龙骨、铝合金龙骨等。如图 6-8 所示。

(1)木龙骨。吊顶骨架采用木骨架的构造形式。使用木龙骨的优点是加工容易、施工方便，容易做出各种造型，但因其防火性能较差，只能适用于局部空间。木龙骨系统又分为主龙骨、次龙骨、横撑龙骨，木龙骨规格范围为 60 mm × 80 mm ~ 20 mm × 30 mm。在施工中应做防火、防腐处理。

(2)轻钢龙骨。吊顶骨架采用轻钢龙骨的构造形式。轻钢龙骨有很好的防火性能，再加上轻钢龙骨都是标准规格且都有标准配件，施工速度快，装配化程度高，轻钢骨架是吊顶装饰最常用的骨架形式。轻钢龙骨按断面形状可分为 U 形、C 形、T 形、L 形等几种

类型;按荷载类型可分为U60系列、U50系列、U38系列等几种类型。每种类型的轻钢龙骨都应配套使用。轻钢龙骨的缺点是不容易做成较复杂的造型。

(a)木龙骨

(b)轻钢龙骨

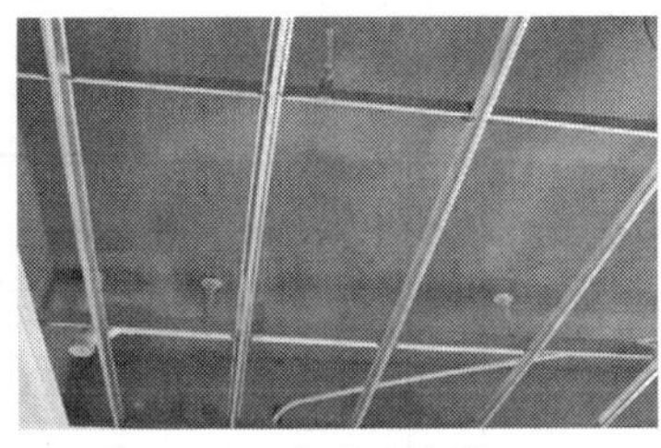
(c)铝合金龙骨

图6-8 吊顶构造示意图

(3)铝合金龙骨。铝合金龙骨常与活动面板配合使用,其主龙骨多采用U60、U50、U38系列及厂家定制的专用龙骨,其次龙骨则采用T形及L形的合金龙骨,次龙骨主要承担着吊顶板的承重功能,又是饰面吊顶板装饰面的封、压条。铝合金龙骨因其材质特点不易锈蚀,但刚度较差,容易变形。

吊顶所用的龙骨有主龙骨、副龙骨和横撑龙骨之分。主龙骨位于副龙骨之上,并为副龙骨的架设提供受力面,是承担副龙骨和饰面板部分的荷载,并将荷载上传至吊筋上的构件;副龙骨是安装基层板或面板的网络骨架,主要作用是分散吊顶承重受力面,并为饰面板的铺设提供受力面,也是承担饰面部分荷载的构件;横撑龙骨属于副龙骨的一种,在龙骨安装过程中进行加固的龙骨。

(1)主龙骨的布置。主龙骨间距一般为900~1 200 mm,具体尺寸可根据房间大小和设计要求而确定。当房间的顶棚跨度较大时,为保证顶棚的水平度,龙骨中部应当起拱,可按房间短边跨度的0.3%~0.5%起拱。

(2)副龙骨的布置。主龙骨与副龙骨布置是相互垂直的,并通过钉、扣件、吊件等连接件紧贴主龙骨安装。副龙骨间距的大小由基层板或饰面板尺寸而定。为保证饰面板平整、稳定、牢固,常用网格尺寸为300~600 mm,实际应用时可将这些尺寸进行组合。

6.1.3.3 吊顶的饰面材料

吊顶的饰面材料是固定在龙骨架上的一种装饰面材。木龙骨的贴面胶合板、铝合金龙骨的贴面有铝塑板、铝扣板、玻璃、聚氯乙烯材料制成的软膜(柔性天花)、轻钢龙骨上的纸面石膏板(如型饰石膏板、纸面石膏板、吸声穿孔石膏板、嵌装式装饰石膏板等)、烤漆龙骨上的矿棉板(如矿棉装饰吸声板、玻璃棉装饰吸声板、纤维装饰吸声板等),其他板材(如木丝板、刨花板、麦秸板、无机轻质防火板等)等多种吊顶。如图6-9所示。

6.1.3.4 常用的施工机具

常用的施工机具较多。常用的画线工具及量具有画线笔、墨斗、量尺、角尺、水平尺、三角尺及铅锤,手工工具有手锯、刀锯、线锯及多用刀等锯割工具;还有平刨、边刨、槽刨、线刨等刨削工具。其他工具有羊角锤、平头锤、起钉器及螺钉旋具等。常用电动机械有手电钻、电锤、砂轮机、自攻螺钉钻和射钉枪,还有专用的小型无齿锯、电动十字旋具等。如图6-10所示。

(a) 铝扣板
(b) 铝塑板
(c) 玻璃吊顶
(d) 软膜(柔性天花)
(e) 石膏板
(f) 矿棉板
(g) 贴面胶合板

图6-9 吊顶的饰面材料

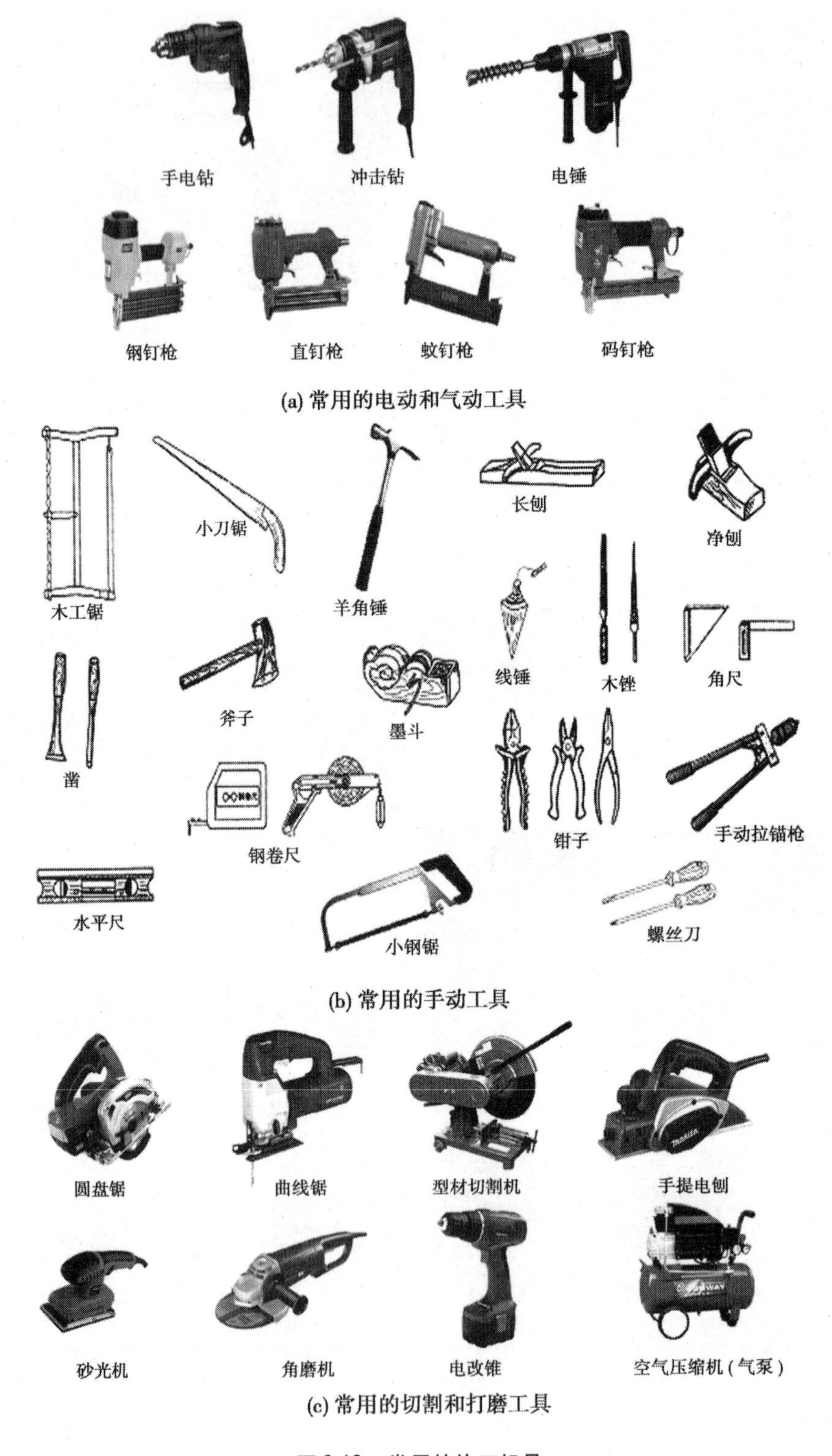

(a) 常用的电动和气动工具

(b) 常用的手动工具

(c) 常用的切割和打磨工具

图 6-10　常用的施工机具

6.2　吊顶的施工

6.2.1　木龙骨吊顶施工

木龙骨吊顶是指以木质材料为基本骨架,称之为木龙骨吊顶。它是以小方木、多层胶合板或细木工板制成的卡档搁栅为顶棚吊顶骨架,如图6-5所示。木质龙骨施工灵活,加工方便,造型能力强,适应性好,但不适用于大面积吊顶,受空气中潮气影响较大,容易引起干缩湿涨变形,使饰面材料受损,防火性能不好,所以在施工中应做防火、防腐处理。

木龙骨吊顶适用于小空间和空间界面造型复杂多变的吊顶工程中。但在工装中通常用木工板、科技木、胶合板做龙骨,不但满足了设计造型要求,而且还起到了固定支撑作用。

木龙骨规格一般为20 mm×30 mm、30 mm×40 mm、40 mm×40 mm、40 mm×60 mm。

6.2.1.1　木龙骨吊顶常用材料和机具

1. 木龙骨吊顶常用材料

(1)木料:主要由松木、椴木、杉木、进口烘干刨光等木材加工成截面长方形或正方形的木条,多层胶合板或细木工板。

(2)饰面板材:多为胶合板、纤维板、纸面石膏板等。

(3)其他材料:圆钉、射钉、胶黏剂、膨胀螺栓、木材防腐剂、防火涂料、钢筋、角钢、钢板、镀锌铁丝等。

2. 木龙骨吊顶常用机具

(1)电动机具:手电钻、小电锯、电动冲击钻、电动修边机、电动或气动钉枪等。

(2)手动工具:锯、斧、锤、木刨、线刨、螺钉旋具、墨线斗、卷尺、水平尺、吊线坠等。

6.2.1.2　木龙骨吊顶施工准备

(1)木龙骨吊顶施工之前,顶棚上部的电气布线、报警布线、空调管道、消防管道、供水管道及照明等设施均应安装就位并基本调试完毕,自吊顶经墙体布设下来的各种电气开关及插座的有关线路也要敷设布置就绪。

(2)与建筑墙体直接接触的木龙骨,应预先刷防腐剂、防火涂料。按照设计要求及有关规定选择并实施防潮防腐处理,同时也可涂刷防虫药剂以利于防腐;建筑装饰装修工程施工中对木构件进行防火处理,一般是将防火涂料涂刷或喷涂于木材表面,防火涂料涂刷要不少于三遍,也可把木材置于防火涂料槽内浸渍。

(3)实施木龙骨吊顶房间应做完墙面及地面的湿作业和屋面防水等工程。

(4)根据装饰装修设计施工图制订完善的可执行的施工方案。

6.2.1.3　木质龙骨吊顶的施工工艺流程

木质龙骨吊顶施工工艺流程:放线→龙骨架拼接→吊点、吊筋安装→固定边龙骨骨架→吊装龙骨架、整体调平→面板安装→节点处理。

1. 放线

放线是一项技术性较高的工作,是吊顶施工中的要点。放线的内容主要包括造型位置线、吊点布置线、吊顶标高线、照明灯位线等。放线的作用:施工有了基准线,方便下一

道工序确定施工位置；能够检查吊顶以上部位的管线对标高位置的影响。

放线包括确定吊顶标高线、确定吊顶造型位置线、确定吊点定位线和灯具位置线等。

(1)确定吊顶标高线。

确定吊顶装饰施工中的标高，可以根据室内墙上的 +500 mm 水平线，用尺向上量至顶棚的设计标高，画出高度线，再沿墙四周，按设计标高弹出一道水平墨线，作为吊顶的底标高；也可使用先进仪器，如红外线水准仪测出室内水平线，其水平偏差不得大于 ±5 mm；此基准线也可作为确定吊顶标高的参考依据。水柱法确定吊顶标高线即用一条透明塑料软管灌满水后，将其一端的水平面对准墙面上的设计标高点，再将软管的另外一端水平面在同侧墙面找出另一点，当软管内的水面静止时，画下该点的水平面位置，再将这两点连线，即为吊顶标高线。

(2)确定吊顶造型位置线。

对于规则的室内空间，其吊顶造型位置线可以先根据一个墙面量出吊顶造型位置的距离，并画出水平线，再以此方法画出其他墙面的水平线，即得到造型位置外框线，再根据该外框线逐点画出造型的各个局部；对于不规则的空间吊顶造型线宜采用找点法。即根据施工图纸量出造型边缘距墙面的距离，在墙面和顶棚基层进行实测，找出吊顶造型边框的有关基本点，再将各点连接起来，形成吊顶造型位置线。

(3)弹出吊点定位线和大中型灯具位置线。

平顶吊顶的吊点一般是按每平方米 1 个布置，要求均匀分布；有迭级造型的吊点应在迭级交界处设置，布置吊点间距通常为 800 ~ 1 200 mm。上人吊顶的吊点要按设计要求加密。设置吊点时，不应使其位置与吊顶内的管线设备位置相冲突，灯位处、承载部位、龙骨与龙骨相接处及叠级吊顶的迭级处均应增设吊点。

2. 龙骨架拼接

为了便于安装，先在地面进行分片拼接，拼接的木龙骨架每片不宜过大，最大组合片应不大于 10 m²。自制的木骨架要按分格尺寸开半槽，市售成品木龙骨备有凹槽可以省略此工序。按凹槽对凹槽的咬口方式将龙骨纵横拼接，槽内先涂胶，再用小铁钉钉牢，如图 6-11 所示。

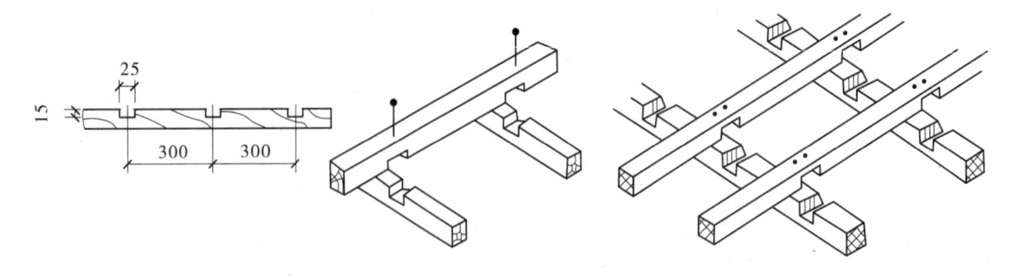

图 6-11　龙骨架拼接

3. 吊点、吊筋安装

吊顶吊点的固定在多数情况下采用射钉将木方(截面一般为 40 mm × 50 mm)直接固定在楼板底面作为与吊杆的连接件。也可以采用膨胀螺栓固定角钢块作为吊点紧固件，但由于施工麻烦，在工程中用的较少。

木龙骨吊顶的吊杆采用的有木吊杆、角钢吊杆和扁铁吊杆，其中木吊杆应用较多。吊杆的固定方法如图6-12所示。

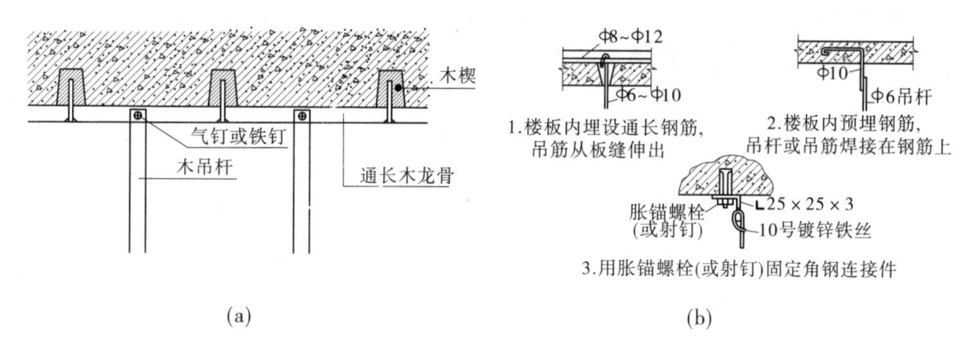

图6-12 木龙骨吊杆固定与连接

4. 固定边龙骨骨架

通常有两种做法：一种是沿吊顶标高线以上10 mm处，以400~600 mm的间距在墙面上钻孔，孔径为12 mm，在孔内打入木楔，然后将沿墙边龙骨钉固在墙内木楔上；另一种做法是先在沿墙边龙骨上打小孔，间距为300~500 mm，再用水泥钉通过小孔将沿墙边龙骨钉固在混凝土墙面上。固定沿墙边龙骨时，要求牢固可靠，其底面必须与吊顶标高线齐平。

5. 吊装龙骨架、整体调平

(1)分片吊装。将拼接好的单元骨架或者分片龙骨框架托起至吊顶标高位置，先做临时固定。根据吊顶标高线拉出纵横水平基准线，进行整片龙骨架调平，调平后即可将其靠墙部分与沿墙边龙骨钉接。

(2)龙骨架与吊杆固定。常采用的木龙骨吊顶的吊杆有木吊杆、扁铁吊杆和角钢吊杆，龙骨架与吊杆可以采用木螺丝固定。吊顶的下部不得伸出木龙骨底面。

(3)龙骨架分片间的连接。当两个分片骨架在同一平面对接时。骨架的端头要对正，然后用短木方进行加固。对于一些重要部位或有附加荷载的吊顶，骨架分片间的连接加固应选用铁件。对于变标高的迭级吊顶骨架，可以先用一根木方将上下两平面的龙骨架斜拉就位，再将上下平面的龙骨用垂直的木方条连接固定。

木龙骨架各分片连接固定后，在吊顶面的下面拉十字交叉线，以检查吊顶龙骨架的整体平整度。吊顶龙骨架如有不平整，则应再调整吊杆与龙骨架的距离。而对于一些面积较大的木龙骨吊顶，常采用起拱的方法平衡饰面板重力，并减少视觉上的下坠感，一般7~10 m跨度按3%起拱，10~15 m跨度按5%起拱。

6. 面板安装

1)钉接

用钉子将饰面板固定在木龙骨上，饰面板类型不同，钉子应有所区别。例如选用纸面石膏板与木龙骨固定应采用木螺钉，钉距应控制在100~150 mm，钉帽应略钉入板面一部分，但应以不使纸面破坏为宜；选用胶合板、澳松板应采用气钉，将饰面板固定于木龙骨上，钉距为80~150 mm，并局部用木螺钉加固。

2)粘接

粘接即用各种胶黏剂将基层板粘接于龙骨上，如矿棉吸声板可用1∶1水泥石膏板加

入适量 107 胶或强力胶进行粘接。也可以采用粘、钉结合的方法,固定则更为牢固。

7. 木龙骨吊顶的节点处理

1)饰面板接缝节点处理

饰面板块接缝时,常见的接缝形式有对缝、凹缝和盖缝等几种,如图 6-13 所示。

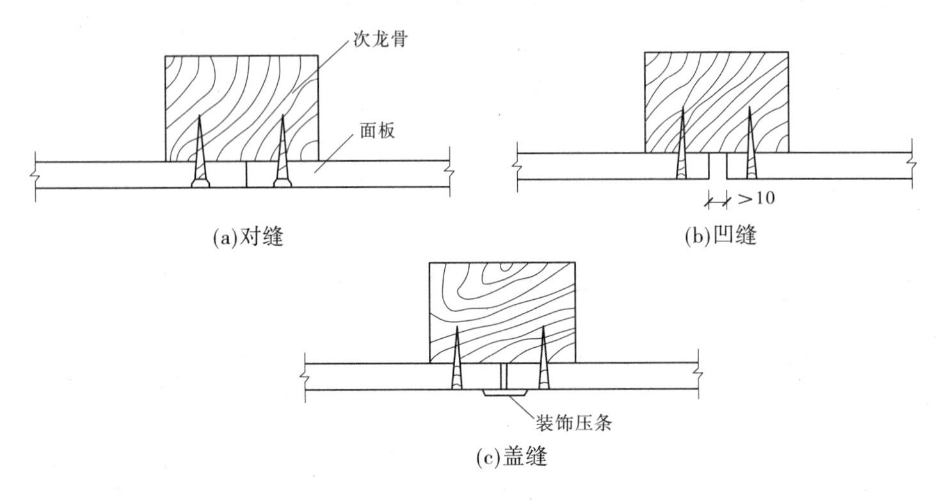

图 6-13 饰面板块接缝示意图

2)转角接缝节点处理

(1)阴角节点。

阴角是指两面相交内凹部分,其处理方法通常是用木角线钉压在角位上,如图 6-14 所示。固定时用直钉枪,在木线条的凹部位置打入直钉。

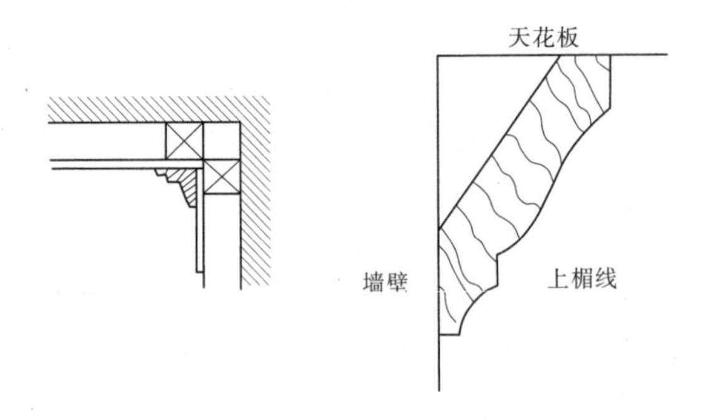

图 6-14 吊顶面阴角处理

(2)阳角节点。

阳角是指两相交面外凸的角位,其处理方法也是用木角线钉压在角位上,将整个角位包住,如图 6-15 所示。

3)过渡节点处理

过渡节点是指两个落差高度较小的面接触处或平面上,两种不同材料的对接处。其处理方法通常用线条或金属线条固定在过渡节点上。木线条可直接钉在吊顶面上,不锈钢等金属条则用粘贴法固定,如图 6-16 所示。

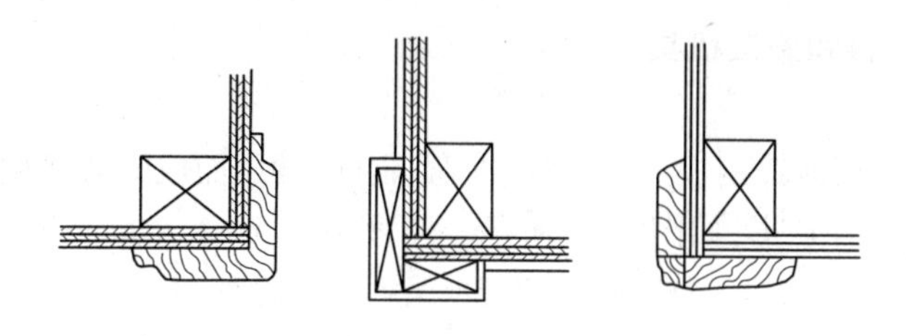

图 6-15　吊顶面阳角处理

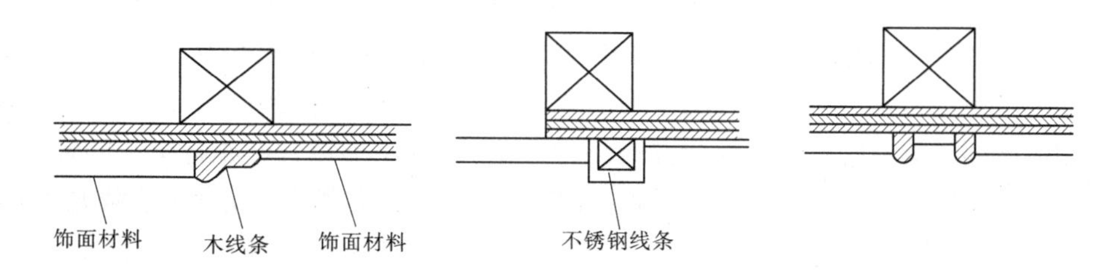

图 6-16　吊顶过渡节点处理

4）木吊顶与设备之间节点处理

（1）吊顶与灯光盘节点处理。灯光盘在吊顶上安装后，其灯光片或灯光格栅与吊顶之间的接触处需处理。其方法通常用木线条进行固定，如图 6-17 所示。

（2）吊顶与检修孔节点处理。通常是在检修孔盖板四周钉木线条，或在检修孔内侧钉角铝，如图 6-18 所示。

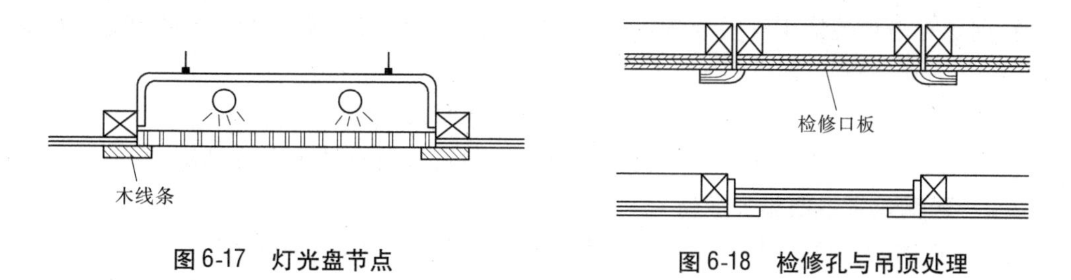

图 6-17　灯光盘节点

图 6-18　检修孔与吊顶处理

6.2.2　轻钢龙骨及铝合金吊顶施工

轻钢龙骨吊顶是在现阶段建筑装饰中普遍使用的一种吊顶形式，它具有装饰性好、自重轻、强度高、防火及耐腐蚀性能好、安装方便的特点，广泛应用在公共及住宅空间。轻钢龙骨吊顶由轻钢龙骨和纸面石膏板两部分组成，在纸面石膏板面层可进行其他饰面装饰，如涂刷、粘贴轻型板材等。铝合金龙骨吊顶是随着铝型材挤压技术的发展而出现的一种新型吊顶类型。铝合金龙骨比重轻，型材表面经过氧化处理，表面美观有光泽，有较强的抗腐蚀、耐酸碱能力，由于其防火性能好，安装简单，因而广泛应用于公共建筑及商业建筑的大厅、楼道、会议室、卫生间和厨房等处的吊顶。铝合金龙骨吊顶由主龙骨、次龙骨、边龙骨、连接件和吊杆组成。铝合金龙骨应安装在轻钢龙骨主龙骨上，其主要目的是增强铝合金龙骨吊顶的整体强度。

6.2.2.1 常用的材料和施工机具

1. 龙骨与配件

轻钢龙骨吊顶采用镀锌钢板。经剪裁、冷弯、辊轧、冲压而成的薄壁型钢,其截面形状分为U形、C形,一般多为U形,如图6-19所示。厚度为0.5~1.5 mm,由主龙骨、次龙骨、横撑小龙骨、吊件、接插件和挂插件组成,分为38系列、50系列、60系列。38系列的龙骨一般适用于吊点间距为900~1 200 mm的不上人吊顶;50系列的龙骨适用于吊点间距为1 200~1 500 mm的不上人吊顶,如图6-20所示。60系列的龙骨可用于吊点间距1 500 mm的上人吊顶。不同系列龙骨的选用要符合实际的设计需求。龙骨配件用来连接龙骨组成一个骨架,是吊顶工程中不可缺少的配件。其型号与龙骨型号相配套,如图6-21所示。铝合金龙骨的断面形状多为L形、T形,可分别作为边龙骨、覆面龙骨配套使用。铝合金龙骨架根据吊顶使用荷载要求的不同有两种组装方式:一种是由L形、T形铝合金龙骨组装的轻型吊顶龙骨架,其骨架承载力有限,不能上人;另一种是由U形轻钢龙骨做主龙骨(承载龙骨)与L形、T形铝合金龙骨组装的可承受附加荷载的吊顶龙骨架,如图6-19所示。

2. 罩面材料

轻钢龙骨吊顶的罩面材料品种很多,主要有装饰石膏板、纸面石膏板、吸声穿孔石膏板、嵌装式装饰石膏板等。

3. 连接与固结材料

轻钢龙骨吊顶常用的固结材料有金属膨胀螺栓(金属胀管)、自攻螺钉、抽芯铝铆钉、射钉、吊杆等,如图6-22所示。

4. 施工工具

轻钢龙骨吊顶装饰工程安装施工,所用的施工机具较多。常用的工具有手锯、刀锯、线锯,还有平刨、槽刨、线刨等刨削工具。

画线工具及量具有画线笔、墨斗、量尺、角尺、水平尺、三角尺及铅锤等。

常用电动机具有手电钻、电锤、自攻螺钉钻和射钉枪及电动十字旋具等。

6.2.2.2 轻钢龙骨吊顶施工准备

(1)吊顶内的通风、水电、消防管道等均已安装就位,并基本调试完毕。

(2)各种材料及工具齐备。

(3)做好材料进场验收记录和复验报告,技术交底记录。

(4)墙顶须找补的槽、孔、洞等湿作业完成。

(5)大面积施工前,对起拱、预留检修口等节点构造处理及固定方法,经验收认可后,方可进行大面积施工。

(6)搭好顶棚施工操作平台架子。

(7)板安装时室内湿度不宜大于70%。

6.2.2.3 轻钢龙骨纸面石膏板吊顶施工工艺

顶棚标高弹水平线→划龙骨分档线→安装水电管线→固定吊挂杆件→安装主龙骨→安装次龙骨→安装罩面板→嵌缝。轻钢龙骨纸面石膏板吊顶构造组成及安装示意图如图6-23所示。

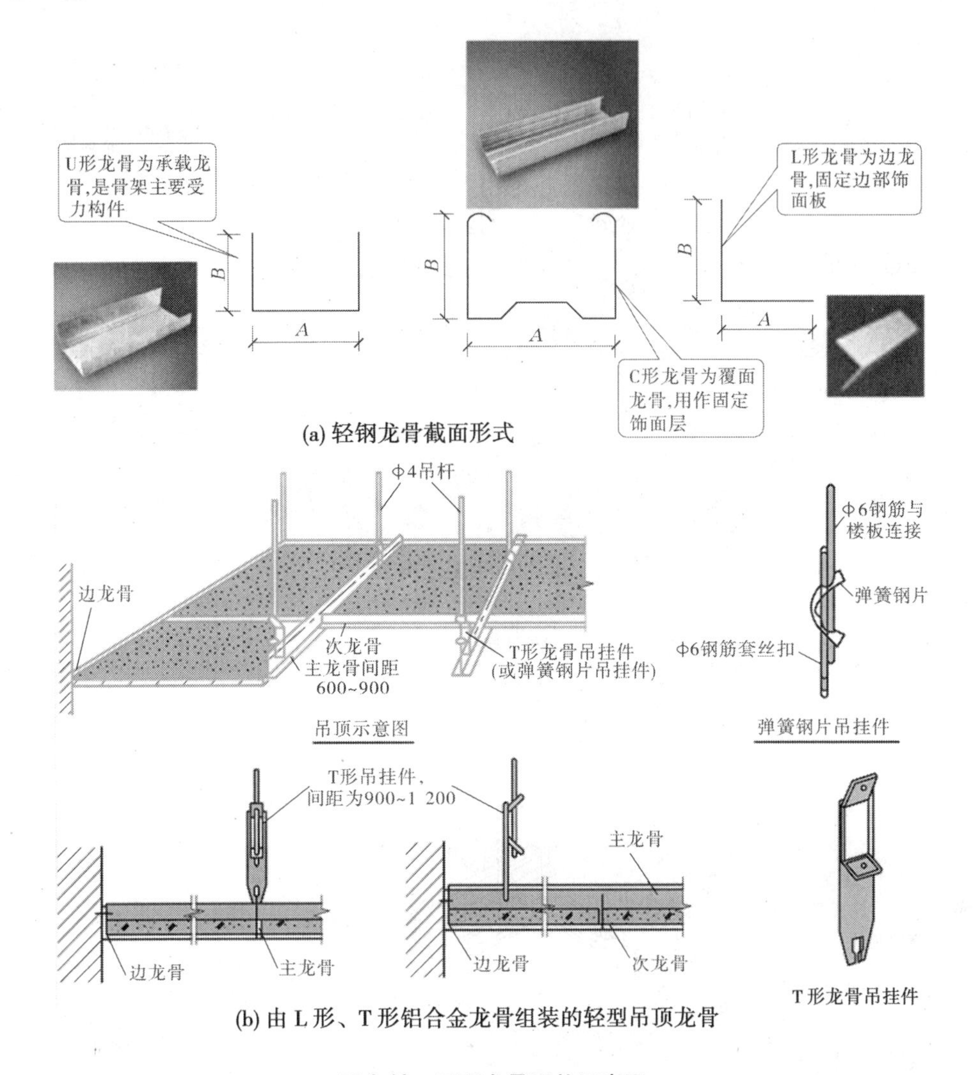

图6-19 吊顶龙骨形状示意图

1. 交验

吊顶前应对上一步工序进行交接验收,内容以不影响吊顶为准,如结构强度、设备位置、防水管线的铺设等。

2. 找规矩

根据设计的实际情况,在吊顶标高处找出一个标准基平面,与实际情况进行对比,核实误差,并对误差进行调整,确定平面弹线的基准。

3. 弹线

采用红外线水平仪或水平管,根据吊顶设计标高,在四周墙壁或柱壁上弹线,弹线顺序是先竖向标高后平面造型细部,竖向标高线弹于墙上,平面造型和细部弹于顶板上,如图6-24所示。

(1)弹顶棚标高线。先弹施工标高基准线,一般常用0.500 m为基线,弹于四周墙上。以施工标高基准线为准,按设计所定的顶棚标高,用仪器及量具沿室内墙面将顶棚高

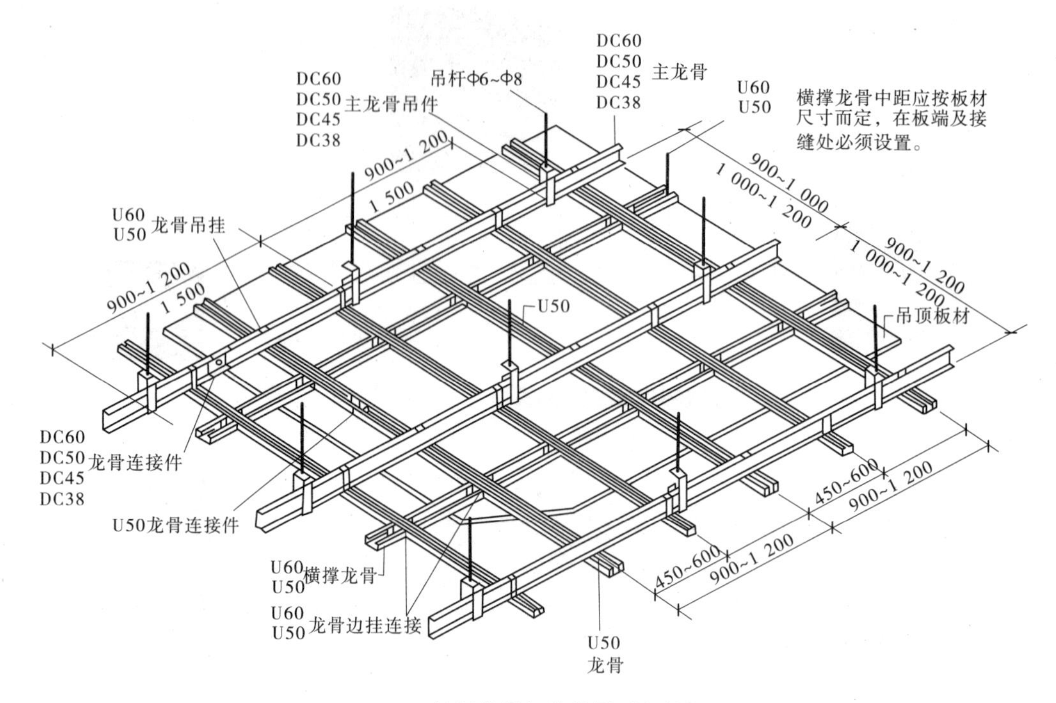

(a)轻钢龙骨组装的吊顶龙骨架

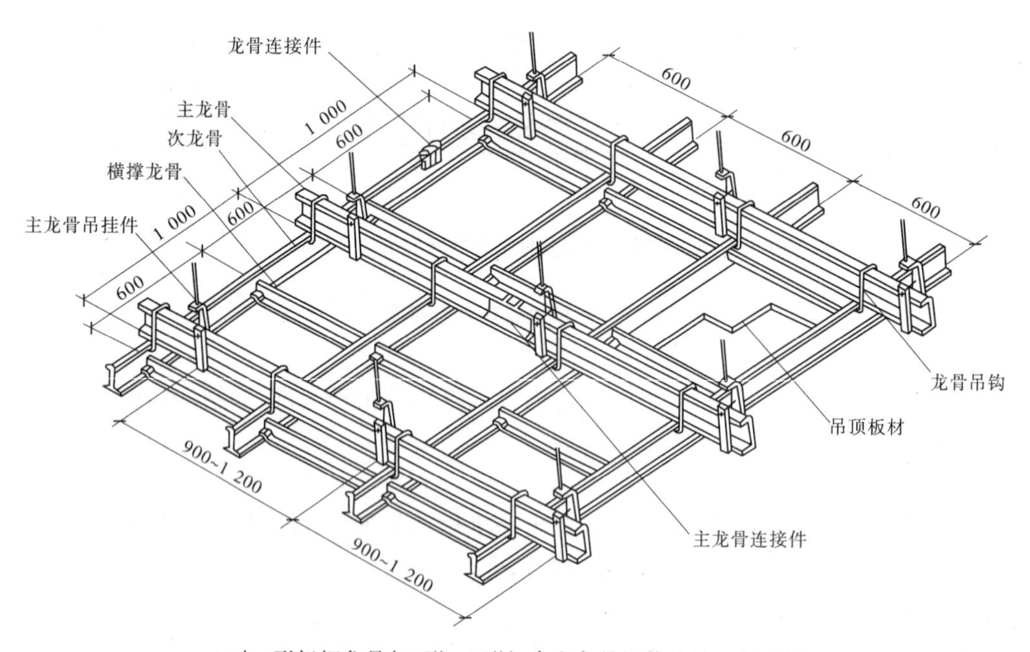

(b)由U形轻钢龙骨与L形、T形铝合金龙骨组装的吊顶龙骨架

图 6-20　吊顶龙骨安装示意图

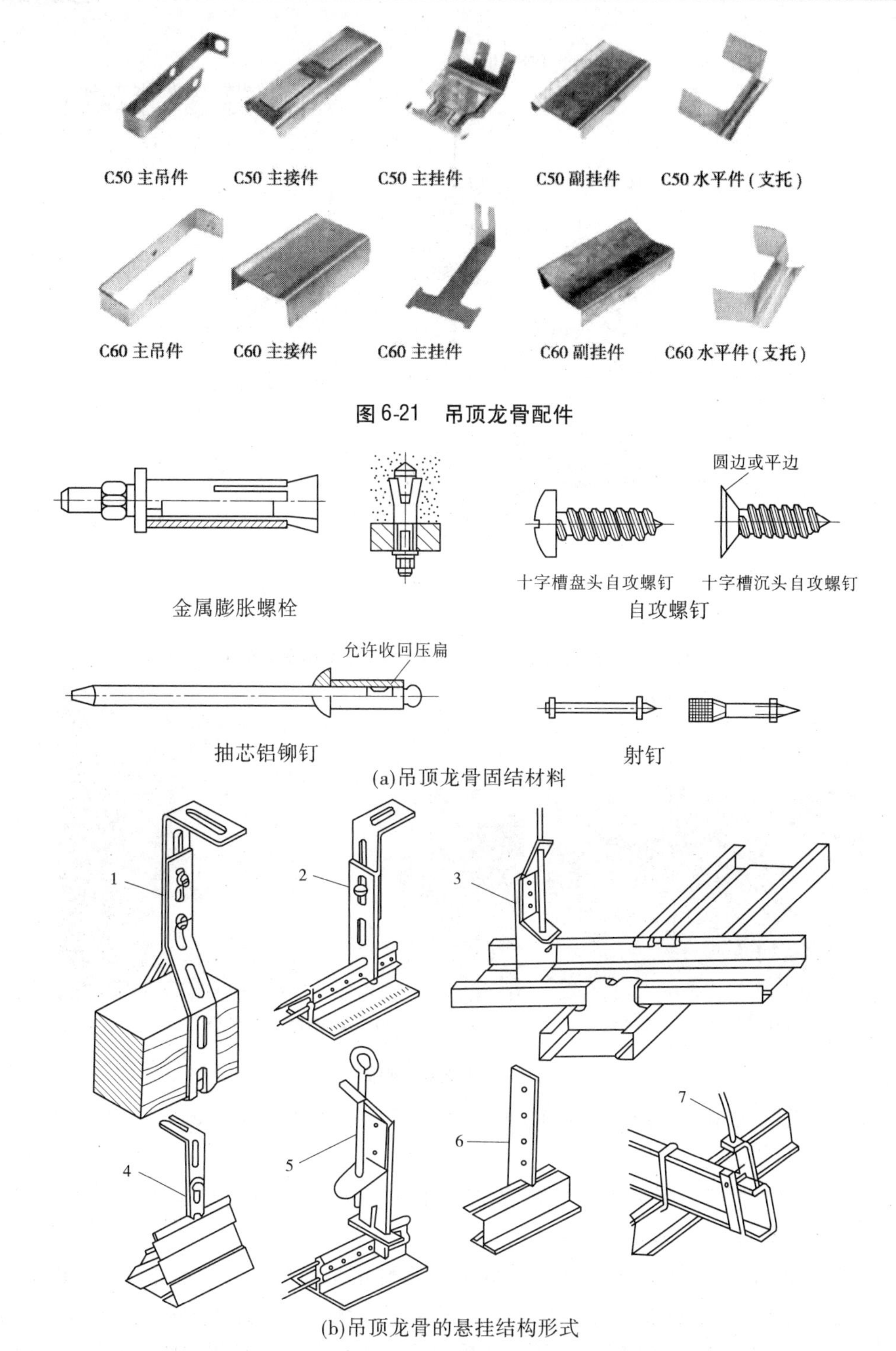

1—开孔扁铁吊杆与木龙骨;2—开孔扁铁吊杆与T形龙骨;3—伸缩吊杆与U形龙骨;
4—开孔扁铁吊杆与三角龙骨;5—伸缩吊杆与T形龙骨;6—扁铁吊杆与H形龙骨;7—圆钢吊杆悬挂金属龙骨

图6-22　龙骨固结材料与悬挂结构形式

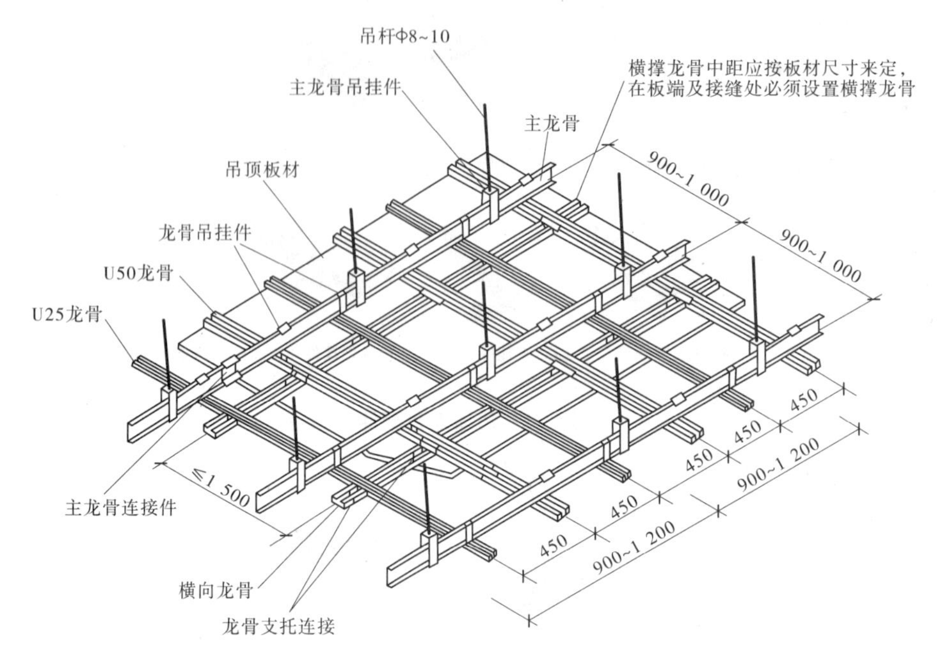

图 6-23　轻钢龙骨纸面石膏板吊顶构造组成及安装示意图

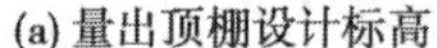

(a) 量出顶棚设计标高　　(b) 弹顶棚标高水平线

图 6-24　找规矩、弹线

度量出，并将此高度用墨线弹于墙面上，其水平允许偏差不得大于 5 mm。如顶棚有跌级造型的，其标高均应一一弹出。

(2) 弹平面造型线。根据设计平面，以房间的中心为准，将设计造型先高后低逐步弹在顶板上，注意累计误差的调整。

(3) 弹吊筋吊点位置线。据造型线和设计要求确定吊筋吊点的位置并弹于顶板上。

(4) 弹大型灯具、电扇等吊具位置线。所有大型灯具、电扇等的吊具、吊杆的位置，应按具体设计一一测定准确，并用墨线弹于楼板板底。如吊具、吊杆的锚固件须用膨胀螺栓固定者，应将膨胀螺栓中心位置一并弹出。

(5) 弹附加吊杆位置线。根据具体设计，将顶棚检修走道、检修口、通风口、柱子周边处及其他所有须加“附加吊杆”之处的吊杆位置一一测出，弹于混凝土楼板板底。

4. 复查

弹线完成后，对所有标高线、平面造型吊点位置线等进行全面检查复量，如有遗漏或尺寸错误，均应彻底补充、纠正。所弹顶棚标高线与四周设备、管线、管道等有无矛盾，对大型灯具的安装有无妨碍，均应一一核实，确保准确无误。

5. 吊筋的制作与固定

吊筋应用钢筋制作，吊筋的固定做法视楼板种类不同而不同，如图6-25所示。具体做法如下：

(a)冲击钻打眼埋胀管螺栓

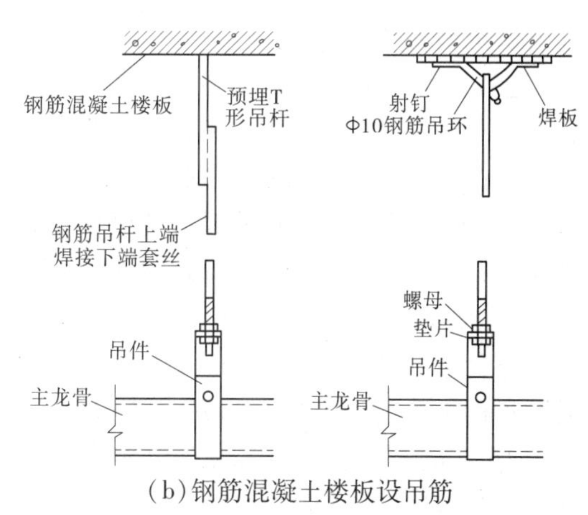

(b)钢筋混凝土楼板设吊筋

图6-25 吊筋的制作与固定

(1)预制钢筋混凝土楼板设吊筋，用膨胀螺栓固定，并保证连接强度。

(2)现浇钢筋混凝土楼板设吊筋，固定吊筋，保证强度。应在主体施工时预埋吊筋。如无预埋时，一是预埋吊筋，二是用膨胀螺栓或用射钉无论何种做法均应满足设计位置和强度要求。

6. 安装轻钢龙骨架

(1)安装轻钢主龙骨。主龙骨按弹线位置就位，利用吊件悬挂在吊筋上，待全部主龙骨安装就位后进行调直调平定位，将吊筋上的调平螺母拧紧，龙骨中间部分按具体设计起拱(一般起拱高度不得小于房间短向跨度的3/1 000)。

(2)安装副龙骨。主龙臂安装完毕即安装副龙骨。副龙骨有通长和截断两种。通长者与主龙骨垂直，截断者(也叫横撑龙骨)与通长者垂直。副龙骨紧贴主龙骨安装，并与主龙骨扣牢，不得有松动及歪曲不直之处。副龙骨安装时应从主龙骨一端开始，高低跌级顶棚应先安装高跨部分后安装低跨部分。副龙骨的位置要准确，特别是板缝处，要充分考虑缝隙尺寸。

(3)安装附加龙骨、角龙骨、连接龙骨等。靠近柱子周边，增加“附加龙骨”或角龙骨时，按具体设计安装。凡高低跌级顶棚、灯槽、灯具、窗帘盒等处，根据具体设计应增加“连接龙骨”。

7. 骨架安装质量检查

上列工序安装完毕后，应对整个龙骨架的安装质量进行严格检查。

(1)龙骨架荷重检查。在顶棚检修孔周围、高低跌级处、吊灯吊扇等处,根据设计荷载规定进行加载检查。加载后如龙骨架有翘曲、颤动之处,应增加吊筋予以加强。增加的吊筋数量和具体位置,应通过计算而定。

(2)龙骨架安装及连接质量检查。对整个龙骨架的安装质量及连接质量进行彻底检查。连接件应错位安装,龙骨连接处的偏差不得超过相关规范规定。

(3)各种龙骨的质量检查。对主龙骨、副龙骨、附加龙骨、角龙骨、连接龙骨等进行详细质量检查。如发现有翘曲或扭曲之处以及位置不正、部位不对等处,均应彻底纠正。

8. 安装纸面石膏板

(1)选板。普通纸面石膏板在上顶以前,应根据设计的规格尺寸、花色品种进行选板,凡有裂纹、破损、缺棱、掉角、受潮以及护面纸损坏者均应一律剔除不用。选好的板应平放在有垫板的木架之上,以免沾水受潮。

(2)纸面石膏板安装。安装时应使纸面石膏板长边(包封边)与主龙骨平行,从顶棚的一端向另一端开始错缝安装,逐块排列,余量放在最后安装。石膏板与墙面之间应留6 mm间隙。板与板的接缝宽度不得小于板厚。每块石膏板用3.5 mm×25 mm自攻螺钉固定在次龙骨上,固定时应从石膏板中部开始,向两侧展开,螺钉间距150~200 mm,螺钉距纸面石膏板板边(面纸包封的板边)不得小于10 mm,不得大于15 mm;距切割后的板边不得小于15 mm,不得大于20 mm。钉头应略低于板面,但不得将纸面钉破。钉头应做防锈处理,并用石膏腻子腻平。

9. 纸面石膏板安装质量检查

纸面石膏板安装完毕后,应对其安装质量进行检查。如整个石膏板顶棚表面平整度偏差超过3 mm、接缝平直度偏差超过3 mm、接缝高低度偏差超过1 mm,石膏板有钉接缝处不牢固,均应彻底纠正。

10. 嵌缝

纸面石膏板安装质量经检查合格或修理合格后,根据纸面石膏板板边类型及嵌缝规定进行嵌缝。但要注意,无论使用什么腻子,均应保证有一定的膨胀性。施工中常用石膏腻子。一般施工做法如下:

(1)直角边纸面石膏板顶棚嵌缝。直角边纸面石膏板顶棚之缝,均为平缝,嵌缝时应用刮刀将嵌缝腻子均匀饱满地嵌入板缝以内,并将腻子刮平(与石膏板面齐平)。石膏板表面如须进行装饰,应在腻子完全干燥后施工。

(2)楔形边纸面石膏板顶棚嵌缝。楔形边纸面石膏板顶棚嵌缝采用三道腻子。

第一道腻子:用刮刀将嵌缝腻子均匀饱满地嵌入缝内,将浸湿的穿孔纸带贴于缝处,用刮刀将纸带用力压平,使腻子从孔中挤出,然后再薄压一层腻子。用嵌缝腻子将石膏板上所有钉孔填平。

第二道腻子:第一道嵌缝腻子完全干燥后覆盖第二道嵌缝腻子,使之略高于石膏板表面,腻子宽200 mm左右,另外在钉孔上亦应再覆盖腻子一道,宽度较钉孔扩大出25 mm左右。

第三道腻子:第二道嵌缝腻子完全干燥后,再薄压300 mm宽嵌缝腻子一层,用清水刷湿边缘后用抹刀拉平,使石膏板面交接平滑,钉孔第二道腻子上亦再覆盖嵌缝腻子一层,并用力拉平使与石膏板面交接平滑。

上述第三道腻子完全干燥后,用2号砂纸安装在手动或电动打磨器上,将嵌缝腻子打磨光滑,打磨时不得将护纸磨破。

嵌缝后的纸面石膏板顶棚应妥善保护,不得损坏、碰撞,不得有任何污染。如石膏板表面另有饰面,应按具体设计进行装饰。

6.2.2.4　注意事项

(1)顶棚施工前,顶棚内所有管线,如智能建筑弱电系统工程全部线路(包括综合布线、设备自控系统、保安监控管理系统、自动门系统、背景音乐系统等)、空调管道、消防管道、供水管道等必须全部安装就位并基本调试完毕。

(2)吊筋、膨胀螺栓应做防锈处理。

(3)龙骨接长的接头应错位安装,相邻三排龙骨的接头不应接在同一直线上。

(4)顶棚内的灯槽、斜撑、剪刀撑等,应按具体设计施工。轻型灯具可吊装在主龙骨或附加龙骨上,重型灯具或电扇则不得与吊顶龙骨连接,而应另设吊钩吊装。

(5)嵌缝石膏粉(配套产品)系以精细的半水石膏粉加入一定量的缓凝剂等加工而成,主要用于纸面石膏板嵌缝及钉孔填平等处。

(6)温度变化对纸面石膏板的线膨胀系数影响不大,但空气湿度则对纸面石膏板的线性膨胀和收缩产生较大影响。为了保证装修质量,在湿度特大的环境下一般不宜嵌缝。

(7)大面积的纸面石膏板吊顶,应注意设置膨胀缝。

6.2.2.5　铝合金龙骨吊顶施工准备

同木龙骨、轻钢龙骨吊顶施工准备。

6.2.2.6　铝合金龙骨吊顶的施工工艺

其施工操作顺序:放线定位→固定悬吊件→安装边龙骨→安装主、次龙骨并调平龙骨→安装饰面板。

1. 放线定位

根据设计施工,利用墙面水平基准线将设计标高线弹到四周墙面或柱面上,同时将龙骨及吊点位置弹到楼板底面上。吊顶龙骨间距和吊杆间距,一般都控制在1 000~1 200 mm。

2. 固定悬吊件

铝合金龙骨的吊件,可通过使用镀锌钢筋吊杆和镀锌铁丝绑牢膨胀螺钉吊点。镀锌钢筋吊杆可用Φ4 mm或Φ8~10 mm。镀锌铁丝不能太细,如使用双股,可用18号铁丝,如果用单股,使用不小于14号的铁丝,这种方式适于不上人的活动式装配吊顶,较为简单。铝合金龙骨的吊件也可直接固定在轻钢龙骨主龙骨上,这种方法适用于满足吊顶的一定承载能力时的双层吊顶构造。

3. 安装边龙骨

在预先弹好的标高线上将L形边龙骨或其他封口材料固定在墙面或柱面上,封口材料底面与标高线重合。L形边龙骨常用的规格为25 mm×25 mm,色彩应同龙骨一致。L形边龙骨固定时,一般常用高强水泥钉,钉的间距一般不宜大于500 mm。

4. 安装主、次龙骨并调平龙骨

铝合金龙骨安装时,应根据已确定的主龙骨(大龙骨)位置及确定的标高线,将各龙

骨吊起后,在稍高于标高线的位置上临时固定。如果吊顶面积较大,可分成几个部分吊装。然后在主龙骨之间安装次(中)龙骨,也就是横撑龙骨。次龙骨(中、小龙骨)应紧贴主龙骨安装就位。龙骨就位后,再满拉纵横控制标高线(十字中心线),从一端开始,一边安装,一边调整,全部安装完毕后,最后再精调一遍,直到龙骨调平、调直。

5. 安装饰面板

饰面板可分为明装和半明半隐(简称半隐)两种形式。明装即纵横T形龙骨,骨架均外露,饰面板只需搁置在T形两翼上;半明半隐即饰面板,安装后外露部分骨架。两者安装方法简单,施工速度较快,维修比较方便。

6.3 吊顶工程的质量标准及检验

质量验收是指对建筑装饰工程产品,按照国家标准,使用检测方法,对规定的验收项目,进行质量检测和质量等级评定等工作。检测方法有观察、触摸、听声等方式,常用检测工具有钢尺、卷尺、塞尺、靠尺或靠板、托线板、直角卡尺以及水平尺等。根据国家标准《建筑装饰装修工程质量验收规范》(GB 50210—2001)、《住宅室内装饰装修工程质量验收规范》(JGJ/T 304—2013)中的有关规定,吊顶工程应按明龙骨和暗龙骨吊顶等分项工程进行验收。

6.3.1 一般规定

(1)本节适用于暗龙骨吊顶、明龙骨吊顶等分项工程的质量验收。龙骨加饰面板的吊顶工程按照施工工艺不同,分暗龙骨吊顶和明龙骨吊顶。

(2)吊顶工程验收时应检查下列文件和记录:

①吊顶工程的施工图、设计说明及其他设计文件。

②材料的产品合格证书、性能检测报告、进场验收记录和复验报告。

③隐蔽工程验收记录。

④施工记录。

(3)吊顶工程应对人造木板的甲醛含量进行复验。

(4)吊顶工程应对下列隐蔽工程项目进行验收:

①吊顶内管道、设备的安装及水管试压。

②木龙骨的防火、防腐处理。

③预埋件或拉结筋。

④吊杆安装。

⑤龙骨安装。

⑥填充材料的设置。

说明:为了既保证吊顶工程的使用安全,又做到竣工验收时不破坏饰面,吊顶工程的隐蔽工程验收非常重要,本条所列各款均应提供由监理工程师签名的隐蔽工程验收记录。

(5)各分项工程的检验批应按下列规定划分:同一品种的吊顶工程每50间(大面积房间和走廊按吊顶面积30 m^2为一间)应划分为一个检验批,不足50间也应划分为一个检验批。

(6)检查数量应符合下列规定:每个检验批应至少抽查10%,并不得少于3间;不足3间时应全数检查。

(7)安装龙骨前,应按设计要求对房间净高、洞口标高和吊顶内管道、设备及其支架的标高进行交接检验。

(8)吊顶工程的木吊杆、木龙骨和木饰面板必须进行防火处理,并应符合有关设计防火规范的规定。

说明:由于发生火灾时,火焰和热空气迅速向上蔓延,防火问题对吊顶工程是至关重要的,使用木质材料装饰装修顶棚时应慎重。《建筑内部装修设计防火规范》(GB 50222—1995,2001年修订版)规定顶棚装饰装修材料的燃烧性能必须达到A级或B1级,未经防火处理的木质材料的燃烧性能达不到这个要求。

(9)吊顶工程中的预埋件、钢筋吊杆和型钢吊杆应进行防锈处理。

(10)安装饰面板前应完成吊顶内管道和设备的调试及验收。

(11)吊杆距主龙骨端部距离不得大于300 mm,当大于300 mm时,应增加吊杆。当吊杆长度大于15 mm时,应设置反支撑。当吊杆与设备相遇时,应调整并增设吊杆。

(12)重型灯具、电扇及其他重型设备严禁安装在吊顶工程的龙骨上。

说明:龙骨的设置主要是为了固定饰面材料,一些轻型设备如小型灯具、烟感器、喷淋头、风口箅子等也可以固定在饰面材料上。但如果把电扇和大型吊灯固定在龙骨上,可能会造成脱落伤人事故。为了保证吊顶工程的使用安全,特制定本条并作为强制性条文。

6.3.2 暗龙骨吊顶工程

本节适用于以轻钢龙骨、铝合金龙骨、木龙骨等为骨架,以石膏板、金属板、矿棉板、木板、塑料板或格栅等为饰面材料的暗龙骨吊顶工程,其质量验收要求和检验方法如表6-2所示。

6.3.2.1 主控项目

(1)吊顶标高、尺寸、起拱和造型应符合设计要求。

(2)饰面材料的材质、品种、规格、图案和颜色应符合设计要求。

(3)暗龙骨吊顶工程的吊杆、龙骨和饰面材料的安装必须牢固。

(4)吊杆、龙骨的材质、规格、安装间距及连接方式应符合设计要求。金属吊杆、龙骨应经过表面防腐处理;木吊杆、龙骨应进行防腐、防火处理。

(5)石膏板的接缝应按其施工工艺标准进行板缝防裂处理。安装双层石膏板时,面层板与基层板的接缝应错开,并不得在同一根龙骨上接缝。

6.3.2.2 一般项目

(1)饰面材料表面应洁净、色泽一致,不得有翘曲、裂缝及缺损。压条应平直、宽窄一致。

(2)饰面板上的灯具、烟感器、喷淋头、风口箅子等设备的位置应合理、美观,与饰面板的交接应吻合、严密。

表 6-2 暗龙骨吊顶工程的质量验收要求和检验方法

项目	项次	质量要求	检验方法
主控项目	1	吊顶标高、尺寸、起拱和造型应符合设计要求	观察，尺量检查
	2	饰面材料的材质、品种、规格、图案和颜色应符合设计要求	观察，检查产品合格证书、性能检测报告、进场验收记录和复验报告
	3	暗龙骨吊顶工程的吊杆、龙骨和饰面材料的安装必须牢固	观察，手扳检查，检查隐蔽工程验收记录和施工记录
	4	吊杆、龙骨的材质、规格、安装间距及连接方式应符合设计要求。金属吊杆、龙骨应经过表面防腐处理；木吊杆、龙骨应进行防腐、防火处理	观察，尺量检查，检查产品合格证书、性能检测报告、进场验收记录和隐蔽工程验收记录
	5	石膏板的接缝应按其施工工艺标准进行板缝防裂处理。安装双层石膏板时，面层板与基层板的接缝应错开，并不得在同一根龙骨上接缝	观察
一般项目	1	饰面材料表面应洁净、色泽一致，不得有翘曲、裂缝及缺损。压条应平直、宽窄一致	观察，尺量检查
	2	饰面板上的灯具、烟感器、喷淋头、风口箅子等设备的位置应合理、美观，与饰面板的交接应吻合、严密	观察
	3	金属吊杆、龙骨的接缝应均匀一致，角缝应吻合，表面应平整，无翘曲、锤印。木质吊杆、龙骨应顺直，无劈裂、变形	检查隐蔽工程验收记录和施工记录
	4	吊顶内填充吸声材料的品种和铺设厚度应符合设计要求，并应有防散落措施	检查隐蔽工程验收记录和施工记录
	5	暗龙骨吊顶工程安装的允许偏差和检验方法应符合表 6-3 的规定	—

(3)金属吊杆、龙骨的接缝应均匀一致，角缝应吻合，表面应平整，无翘曲、锤印。木质吊杆、龙骨应顺直，无劈裂、变形。

(4)吊顶内填充吸声材料的品种和铺设厚度应符合设计要求，并应有防散落措施。

(5)暗龙骨吊顶工程安装的允许偏差和检验方法应符合表 6-3 的规定。

表 6-3 暗龙骨吊顶工程安装的允许偏差和检验方法

项次	项目	允许偏差(mm)				检验方法
		纸面石膏板	金属板	矿棉板	木板、塑料板、格栅	
1	表面平整度	3	2	2	3	用 2 m 靠尺和塞尺检查
2	接缝直线度	3	1.5	3	3	拉 5 m 线，不足 5 m 拉通线，用钢直尺检查
3	接缝高低差	1	1	1.5	1	用钢直尺和塞尺检查

6.3.3　明龙骨吊顶工程

本节适用于以轻钢龙骨、铝合金龙骨、木龙骨等为骨架，以石膏板、金属板、矿棉板、塑料板、玻璃板或格栅等为饰面材料的明龙骨吊顶工程，其质量验收要求和检验方法如表6-4所示。

表6-4　明龙骨吊顶工程的质量验收要求和检验方法

项目	项次	质量要求	检验方法
主控项目	1	吊顶标高、尺寸、起拱和造型应符合设计要求	观察，尺量检查
	2	饰面材料的材质、品种、规格、图案和颜色应符合设计要求。当饰面材料为玻璃板时，应使用安全玻璃或采取可靠的安全措施	观察，检查产品合格证书、性能检测报告和进场验收记录
	3	饰面材料的安装应稳固严密。饰面材料与龙骨的搭接宽度应大于龙骨受力面宽度的2/3	观察，手扳检查，尺量检查
	4	吊杆、龙骨的材质、规格、安装间距及连接方式应符合设计要求。金属吊杆、龙骨应进行表面防腐处理；木龙骨应进行防腐、防火处理	观察，尺量检查，检查产品合格证书、进场验收记录和隐蔽工程验收记录
	5	明龙骨吊顶工程的吊杆和龙骨安装必须牢固	手扳检查，检查隐蔽工程验收记录和施工记录
一般项目	1	饰面材料表面应洁净、色泽一致，不得有翘曲、裂缝及缺损。饰面板与明龙骨的搭接应平整、吻合，压条应平直、宽窄一致	观察，尺量检查
	2	饰面板上的灯具、烟感器、喷淋头、风口箅子等设备的位置应合理、美观，与饰面板的交接应吻合、严密	观察
	3	金属龙骨的接缝应平整、吻合、颜色一致，不得有划伤、擦伤等表面缺陷。木质龙骨应平整、顺直，无劈裂	观察
	4	吊顶内填充吸声材料的品种和铺设厚度应符合设计要求，并应有防散落措施	检查隐蔽工程验收记录和施工记录
	5	明龙骨吊顶工程安装的允许偏差和检验方法应符合表6-5的规定	—

6.3.3.1　主控项目

(1)吊顶标高、尺寸、起拱和造型应符合设计要求。

(2)饰面材料的材质、品种、规格、图案和颜色应符合设计要求。当饰面材料为玻璃板时,应使用安全玻璃或采取可靠的安全措施。

(3)饰面材料的安装应稳固严密。饰面材料与龙骨的搭接宽度应大于龙骨受力面宽度的2/3。

(4)吊杆、龙骨的材质、规格、安装间距及连接方式应符合设计要求。金属吊杆、龙骨应进行表面防腐处理;木龙骨应进行防腐、防火处理。

(5)明龙骨吊顶工程的吊杆和龙骨安装必须牢固。

6.3.3.2　**一般项目**

(1)饰面材料表面应洁净、色泽一致,不得有翘曲、裂缝及缺损。饰面板与明龙骨的搭接应平整、吻合,压条应平直、宽窄一致。

(2)饰面板上的灯具、烟感器、喷淋头、风口箅子等设备的位置应合理、美观,与饰面板的交接应吻合、严密。

(3)金属龙骨的接缝应平整、吻合、颜色一致,不得有划伤、擦伤等表面缺陷。木质龙骨应平整、顺直,无劈裂。

(4)吊顶内填充吸声材料的品种和铺设厚度应符合设计要求,并应有防散落措施。

(5)明龙骨吊顶工程安装的允许偏差和检验方法应符合表6-5的规定。

表6-5　明龙骨吊顶工程安装的允许偏差和检验方法

项次	项目	允许偏差(mm)				检验方法
		石膏板	金属板	矿棉板	塑料板、玻璃板	
1	表面平整度	3	2	3	3	用2 m靠尺和塞尺检查
2	接缝直线度	3	2	3	3	拉5 m线,不足5 m拉通线,用钢直尺检查
3	接缝高低差	1	1	2	1	用钢直尺和塞尺检查

实训项目　轻钢龙骨纸面石膏板吊顶工程实训

(一)实训目的与要求

实训目的:熟悉轻钢龙骨及装饰石膏面板的类型、特点,掌握一般吊顶的施工工艺和主要质量控制要点,了解一些安全、环保的基本知识,并通过实训掌握简单施工工具的操作要领。

实训要求:4人一组完成不少于20 m^2 的轻钢龙骨装饰石膏板吊顶工程。

(二)实训准备

1. 主要材料

(1)轻钢龙骨可选用50系列U形龙骨或T形龙骨及相关的吊挂件、连接件、插接件等配件。

(2)按要求选用吊杆、花篮螺栓、射钉、自攻螺钉等零配件。

(3)按设计要求选用边长为600 mm、厚度为6 mm的装饰石膏板及钢铝压缝条或塑料压缝条等。

2. 作业条件

(1)应按设计要求对房间的净高、洞口标高和吊顶内的管道、设备及支架的标高进行交接检验。

(2)对吊顶内的管道、设备的安装及水管试压进行验收。

(3)做好技术准备和材料验收工作。

3. 主要机具

电锯、无齿锯、手枪钻、射钉枪、冲击电锤、电焊机、拉铆枪、手锯、手刨子、钳子、螺钉旋具、扳手、钢尺、钢水平尺、线坠等。

(三)施工工艺

施工工艺流程:弹标高水平线→固定吊挂杆件→安装边龙骨→安装主龙骨→安装次龙骨→龙骨骨架全面校正→石膏装饰板安装。

1. 弹标高水平线

用水平仪在房间内每个墙(柱)角上抄出水平点,弹出水平线(水平线一般距地面500 mm),用水准线量至吊顶设计高度加上一层板的厚度,用粉线沿墙(柱)弹出水准线,即为吊顶次龙骨的下皮线。同时,按吊顶平面图在混凝土顶板弹出主龙骨的位置。主龙骨应从吊顶中心向两边分,最大间距为1 000 mm,并标出吊杆的固定点,吊杆的固定点间距为900～1 000 mm。如遇到梁和管道固定点大于设计与规程要求,应增加吊杆的固定点。

2. 固定吊挂杆件

采用膨胀螺栓固定吊挂杆件。用冲击电锤在顶板上打孔,安装膨胀螺栓,吊杆的一端同 ∟30×30×3 角码焊接(角码的孔径应根据吊杆和膨胀螺栓的直径确定),另一端与螺纹杆焊接,制作好的吊杆应做防锈处理。不上人吊顶,吊杆长度小于1 000 mm时,可采用Φ6的吊筋;大于1 000 mm时,应采用Φ8的吊筋。上人吊顶,吊杆长度小于1 000 mm时,可采用Φ8的吊筋;大于1 000 mm时,应采用Φ10的吊筋。安装吊杆时还应注意:吊挂杆件应通直并有足够的承载力,当杆件需要接长时,必须搭接焊牢,焊缝要均匀饱满;吊顶灯具、风口及检修口等处应增设吊杆。

3. 安装边龙骨

边龙骨的安装应按设计要求弹线,沿墙(柱)上的水平龙骨线把L形镀锌轻钢条用自攻螺钉固定在预埋木砖上;如为混凝土墙(柱),可用射钉固定,射钉的间距应小于次龙骨间距。

4. 安装主龙骨

主龙骨吊挂在吊杆上,应平行于房间长向安装,间距应为900～1 000 mm,安装时应起拱,起拱的高度为房间跨度的1/200～1/300。主龙骨的悬臂段不应大于300 mm,否则应增设吊杆。主龙骨的接长应采取对接,相邻龙骨的对接接头要相互错开,主龙骨挂好后应基本调平。

注:跨度大于15 m以上的吊顶,应在主龙骨上每隔1.5 m加一道大龙骨,并垂直主龙骨焊接牢固;如有大的造型顶棚,造型部分应用角钢或方钢焊接成框架,并与楼板连接牢

固。

5. 安装次龙骨

次龙骨分为明龙骨和暗龙骨两种。次龙骨分为T形烤漆龙骨和T形铝合金龙骨，各种条形扣板厂家配有专用龙骨。次龙骨应紧贴主龙骨安装，间距为300～600 mm，用T形镀锌铁片连接件把次龙骨固定在主龙骨上，次龙骨的两端应搭在L形边龙骨的水平翼缘上，条形扣板有专用的阴角线作为边龙骨。

6. 龙骨骨架全面校正

对安装到位的吊顶龙骨骨架进行全面检查校正，其主次龙骨的结构位置及水平度等合格后，将所有的吊挂件及连接件拧紧，夹挂牢固，使整体骨架稳定可靠。

7. 石膏装饰板安装

搁置式安装：平放搭接、明装吊顶。即将装饰石膏板搭接于T形龙骨组装的骨架框格内，吊顶装饰面龙骨明露。板块安装时，应留有板材安装缝，每边缝隙宜不大于1 mm。

企口式嵌装：对于带企口棱边的装饰石膏板，采用嵌装的方法，板块边缘的开槽部位与T形龙骨或插片处对接而将龙骨隐藏，成为暗装式吊顶。

（四）施工质量控制要点

（1）吊顶龙骨必须牢固平整。安装龙骨时应严格按放线的水平标准线和规方线组装周边骨架，龙骨的受力节点应装钉严密、牢固，保证龙骨的整体刚度。龙骨的尺寸应符合设计要求，纵横拱度均匀，互相适应。吊顶龙骨严禁有硬弯，如有，必须调直再进行固定。

（2）吊顶面层必须平整。施工前应弹线，中间按平线起拱。长龙骨的接长应采用对接，相邻龙骨接头要错开，避免主龙骨向一边倾斜。龙骨安装完毕，应检查合格后再装饰面板。龙骨分格的几何尺寸必须符合设计要求和装饰面板块模数。

（3）质量大于3 kg的重型灯具、电扇及其他重型设备严禁安装在龙骨上。

（五）质量检查与验收

根据国家标准《建筑装饰装修工程质量验收规范》（GB 50210—2001）的有关规定，吊顶工程按暗龙骨吊顶和明龙骨吊顶等分项工程进行验收。

（六）安全环保措施

（1）吊顶工程的脚手架搭设应符合建筑施工安全标准。

（2）脚手架上堆料不得超过规定荷载，脚手板应用钢丝绑扎固定，不得有探头板。

（3）顶棚高度超过3 m应设满堂脚手架，脚手板下应安装安全网。

（4）工人操作应戴安全帽，高空作业应系安全带。

（5）施工现场必须工完场清，清扫时应洒水，不得有扬尘。

（6）工作时有噪声的电动工具应在规定的作业时间内施工，防止噪声污染扰民。

（7）废弃物应按环保要求分类堆放及消纳。

（8）安装饰面板时，施工人员应戴手套，以防污染板面和保护皮肤。

（七）成品保护

（1）轻钢龙骨骨架及罩面板安装时注意保护顶棚内各种管线。轻钢龙骨骨架的吊杆、龙骨不得固定在通风管道及其他设备管道上。

（2）轻钢龙骨骨架、罩面板及其他吊顶材料在入场存放、使用过程中应严格管理，保证不变形、不受潮、不生锈。

(3)其他工程吊挂件不得吊在轻钢龙骨骨架上。

(八)学生操作评定标准

姓名： 学号： 得分：

项次	项目	评定方法	分值	得分
1	吊杆和龙骨材质、规格、安装间距及连接方式应符合设计要求，吊杆、龙骨表面应进行防腐处理	观察，尺量检查，检查产品合格证书、性能检测报告、进场验收记录；每缺一项扣2分，每有一项未达标准扣2分	15	
2	吊顶标高、尺寸、起拱和造型应符合设计要求	观察，尺量检查；每有一项未达标准扣2分	15	
3	吊杆、龙骨和饰面材料的安装必须牢固	观察，手扳检查；每有一项未达标准扣2分，每发现一处不牢固扣5分	15	
4	金属吊杆、龙骨的接缝应均匀一致；角缝应吻合；表面平整，无翘曲。龙骨应顺直，无变形	观察，每有一项未达标准扣2分	10	
5	石膏板的接缝应按其工艺标准进行板缝防裂处理	观察，每有一项未达标准扣2分	10	
6	饰面材料的材质、品种、规格、图案和颜色应符合设计要求	检查产品合格证书、性能检测报告、进场验收记录；每缺一项扣2分，每有一项未达标准扣2分	10	
7	饰面材料表面应洁净、色泽一致，不得有翘曲、裂缝及缺损；压条应平直，宽窄一致	观察，尺量检查；每有一项未达标准扣2分	15	
8	饰面板上的灯具和烟感器等设备的位置应合理、美观，与饰面板交接应吻合、严密	观察，每有一项未达标准扣2分	10	
合计			100	

学习项目7 楼地面工程

【学习目标】

1. 熟悉楼地面的构造组成与分类，掌握整体楼地面、块料面层楼地面、木竹类面层的施工方法与工艺。

2. 楼地面在施工过程中的质量检查项目和质量验收检验项目，熟悉楼地面工程施工质量检验标准及检验方法。

【学习重点】

1. 水泥砂浆地面的施工方法与工艺。

2. 现浇水磨石地面施工工艺与方法。

3. 依据设计要求和施工质量检验标准，对楼地面工程施工质量进行检查、控制与验收。

楼地面顾名思义，是楼面和地面的总称，因此楼地面装饰包括楼面装饰和地面装饰两个部分。两者的主要区别是其饰面承托层不同。楼面装饰面层的承托层是架空的楼面结构层，地面装饰面层的承托层是室内回填土层。楼面饰面要注意防渗漏问题，地面饰面要注意防潮问题。按照不同功能的使用要求，楼地面应具有耐磨、防水、防滑、易于清扫等特点。在高级房间还要有一定的隔音、吸声功能及弹性、保温和阻燃性等。楼地面按面层结构可分为整体楼地面、块料类楼地面、木质类楼地面、地毯楼地面等。

7.1 楼地面工程概述

7.1.1 楼地面的组成

楼地面按其构造由面层、垫层和基层等部分组成。地面的基层多为土。楼面的基层为楼板，垫层施工前应做好板缝的灌浆、堵塞工作和板面的清理工作。基层施工应抄平弹线，统一标高。一般在室内四壁上弹离地面高500 mm的标高线作为统一控制线。

垫层分为刚性垫层、半刚性垫层、柔性垫层以及砂石垫层。刚性垫层是指水泥混凝土、碎石混凝土、水泥矿渣混凝土和水泥灰炉渣混凝土等各种低强度等级混凝土。刚性混凝土垫层厚度一般为70～100 mm，混凝土强度等级不宜低于C10，粗骨料的粒径不应超过50 mm。

半刚性垫层一般有灰土垫层、碎砖三合土垫层和石灰炉渣垫层等。其中，灰土垫层由熟石灰、黏土拌制而成，比例为3∶7，铺设时，应分层铺设、分层夯实拍紧，并应在其晾干后，再进行面层施工；碎砖三合土垫层，采用石灰、碎砖和砂（可掺少量黏土）按比例配制而成，铺设时，应拍平夯实，硬化期间应避免受水浸湿；石灰炉渣层是用石灰、炉渣拌和而成，炉渣粒径不应大于 40 mm，且不超过垫层厚的 1/2。粒径在 5 m 以下者，不得超过总体积的 40%，炉渣施工前应用水闷透，拌和时严格控制加水量，分层铺筑夯实平整。

柔性垫层包括用土、砂石、炉渣等散状材料经压实的垫层。砂垫层厚度不小于 60 mm，适当浇水后用平板振动器振实。砂石垫层厚度不小于 100 mm，要求粗细颗粒混合摊铺均匀，浇水使砂石表面湿润，碾压或夯实不少于三遍，至不松动为止。

各种不同的基层和垫层都必须具备一定的强度及表面平整度，以确保面层的施工质量。

7.1.2　楼地面工程的分类

楼地面工程按面层结构可分为整体面层楼地面、块料类面层楼地面、木竹类面层楼地面、地毯面层楼地面等。

7.1.2.1　整体面层楼地面

整体面层楼地面常见的有水泥砂浆地面、现浇水磨石地面和自流平地面，如图 7-1 所示。

(a) 水泥砂浆地面

(b) 现浇水磨石地面

(c) 自流平地面

图 7-1　整体面层楼地面

水泥砂浆地面面层是以水泥作胶凝材料、以砂作骨料，按配合比配制抹压而成。水泥砂浆地面构造简单、坚固，能防潮、防水而造价又较低。但水泥砂浆地面蓄热系数大，冬天感觉冷，而且表面起灰，不易清洁。

现浇水磨石地面是在水泥砂浆垫层已完成的基层上，根据设计要求弹线分格，镶贴分格条，然后抹水泥石子浆，待水泥石子浆硬化后研磨露出石渣，并经补浆、细磨、打蜡而制成。现浇水磨石面具有坚固耐用、表面光亮、外形美观、色彩鲜艳等优点。

自流平地面是将液体状态下的地坪材料铺散到地面以后，让其自动流淌，最终将整片地面流淌成镜面般平整后静止，凝结固化而形成的一种地面。整个过程不依赖于人力抹刮，表面光滑、美观，达到镜面的效果。常用于工厂、净化车间、办公室等地面。

7.1.2.2 块料类面层楼地面

块料类面层楼地面的块料种类很多，常用的有陶瓷锦砖与地砖、大理石与花岗岩板材、混凝土块或水泥砖、预制水磨石平板等。

陶瓷锦砖与地砖均为高温烧制而成的小型块材，表面致密、耐磨、不易变色，其规格、颜色、拼花图案、面积大小应满足施工要求。

大理石与花岗岩板材是比较高档的装饰材料，选购时其放射性物质应符合设计要求。

混凝土块或水泥砖是采用混凝土压制而制成的一种普通的地面材料。其颜色、尺寸和表面形状应根据设计要求而确定，其成品要求边角方正，无裂纹、掉角等缺陷。

预制水磨石平板是用水泥混凝土、石粒、颜料、砂等材料，经过选配制胚、养护、磨光、打蜡而制成的块材，铺贴而成的地面。这种地面色泽丰富、品种多样并且价格较低。

7.1.2.3 木竹类面层楼地面

(1)木竹地板的材料有纯木、复合木及软木、竹材等。木地板主要分为实木地板、实木复合地板、强化木地板、竹材地板和软木地板五大类。

实木地板：是天然木材经烘干、加工后形成的地面装饰材料，它呈现出的天然原木纹理和色彩图案，给人以自然、柔和、富有亲和力的质感，同时由于冬暖夏凉、触感好的特性使其成为卧室、客厅、书房等地面装修的理想材料。

实木复合地板：是由不同树种的板材交错层压而成，克服了实木地板单向同性的缺点，干缩湿胀率小，具有较好的尺寸稳定性，并保留了实木地板的自然木纹和舒适的脚感。实木复合地板兼具强化地板的稳定性与实木地板的美观性，而且具有环保优势。既适合普通地面铺设，又适合地热采暖地板铺设。

强化木地板：也称浸质纸层压木质地板，是以一层或多层专用纸浸渍热固性氨基树脂，铺装在刨花板、高密度纤维板等人造板基材表层，背面加平衡层，正面加耐磨层，经热压、成型的地板。强化木地板由耐磨层、装饰层、高密度基材层、平衡(防潮)层组成。耐磨、阻燃、防静电、耐压、易清洁、防虫蛀、安装方便，可以直接铺在地面防潮衬垫上。但是弹性比实木地板差，足感生硬。

竹材地板：是一种新型建筑装饰材料，它以天然优质竹子为原料，经过二十几道工序，脱去竹子原浆汁，经高温高压拼压，再经过多层油漆，最后经红外线烘干而成。竹地板以其天然赋予的优势和成型之后的诸多优良性能给建材市场带来一股绿色清新之风。竹地板有竹子的天然纹理，清新文雅，给人一种回归自然、高雅脱俗的感觉。

软木地板：软木指主要生长在地中海沿岸及同纬度的我国秦岭地区的栓皮栎、橡树，而软木制品的原料就是栓皮栎、橡树的树皮。与实木地板相比更具有环保性、隔音性，防潮效果更好，带给人极佳的脚感。

(2)木竹类面层楼地面按施工方式主要可分为空铺式、实铺式、粘贴式三种。

空铺式木地板一般用于底层,其龙骨两端搁在基础墙挑台上,龙骨下放通长的压沿木。当木龙骨跨度较大时,在跨中设地垄墙或砖墩。木龙骨上铺设双层木地板或单层木地板。为解决木地板的通风问题,在地垄墙和外墙上设 180 mm×180 mm 通风洞。空铺式木地板目前已很少采用。

实铺式木地板是直接在实体基层上铺设的地面,分为有龙骨式与无龙骨式两种。有龙骨式实铺木地板将木龙骨直接放在结构层上,由预埋铁件固定在基层上。在底层地面,为了防潮,须在结构层上涂刷冷底子油和热沥青各一道,无龙骨式实铺木地板采用粘贴式做法,将木地板直接粘贴在结构层的找平层上。

粘贴式木地板是在钢筋混凝土楼板或混凝土垫层上做找平层,然后用黏结材料将地板直接粘贴其上,目前多用于大规模的复合地板,要求基层平整。粘贴式木地板具有耐磨、防水、防火、耐腐蚀等特点,是木地板构造做法中最简便的一种。

7.2　整体楼地面施工

7.2.1　水泥砂浆地面施工

7.2.1.1　施工准备

1. 材料准备

水泥采用 PC32.5 复合硅酸盐水泥,砂采用中粗砂,过 8 mm 孔径筛子,其含泥量不大于3%。

2. 机具准备

搅拌机、手推车、木刮杠、铁抹子、喷壶、铁锹、扫帚、钢丝刷、粉线包、锤子、小水桶等,如图 7-2 所示。

3. 作业条件

地面或楼门的垫层以及预埋在地面内各种管线已做完,穿过楼门的竖管已安装完毕,管洞已堵塞密实。墙面抹灰已做完。

7.2.1.2　施工工艺

工艺流程为:基层处理→找标高、弹线→洒水湿润→抹灰饼和表筋→搅拌水泥砂浆→刷水泥素浆结合层→铺水泥砂浆面层→压光→养护。

1. 基层处理

水泥砂浆面层多铺抹在楼地面混凝土垫层上,基层处理是防止水泥砂浆面层空鼓、裂纹、起砂等质量通病的关键工序。先将基层上的灰尘扫掉,用钢丝刷和錾子刷净,剔掉灰浆和灰渣层,用 10% 的火碱溶液刷掉基层上的油污,并用清水及时将碱液冲掉。

2. 找标高、弹线

地面抹灰前,应先在四周墙上弹出一道水平基准线,作为确定水泥砂浆面层标高的依据。做法是以地面 ±0.00 为依据,根据实际情况在四周墙上弹出 0.5 m 或 1.0 m 作为水平基准线。据水平基准线量出地面标高并弹于墙上(水平辅助基准线),作为地面面层上

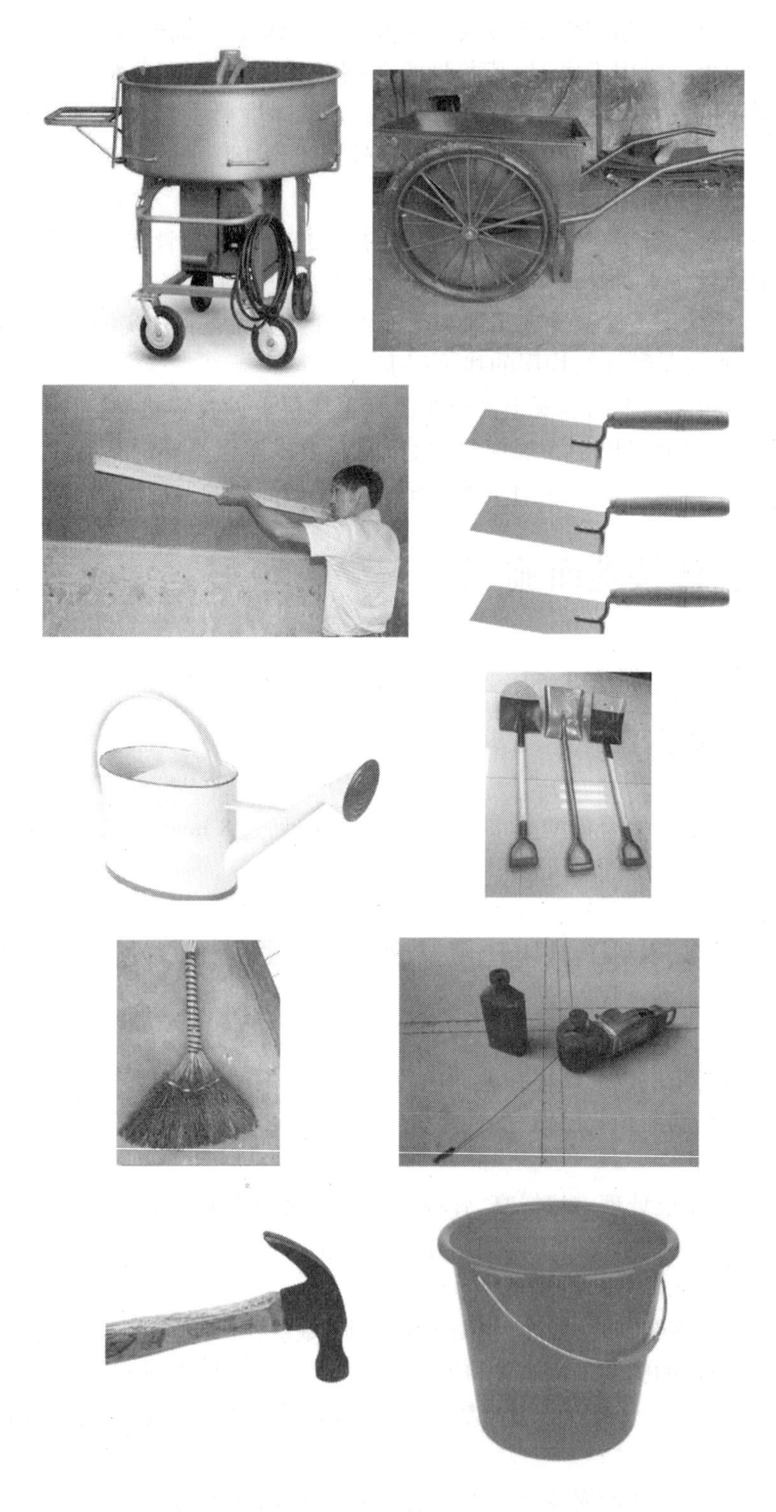

图 7-2　水泥砂浆地面工具

皮的水平基准，要注意按设计要求的水泥砂浆面层厚度弹线。

3. 洒水湿润

用喷壶将楼地面基层均匀洒水一遍。

4. 抹灰饼和表筋

根据水平辅助基准线，从墙角处开始沿墙每隔 1.5 ~ 2.0 m 用 1∶2 水泥砂浆抹灰饼；灰饼大小一般是 8 ~ 10 cm 见方，灰饼上平面即为楼地面面层标高。灰饼结硬后，再以灰饼的高度做出纵横方向通长的标筋以控制面层的标高。地面标筋用 1∶2 的水泥砂浆，宽度一般为 8 ~ 10 cm。做标筋时，要注意控制面层标高应与门框的锯口线吻合，如图 7-3 所示。

图 7-3　地面标筋

5. 搅拌水泥砂浆

面层水泥砂浆的配合比应符合设计有关要求，一般不低于 1∶2，水灰比为 1∶(0.3 ~ 0.4)，其稠度不大于 3.5 cm。水泥素浆结合层水灰比为 1∶(0.4 ~ 0.5)，水泥砂浆要求拌和均匀，颜色一致。

6. 刷水泥素浆结合层

铺抹前，先将基层刷水泥素浆一道，涂刷面积不要过大，随刷随铺面层砂浆。如果水泥素浆结合层过早涂刷，则起不到与基层和面层两者黏结的作用，反而易造成地面空鼓。所以，一定要随刷随抹。

7. 铺水泥砂浆面层

涂刷水泥素浆之后紧跟着铺水泥砂浆面层。在灰饼之间将砂浆铺均匀，木杠刮平后，立即用木抹子搓平，并随时用 2 m 靠尺检查其平整度。

8. 压光

木抹子刮平后，立即用铁抹子压第一遍，直到出浆为止。面层砂浆初凝后，用铁抹子压第二遍，表面压平压光。在水泥砂浆终凝前进行第三遍压光，必须在终凝前完成。

9. 养护

面层压光后，在常温下铺盖草垫或锯木屑进行洒水养护，使其在湿润的状态下进行硬化。养护洒水要适时，如果洒水过早容易起皮，过晚则易产生裂纹或起砂。一般夏天在

24 h 后进行养护，春秋季节应在 48 h 后进行养护。养护时间不得少于 7 d，如采用矿渣硅酸盐水泥时，养护时间不得少于 14 d。面层强度达到 5 MPa 以上后，才允许人在地面上行走或进行其他作业。

7.2.2 现浇水磨石地面施工

7.2.2.1 施工准备

1. 材料准备

1）水泥

采用强度级别不小于 32.5 级的硅酸盐水泥、普通硅酸盐水泥。白色或浅色水磨石面层，采用白水泥。同颜色的面层应使用同一批水泥。

2）砂石

水磨石采用中砂或中粗砂，含泥量不大于 3%。石粒应采用坚硬可磨的白云石、大理石等加工而成，石粒应洁净无杂物，其粒径除特殊要求外应为 6 ~ 15 mm。

3）分格条

分格条也称嵌条，为达到理想的装饰效果，通常主要选用黄铜条、铝条和玻璃条三种，另外也有不锈钢、硬质聚氯乙烯制品。

4）颜料

用于水磨石的颜料，一般应采用耐碱、耐光、耐潮湿的矿物颜料。

5）其他材料

草酸（水磨石地面面层抛光材料）、氧化铝（与草酸混合，用于水磨石地面面层抛光）、地板蜡。

2. 机具准备

小木桶、扫帚、2 ~ 6 m 长木杠、各种刷子、锹、推车、錾子、橡皮水管、磨石机等。

7.2.2.2 施工工艺

工艺流程：清理基层→弹标高线、水平线→铺抹找平层砂浆→弹分格线、镶分格条→涂刷素水泥浆结合层、摊铺石粒浆→辊压抹平→磨光→酸洗→打蜡抛光。

1. 清理基层

将混凝土基层上的杂物清除，不得有油污、浮土，用钢錾子和钢丝刷将粘在基层上的水泥砂浆铲净。

2. 弹标高线、水平线

在墙面上弹好 50 cm 的水平控制线。根据墙面上的水平控制线，往下量出水磨石面层的标高，弹在四周的墙上。

3. 铺抹找平层砂浆

在进行抹底灰前，地漏或者安装管道处要做临时堵塞。先刷素水泥浆一遍，随即做灰饼、标筋，养护好后抹底、中层灰，用木抹子搓实、压平，至少两遍，找平层 24 h 后洒水养护。

4. 弹分格线、镶分格条

按设计分格和图案要求，用粉线包在基层上弹出清晰的线条，有镶边要求的应留出镶边量。

分格条按弹线用素水泥浆固定。分格条应先粘一侧,再粘另一侧,分格条为铜条、铝条时,应使用 22 号铁丝从嵌条孔中穿过,并埋在水泥浆中,水泥浆粘贴高度比分格条顶面低 3 mm,并做成 30°,纵横两个方向的分格条相交处应留有缝隙。

分格条应粘贴牢固、平直,接头严密,应用靠尺板比齐,使上平一致(每 5 m 偏差不得超过 1 mm),以便作为铺设面层的标志。

镶条后 12 h 开始浇水养护,养护时间不少于 3 d,并严加保护,防止碰坏。

5. 涂刷素水泥浆结合层、摊铺石粒浆

摊铺石粒浆前 1 d,喷水使基层充分湿润,但不得有积水。铺石粒浆前,在底灰表面上刷一道与面层水泥颜色相同的、水灰比为 1:(0.4 ~0.5)的水泥浆结合层,一次刷装面积不可过大,应随刷随铺石粒浆,使两者紧密配合。

为保证色彩均匀,水泥与颜料应按工程大小一次配够,干拌均匀过筛,装袋扎口防潮,堆放在仓库备用。地面石粒浆拌和料的体积比宜采用 1:(1.5 ~2.5)(水泥:石粒),面层厚度除有特殊要求外,一般为 12 ~18 mm,稠度不大于 50 mm。其掺入量宜为水泥质量的 3% ~6% 或由试验确定。应根据事前准备的磨石机数量和施工能力,确定每次摊铺石粒浆的面积,以保证在强度不至过高前粗磨完毕。

摊铺时,先将拌好的石粒浆倒入分格框中央,再由中间向四面摊铺,用刮尺刮平后,抹平压实。分格条两边及交角处要特别注意拍平压实。铺抹厚度以拍实压平后高出分格条 2 mm 为宜。整平后如发现石料过稀处,可在表面上再适当撒一层石粒,过密处适当剔除一些石粒,使表面石子显露均匀,无缺石子现象,然后用铁辊筒进行辊压。

6. 辊压抹平

面层辊压时应用力均匀,沿纵横两个方向轮换进行。辊压前应将分格条顶面的石粒清掉,在低洼处撒拌好的石粒浆抹平。辊压时应防止压倒或压坏分格条,分格条旁边的石粒少时,要随手补上。辊压到表面平整、泛浆且石粒均匀排列为止。

石粒浆初凝前,用铁抹子将辊压波纹抹平压实。如发现石粒过稀处,仍需撒石子抹平。次日开始浇水养护,养护时间以试磨为准。

7. 磨光

1)试磨

水磨石面层开磨前应根据气温和磨光方法进行试磨,以石粒不松动为准,经检查确认可磨后,方可正式开磨。开磨时间同气温、水泥强度等级和品种有关。水磨石面层应使用磨石机分三遍磨光。

2)粗磨

用 54 ~70 号油石磨光,要求磨匀磨平,磨石机在地面上呈横"8"字形移动,边磨边加水,随时清扫磨出的水泥浊浆,并用靠尺不断检查磨石的平整度,到全部显露嵌条与石粒后,清理干净。待稍干再满涂同色水泥浆一道,以填补砂眼和细小的凹痕,脱落的石粒应补齐,养护后再磨。当面层较硬时,可在磨盘下撒少量过 2 mm 筛的细砂,以加快磨光速度。

3)细磨

细磨应在粗磨结束并待第一遍水泥浆养护 2 ~3 d 后进行。细磨使用 90 ~120 号油石，机磨方法同头遍，磨至表面光滑后，同样清洗干净，再满涂第二遍同色水泥浆一遍，然后养护 2 ~ 3 d。

4）磨光

磨光应在细磨养护结束后进行。磨光使用 180 ~ 220 号油石。机磨方法同头遍。磨至表面平整光滑，石子显露均匀，无细孔磨痕为止。边角等磨石机磨不到之处，用人工手磨。高级面层适当增加遍数及提高油石号数。

8. 酸洗

将草酸溶液（质量比为 1∶0.35）均匀涂抹在擦净的面层上。每涂一段用 280 ~ 300 号油石磨出水泥及石粒本色，再冲洗干净，用棉纱或软布擦干。

9. 打蜡抛光

水磨石面层上蜡工作，应在不影响面层质量的其他工序全部完成后进行。酸洗后的水磨石面，应晾干擦净。用布或干净麻丝蘸蜡薄薄均匀涂在水磨石面上，待干后，用包有麻布或细帆布的木块代替油石，装在磨石机的磨盘上进行磨光，至水磨石表面光滑洁亮为止。高级水磨石应打两遍蜡，抛光两遍。最后铺上锯末进行养护。

现浇水磨石地面施工见图 7-4。

图 7-4　现浇水磨石地面施工

7.2.3　自流平地面施工

7.2.3.1　施工准备

1. 材料准备

净水、专用自流平材料、低浓度碱溶液、发泡胶、宽海绵条、双面胶黏条（10 mm × 10 mm）、裂缝粘贴网带、结构密封胶等。

2. 机具准备

拉拔强度检查仪、磨光机、吸尘器、水准仪、木方或方钢、软刷子、量水筒、搅拌桶、电动搅拌器、专用刮板、钉鞋、放气辊筒、手提电动切割机、胶枪、扁铲等。

7.2.3.2　施工工艺

工艺流程：检查基层→清理及处理基层→抄平设置控制点→设置分段条→涂刷界面剂→自流平水泥施工→地面养护→切缝、打胶。

1. 检查基层

检查基层，用地面拉拔强度检查仪检测地面抗拉拔强度，从而确定混凝土垫层的强度，混凝土抗拉拔的强度宜大于1.5 MPa。

2. 清理及处理基层

用磨光机打磨基层地面，将尘土、不结实的混凝土表层、油脂、水泥浆或腻子以及可能影响黏结强度的杂质等清理干净，使基层密实、表面无松动。打磨后仍存在的油渍污染，需用低浓度碱液清洗干净。基层打磨后所产生的浮土，必须用真空吸尘器吸干净（或用锯末彻底清扫）。

如基层出现软弱层或坑洼不平，必须先剔除软弱层，然后用强度高的混凝土修补平整，并等其达到充分的强度，方可进行下道工序。基层伸缩缝应先清理干净，然后向伸缩缝内注入发泡胶，胶表面低于伸缩缝表面约20 mm；然后涂刷界面剂，干燥后用拌好的自流平砂浆抹平堵严。

3. 抄平设置控制点

架设水准仪对将要进行施工的地面抄平，检测其平整度；设置间距为1 m的地面控制点。

4. 设置分段条

在每次施工分界处先弹线，然后粘贴双面胶黏条（10 mm×10 mm）；对于伸缩缝处粘贴宽的海绵条，为防止错位，后面可用木方或方钢顶住。

5. 涂刷界面剂

涂刷界面剂可防止自流平砂浆过早丧失水分，增强地面基层与自流平砂浆层的黏结强度，防止气泡产生，改善自流平材料的流动性。按照界面剂使用说明要求，用软刷子将稀释后的界面剂涂刷在地面上，涂刷要均匀、不遗漏，不得让其形成局部积液；对于干燥的、吸水能力强的基底要处理两遍，第二遍要在第一遍界面剂干操后，方可涂刷。一般第一遍界面剂干燥时间为1～2 h，第二遍界面剂干燥时间为3～4 h。确保界面剂完全干燥，无积存后，方可进行下一步施工。如果原地面有裂缝，用网带粘贴。

6. 自流平水泥施工

先分区，以保证一次性连续浇筑完整个区域。

用量水筒准确称量适量清水置于干净的搅拌桶内，开动电动搅拌器，徐徐加入整包自流平材料，持续均匀地搅拌3～5 min，使之形成稠度均匀、无结块的流态浆体，并检查浆体的流动性能。加水量必须按自流平材料的要求严格控制。

将搅拌好的流态自流平材料在可施工时间内倾倒到基面上，任其像水一样流平开。应倾倒成条状，并确保现浇条与上一条能动态地融合在一起。浇筑的条状自流平材料应达到设计厚度。如果自流平施工厚度设计小于等于4 mm，则需要使用自流平专用刮板进行刮平，辅助流平，如图7-5所示。

在自流平初凝前，需穿钉鞋走入自流平地面迅速用放气辊筒辊压浇筑过的自流平地面以排出搅拌时带入的空气，避免气泡、麻面及条与条之间的接口高差。用过的工具和设备应及时用水清洗。

7. 地面养护

施工完的地面只需进行自然养护。一般3～4 h后即可上人行走，24 h后即可开放轻载交通，并可铺设其他地面材料，如环氧树脂、聚氨酯等。

图 7-5　自流平水泥施工

8. 切缝、打胶

待自流平地面施工完成 3 ~ 4 d 后,即可在自流平地面上弹出地面分格线,分格线宜与自流平下垫层伸缩缝重合,从而避免垫层伸缩导致地面开裂;弹出的分格线应平直、清晰。分格线弹好后,用手提电动切割机对自流平地面切缝,切缝宽度以宽 3 mm、深 10 mm 为宜。用吸尘器将缝内清理干净,用胶枪沿缝填满具有弹性的结构密封胶,最后用扁铲刮平即可。

7.3　块料类面层楼地面施工

7.3.1　陶瓷锦砖及地砖地面施工

7.3.1.1　施工准备

1. 材料准备

1) 陶瓷锦砖、陶瓷地砖

主要检查它们的规格尺寸、缺陷和颜色,对于尺寸偏差过大、表面残缺的材料应予以剔除,并按颜色、花纹等分类堆放。

2) 水泥

选用强度等级不小于 32.5 级的普通水泥、白水泥。

3) 砂

选用中砂或者粗砂,含泥量不超过 3%。

4) 胶黏剂

黏结力、相容性应符合设计要求。

2. 机具准备

切磨砖机、铁抹子、木抹子、水平尺、平锹、木锤、橡皮锤、錾子、水桶、扫帚、尼龙线、卷尺等。

7.3.1.2　施工工艺

陶瓷锦砖及地砖地面铺设工艺流程:处理基层→浸砖→铺底灰→弹线找方→铺砖→养护。

1. 处理基层

将基层表面的油、污、杂物等清理干净,施工前 1 d 将基层浇水湿润。

2. 浸砖

为避免陶瓷锦砖及地砖从水泥砂浆中过快吸水而影响黏结强度，在铺贴前应在清水中充分浸泡，一般为2～3 h，然后晾干备用。

3. 铺底灰

按控制标高和坡度，先在基层上做灰饼（间距1.5 m左右）或冲筋，然后在基层面均匀洒水湿润，并刷一道水灰比为0.4～0.5素水泥浆，一次面积不宜过大，必须随刷随铺找平层。

用1∶3水泥砂浆做找平层，厚度为15～20 mm；铺灰时按冲筋的高度施工将砂浆摊平，用大杠尺刮平，木抹子拍实、搓平，并划毛。

4. 弹线找方

找平层强度达到1.2 MPa后，开始弹线找方，弹线找方应考虑设计要求的铺设花形、砖材规格、允许缝宽等因素。弹线从室内中心线向两边进行，尽量符合砖模数，当尺寸不合整块砖的倍数时，可将半块砖放于边角处。尺寸相差较小时，可通过调整缝宽解决。根据确定的砖数和缝宽，在地面上弹纵横控制线（按4～5块砖控制）。与邻房及走廊连通处，应注意拉通线对缝或对花。

5. 铺砖

1）陶瓷锦砖铺设

（1）在找平层上洒水湿润后刮一道2～3 mm厚的水泥浆（掺水泥重20%的108胶），水泥浆初凝前铺陶瓷锦砖，从里向外沿控制线进行，铺时用刷子在锦砖背面薄涂素水泥浆一道，随即将锦砖纸面朝上，背面朝下对正控制线，依次铺贴，紧跟着用手将纸面铺平，用拍板拍实，使水泥浆进入锦砖的缝内，直至纸面上出现砖缝。

（2）铺好一段后，用木拍板从一端开始依次拍击一遍，要求拍平拍实（水泥浆填满缝隙）。同时修理四周边角和陶瓷锦砖地面与其他地面交界处的平整，保证接槎平直。

（3）陶瓷锦砖铺完后，在纸面上均匀地刷水，待纸湿透，依次用拨缝刀清掉纸毛。

（4）纸揭掉后，应及时检查陶瓷锦砖的缝隙是否均匀，如不顺直，用靠尺、拨缝刀拨缝调直，边调边用锤子敲垫板拍平拍实；同时检查有无掉粒现象，并及时将缺少的锦砖粘贴补齐。拨缝后次日，用与锦砖同颜色的素水泥浆将缝隙擦嵌平实，并用棉纱将表面污垢擦洗干净。

（5）灌缝清理完后，应用干净湿润的锯末覆盖，养护不少于7 d。

2）陶瓷地砖铺设

每次铺砂浆面积以0.5 h能铺砌完的砖量为准。铺前在找平层上刷素水泥浆一道，接着抹干硬性水泥砂浆（配合比为1∶2～1∶2.5），厚度不小于10 mm，随后开始铺砖。铺砖一般先从门口开始，按控制线先铺几列纵砖，找好规矩（位置及标高），以此为标准，从里向外逐排、逐列循序退着铺砖。铺砌时必须拉细线；每块砖要跟线，使缝顺直，对好花型纹路，直至与墙面四周合拢。

砖铺好后应用木板垫好，按铺砖顺序用木锤全面砸实找平。砂浆应饱满，并严格控制标高。及时拉线调匀调直缝隙，并将多余的砂浆扫出，然后将砖面砸实；如有坏砖，及时更换。面砖的缝隙宽度应符合设计要求，当设计无规定时，紧密铺贴缝隙宽度不宜大于1

mm;虚缝铺贴缝隙宽度宜为 5 ~ 10 mm。

拨缝后 24 h 内,用 1∶1水泥砂浆进行擦缝、勾缝和压缝工作。缝的深度宜为砖厚的 1/3;擦缝和勾缝应采用同品种、同标号、同颜色的水泥,可用水泥浆灌缝,再在缝上撒干水泥,用棉纱头擦满缝,随做随清理。养护不少于 7 d。

7.3.2 大理石和花岗岩地面施工

7.3.2.1 施工准备

1. 材料准备

大理石、黄岗岩、水泥、砂、草酸、白蜡、水、胶黏剂等。

2. 机具准备

石材切磨机、铁抹子、木抹子、水平尺、平锹、木锤、橡皮锤、錾子、水桶、扫帚、尼龙线、卷尺等。

7.3.2.2 施工工艺

工艺流程:处理基层→选料试拼→弹线找方→板块浸水预湿→铺设石板→对缝及镶条→灌浆擦缝。

1. 处理基层

将基层表面的油污、杂物等清理干净。如果是光滑的钢筋混凝土楼面,应凿毛,深度为 5 ~ 10 mm,间距为 30 mm 左右。提前浇水润湿。大理石和花岗石板材在铺砌前,应按设计要求或实际的尺寸在施工现场进行切割和磨平的处理。

2. 选料试拼

在铺设前,板材应按设计要求,根据石材的颜色、花纹、图案、纹理等试拼编号;同一房间、开间应按配花、颜色、品种挑选尺寸基本一致、色泽均匀、花纹通顺的石材进行试拼,并编号待用。试拼中应将色泽好的石材排放在显眼部位,花色和规格较差的石材铺砌在较隐蔽处,尽可能使楼、地面的整体图面与色调和谐统一,以体现大理石和花岗石饰面建筑的艺术效果。当板材有裂缝、掉角、翘曲和表面有缺陷时应予剔除,品种不同的板材不得混杂使用。

3. 弹线找方

应将相连房间的分格线连接起来,并弹出楼、地面标高线,以控制表面平整度。放线后,应先铺若干条干线作为基准,起标筋作用。一般先由房间中部向两侧采取退步法铺砌。凡有柱子的大厅,宜先铺砌柱子与柱子中间的部分,然后向两边展开。

4. 板块浸水预湿

为保证板块的铺贴质量,板块在铺贴之前应先浸水湿润,晾干后擦去背面的浮灰方可使用。这样可以保证面层与板材黏结牢固,防止出现空鼓和起壳等质量通病,影响工程的正常使用。

5. 铺设石板

结合层与板材应分段同时铺砌。摊铺结合层前应在基层上刷一遍水灰比为 0.4 ~ 0.5 的水泥浆,随刷随摊铺水泥结合层。结合层一般应采用干硬性水泥砂浆,配合比常采用 1∶1或者 1∶3(体积比)或以手捏成团颠后即散为度。

铺砌要先进行试铺，待合适后，将板材揭起，再在结合层上均匀撒布一层干水泥面并淋水一遍，亦可采用1∶2水灰比的水泥浆黏结，同时在板材背面洒水，正式铺砌。铺砌时板材要四角同时下落，并用木锤或皮锤击平实。敲击板块时，不要敲击边角，也不要敲击已铺完毕的板块，以免产生空鼓质量问题。

6. 对缝及镶条

轻敲振实后用水平尺找平，并根据对缝控制线检查板块尺寸偏差。对于尺寸偏差超过1 mm的要及时调整，否则后面的对缝工作会越来越难。

对于要求镶嵌铜条的地面，板块尺寸要求更准确，铺贴缝隙略小于镶条的厚度。两块相邻的板铺好后向缝隙内抹水泥砂浆，灌满后将其抹平，然后镶条嵌入，使外露部分略高于板面(手摸平面稍有凸出感为宜)。

7. 灌浆擦缝

大理石、花岗石面层的表面应洁净、平整、坚实；板材间的缝隙宽度当设计无规定时不应大于1 mm。铺砌后，其表面应加保护，待结合层的水泥砂浆强度达到要求后，方可打蜡达到光滑亮洁。对铺设好的表面应进行整修处理，可采用湿纱清洗表面，或用白蜡擦光。

7.4　木竹类面层楼地面施工

7.4.1　实铺式实木地板面层施工

7.4.1.1　施工准备

1. 材料准备

实木面层板、实木毛底板、配套踢脚板、配套龙骨、防腐剂、防火涂料、垫木、钉子、胶黏剂、地板蜡等。

2. 机具准备

木工电锯、木工手锯、木工手电刨子、钉锤、磨光机、铲子、扳手、钳子、凿子、手电钻、水准仪、卷尺等。

7.4.1.2　施工工艺

实铺式实木地板按照构造层次分为单层实铺式实木地板和双层实铺式实木地板，两者不同之处是双层实铺式实木地板中增加了一层毛底板。下面以双层实铺式实木地板为例来说明施工工艺。

工艺流程：处理基层→弹线、找平→铺设木搁栅(木龙骨)→铺设毛底板→铺设面层板→安装木踢脚板(踢脚线)→修饰面层。

1. 处理基层

在铺设地板前应对基层表面进行认真处理和清理，以保证基层表面坚硬、平整。

2. 弹线、找平

按设计规定的木搁栅间距在基层上弹施工辅助线，并依据水平基准线，在四周墙面上弹出设计标高线。

3. 铺设木搁栅(木龙骨)

木搁栅的截面尺寸、间距和稳固方法等均应符合设计要求,木搁栅的两端应垫实钉牢,木搁栅与墙间应留出大于30 mm的间隙。木搁栅的表面应平直,偏差不大于3 mm(2 m直尺检查时)。

4. 铺设毛底板

毛底板应与搁栅成30°或45°并应斜向钉牢,使髓心向上;其板间缝隙应不大于3 mm。毛底板与墙之间应留8~12 mm空隙。每块毛底板应在每根搁栅上各钉两个钉子固定,钉子的长度应为板厚的2.5倍。当在毛底板上铺钉长条木板或拼花木板时,宜先铺设一层防潮垫,以隔音和防潮。

5. 铺设面层板

面层板为宽度不大于120 mm的企口板,为防止在使用中发出声响和受潮气的侵蚀,铺钉前先铺一层防潮层。

铺设单层木板面层时,应与搁栅成垂直方向钉牢,每块长条木板应钉牢在每根搁栅上,钉长应为板厚的2~2.5倍,钉帽砸扁,并从侧面斜向钉入板中,钉头不应露出。木板端头接缝应在搁栅上,并应间隔错开。板与板之间应紧密,仅允许个别地方有缝隙,其宽度不应大于1 mm;当采用硬木长条形板时,不应大于0.5 mm。木板面层与墙之间应留10~20 mm的缝隙,表面应刨平磨光,并用木踢脚板封盖。

6. 安装木踢脚板(踢脚线)

木踢脚板应在面层刨平磨光后安装,背面应做防腐处理。踢脚板接缝处应以企口相接,踢脚板用钉钉牢于墙内防腐木砖上,钉帽砸扁冲入板内。踢脚板要求与墙贴紧,安装牢固,上口平直。

7. 修饰面层

待室内装饰工程完工后方可涂油、上蜡。

7.4.2 粘贴式实木复合地板面层施工

7.4.2.1 施工准备

1. 材料准备

实木复合地板、胶黏剂、防潮垫、配套踢脚板、垫木等。

2. 机具准备

同实铺式实木地板。

7.4.2.2 施工工艺

实木复合地板可采用实铺式和粘贴式两种施工方法,实铺式施工方法同普通实木地板,在此不再赘述。下面仅介绍粘贴式铺贴方法。

工艺流程:处理基层、找方弹线→铺设垫层→试铺预排→铺木地板→清扫擦洗→安踢脚板。

1. 处理基层、找方弹线

同实铺式。

2. 铺设垫层

实木复合地板的垫层为聚乙烯泡沫塑料薄膜,其宽为1 000 mm卷材,铺时按房间长度净尺寸加100 mm裁切,横向搭接150 mm。垫层可增加地板隔潮作用,增加地板的弹性并增加地板稳定性,减少行走时地板产生的噪声。

3. 试铺预排

在正式铺贴实木复合地板前,应进行试铺预排。板的长缝应顺入射光方向沿墙铺放,槽口对墙,从左至右,两板端头企口插接,直到第一排最后一块板,切下的部分若大于300 mm,可以作为第二排的第一块板铺放,第一排最后一块的长度不应小于500 mm,否则可将第一排第一块板切去一部分以保证最后的长度要求。木地板与墙留8~10 mm缝隙,用木楔进行调直,暂不涂胶。

拼铺三排进行修整、检查平整度,符合要求后,按排编号拆下放好。

4. 铺木地板

按照预排板块的顺序,对缝涂胶拼接,用木锤敲紧挤实。复验平直度,横向用紧固卡带将三排地板卡紧,每1 500 mm左右设一道卡带,卡带两端有挂钩,卡带可调节长短和松紧度,从第四排起,每拼铺一排卡带移位一次,直至最后一排。

每排最后一块地板端部与墙仍留8~10 mm缝隙。在门的洞口,地板铺至洞口外墙皮与走廊地板平接,如果为不同材料时,留出5 mm缝隙,用卡口盖缝条盖缝。

5. 清扫擦洗

每铺贴完一个房间并待胶干燥后,对地板表面进行认真清理,扫净杂物、清除胶痕,并用湿布擦净。

6. 安踢脚板

实木复合地板可选用仿木塑料踢脚板、普通木踢脚板和复合木地板。

在安装踢脚板时,先按踢脚板高度弹水平线,清理地板与墙缝隙中杂物,标出预埋木砖的位置,按木砖位置在踢脚板上钻孔,孔径应比木螺丝直径小1~1.2 mm,用木螺丝进行固定。踢脚板的接头尽量设在不明显的地方。

7.4.2.3　实木复合地板施工的注意事项

(1)按照设计要求购进复合木地板,放入准备铺装的房间,在适应铺贴环境48 h后方可拆包铺贴。

(2)复合木地板与四周墙之间必须留缝,以备地板伸缩变形,地板面积如果超30 m^2,中间也需要留缝。

(3)如果木地板底面基层有微小的不平,不必用水泥砂浆进行修补,可用橡胶垫垫平。

(4)拼装木地板从细缝中挤出的余胶,应随时擦净,不得遗漏。

(5)复合木地板铺完后不能立即使用,在常温下48 h后方可使用。

(6)预排时要计算最后一排板的宽度,如果小于50 mm,应削减第一排板的宽度,以使二者均等。

(7)铺装预排时应将所需用的木地板混放在一起,搭配出最佳效果的组合。

(8)铺装时要用2 m直尺按要求随时找平找直,发现问题及时纠正。

(9)铺装时板缝涂胶,不能涂在企口槽内,要涂在企口舌部。

7.5 楼地面工程质量验收及检查

7.5.1 基本规定

(1)建筑地面工程采用的材料应按设计要求和本规范的规定选用,并应符合国家标准的规定;进场材料应有中文质量合格证明文件、规格、型号及性能检测报告,重要材料应有复验报告。

(2)建筑地面采用的大理石、花岗石等天然石材必须符合国家现行行业标准《天然石材产品放射防护分类控制标准》(JC 518)中有关材料有害物质的限量规定。进场应具有检测报告。

(3)胶黏剂、沥青胶结料和涂料等材料应按设计要求选用,并应符合现行国家标准《民用建筑工程室内环境污染控制规范》(GB 50325)的规定。

(4)厕浴间和有防滑要求的建筑地面的板块材料应符合设计要求。

(5)建筑地面下的沟槽、暗管等工程完工后,经检验合格并做隐蔽记录,方可进行建筑地面工程的施工。

(6)建筑地面工程基层(各构造层)和面层的铺设,均应在其下一层检验合格后方可施工上一层。建筑地面工程各层铺设前与相关专业的分部(子分部)工程、分项工程以及设备管道安装工程之间,应进行交接检验。

(7)建筑地面工程施工时,各层环境温度的控制应符合下列规定:

①采用掺有水泥、石灰的拌和料铺设以及用石油沥青胶结料铺设时,不应低于5 ℃。

②采用有机胶黏剂粘贴时,不应低于10 ℃。

③采用砂、石材料铺设时,不应低于0 ℃。

(8)铺设有坡度的地面应采用基土高差达到设计要求的坡度;铺设有坡度的楼面(或架空地面)应采用在钢筋混凝土板上变更填充层(或找平层)铺设的厚度或以结构起坡达到设计要求的坡度。

(9)室外散水、明沟、踏步、台阶和坡道等附属工程,其面层和基层(各构造层)均应符合设计要求。施工时应按规范基层铺设中基土和相应垫层以及面层的规定执行。

(10)水泥混凝土散水、明沟,应设置伸缩缝,其延米间距不得大于10 m;房屋转角处应做45°缝。水泥混凝土散水、明沟和台阶等与建筑物连接处应设缝处理。上述缝宽度为15 ~20 mm,缝内填嵌柔性密封材料。

(11)建筑地面的变形缝应按设计要求设置,并应符合下列规定:

①建筑地面的沉降缝、伸缩缝和防震缝,应与结构相应缝的位置一致,且应贯通建筑地面的各构造层。

②沉降缝和防震缝的宽度应符合设计要求,缝内清理干净,以柔性密封材料填嵌后用板封盖,并应与面层齐平。

(12)建筑地面镶边,当设计无要求时,应符合下列规定:

①有强烈机械作用下的水泥类整体面层与其他类型的面层邻接处,应设置金属镶边构件。

②采用水磨石整体面层时,应用同类材料以分格条设置镶边。

③条石面层和砖面层与其他面层邻接处,应用顶铺的同类材料镶边。

④采用木、竹面层和塑料板面层时,应用同类材料镶边。

⑤地面面层与管沟、孔洞、检查井等邻接处,均应设置镶边。

⑥管沟、变形缝等处的建筑地面面层的镶边构件,应在面层铺设前装设。

(13)厕浴间、厨房和有排水(或其他液体)要求的建筑地面面层与相连接各类面层的标高差应符合设计要求。

(14)检查水泥混凝土和水泥砂浆强度试块的组数,以每一层(或检验批)建筑地面工程为标准不应小于1组。当每一层(或检验批)建筑地面工程面积大于1 000 m^2 时,每增加1 000 m^2 应增做1组试块;小于1 000 m^2 按1 000 m^2 计算。当改变配合比时,亦应相应地制作试块组数。

(15)各类面层的铺设宜在室内装饰工程基本完工后进行。木、竹面层以及活动地板、塑料板、地毯面层的铺设,应待抹灰工程或管道试压等施工完工后进行。

(16)建筑地面工程施工质量的检验,应符合下列规定:

①基层(各构造层)和各类面层的分项工程的施工质量验收应按每一层次或每层施工段(或变形缝)作为检验批,高层建筑的标准层可按每三层(不足三层按三层计)作为检验批。

②每检验批应以各子分部工程的基层(各构造层)和各类面层所划分的分项工程按自然间(或标准间)检验,抽查数量应随机检验不少于3间;不足3间的,应全数检查;其中走廊(过道)应以10延米为1间,工业厂房(按单跨计)、礼堂、门厅应以两个轴线为一间计算。

③有防水要求的建筑地面子分部工程的分项工程施工质量每检验批抽查数量应按其房间总数随机检验不应少于4间,如不足4间,应全数检查。

(17)建筑地面工程的分项工程施工质量检验的主控项目,达到本规范规定的质量标准,认定为合格,一般项目80%以上的检查点(处)符合本规范规定的质量要求,其他检查点(处)没有明显影响使用,并不大于允许偏差值的50%,认定为合格。凡达不到质量标准时,应按现行国家标准《建筑工程施工质量验收统一标准》(GB 50300)的规定处理。

(18)建筑地面工程完工后,施工质量验收应在建筑施工企业自检合格的基础上,由监理单位组织有关单位对分项工程、子分部工程进行检验。

(19)检验方法应符合下列规定:

①检查允许偏差应采用钢尺、2 m靠尺、楔形塞尺、坡度尺和水准仪。

②检查空鼓采用敲击的方法。

③检查有防水要求建筑地面的基层(各构造层)和面层,应采用泼水或蓄水方法,蓄水时间不得少于24 h。

④检查各类面层(含不需铺设部分或局部面层)表面的裂纹、脱皮、麻面和起砂等缺陷,应采用观感的方法。

(20)建筑地面工程完工后,应对面层采取保护措施。

7.5.2 整体楼地面工程

(1)整体楼地面包括水泥混凝土(含细石混凝土)面层、水泥砂浆面层、水磨石面层、水泥钢(铁)屑面层、防油渗面层和不发火(防爆的)面层等分项工程。

(2)铺设整体面层时,其水泥类基层的抗压强度不得小于 1.2 MPa;表面应粗糙、洁净、湿润并不得有积水。铺设前宜涂刷界面处理剂。

(3)铺设整体面层,应符合设计要求和规范基本规定。

(4)整体面层施工后,养护时间不少于 7 d;抗压强度应达到 5 MPa 后,方准上人行走,抗压强度应达到设计要求后,方可正常使用。

(5)当采用水泥拌和料做踢脚线时,不得用石灰砂浆打底。

(6)整体面层的抹平工作应在水泥初凝前完成,压光工作应在水泥终凝前完成。

(7)整体面层的允许偏差和检验方法应符合规范的规定。

7.5.3 板块地面工程

(1)板块地面面层包括砖面层、大理石面层和花岗石面层、预制板块面层、料石面层、塑料板面层、活动地板面层和地毯面层等分项工程。

(2)铺设板块面层时,其水泥类基层的抗压强度不得小于 1.2 MPa。

(3)铺设板块面层的结合层和板块间的填缝采用水泥砂浆,应符合下列规定:

①配制水泥砂浆应采用硅酸盐水泥、普通硅酸盐水泥或矿渣硅酸盐水泥;其水泥强度等级不宜小于 32.5 MPa。

②配制水泥砂浆的砂应符合国家现行行业标准《普通混凝土用砂质量标准及检验方法》(JGJ 52)的规定。

③配制水泥砂浆的体积比(或强度等级)应符合设计要求。

(4)结合层和板块面层填缝的沥青胶结材料应符合国家现行有关产品标准和设计要求。

(5)板块的铺砌应符合设计要求,当设计无要求时,宜避免出现板块小于 1/4 边长的边角料。

(6)铺设水泥混凝土板块、水磨石板块、水泥花砖、陶瓷锦砖、陶瓷地砖、缸砖、料石、大理石和花岗石面层等的结合层和填缝的水泥砂浆,在面层铺设后,表面应覆盖、湿润,其养护时间不应少于 7 d,当板块面层的水泥砂浆结合层的抗压强度达到设计要求后,方可使用。

(7)板块类踢脚线施工时,不得采用石灰砂浆打底。

(8)板、块面层的允许偏差和检验方法应符合规范的规定。

7.5.4 木竹地面工程

(1)木竹地面工程包括实木地板面层、实木复合地板面层、中密度(强化)复合地板面层、竹地板面层等(包括刨免漆类)分项工程。

(2)木竹地板面层下的木搁栅、垫木、毛地板等采用木材的树种、选材标准和铺设时木材含水率以及防腐、防蛀处理等,均应符合现行国家标准《木结构工程施工质量验收规范》(GB 50206)的有关规定,所选用的材料,进场时应对其断面尺寸、含水率等主要技术指标进行抽检,抽检数量应符合产品标准的规定。

(3)与厕浴间、厨房等潮湿场所相邻木、竹面层连接处应做防水(防潮)处理。

(4)木竹面层铺设在水泥类基层上,其基层表面应坚硬、平整、洁净、干燥、不起砂。

(5)建筑地面工程的木竹面层搁栅下架空结构层(或构造层)的质量检验,应符合相应国家现行标准的规定。

(6)木竹面层的通风构造层包括室内通风沟、室外通风窗等,均应符合设计要求。

(7)木竹面层的允许偏差和检验方法应符合规范的规定。

实训项目 木地板铺设实训

(一)实训目的与要求

实训目的:熟悉木地板的类型、特点,结合房间功能,确定其楼地面的构造类型。能绘制木地板的装饰施工图,了解木地面质量验收要点。

实训要求:4 人一组完成不少于 10 m^2 的木地板的铺设。

(二)实训的条件

利用现有的实训教学空间绘制平面示意图。

(三)实训准备

1. 主要材料

面层材料:实木地板,其宽度不大于 120 mm,厚度符合设计要求。

规格:通常为条形企口板。

基层材料:木搁栅(也称木楞、木龙骨)、垫木、压檐条等。

辅助材料:9 mm 夹板、12 mm 夹板、防潮层、地板胶、气钉等。

2. 作业条件

(1)采用水泥砂浆对地面进行找平,并用 2 m 靠尺检验,应小于 5 mm。

(2)无浮土,无明显废弃物等。

(3)严禁含湿施工,基层含水率不大于 15% 。

(4)木地板铺设严禁与其他室内装饰装修工程交叉混合施工。

3. 主要机具

冲击电锤、螺钉旋具、斧子、锤子、冲子、凿子、钳子、锯、手电钻、直角检测尺、割角尺等。

(四)施工工艺

基层清理→弹线→钻孔安装预埋件→安装木搁栅→垫保温层→弹线、钉装毛地板→找平刨平→钉木地板→装踢脚板→上蜡。

(五)施工质量控制要点

(1)实木地板面层的条材和块材应采用具有商品检验合格证的产品,其产品类别、型

号、适用树种、检验规则以及技术条件等均应符合现行国家标准《实木地板》(GB/T 15036.1 ~6)的规定。

(2)铺设实木地板面层时,其搁栅的截面尺寸、间距和稳固方法等均应符合设计要求。木搁栅固定时,不得损坏基层和预埋管线。木搁栅应垫实钉牢,与墙之间应留出 30 mm 的缝隙,表面应平直。

(3)实木地板面层铺设时,面板与墙之间应留 8 ~12 mm 缝隙。

(4)采用实木制作的踢脚线,背面应抽槽并做防腐处理。

(5)如地面环境潮湿,要进行防潮处理。

(6)地板与地板的接口不能用胶水黏结,必须要用地板钉从启口处 45°钉在龙骨上。

(六)学生操作评定标准

姓名:　　　　　　　　　　　　　　学号:　　　　　　　　　　得分:

序号	项目	评定方法	满分	得分
1	绘制平面示意图	比例、线条、标注错误一处扣 2 分	5	
2	构造及节点详图	比例、线条、标注错误一处扣 2 分	10	
3	基层处理	不平整一处扣 2 分	10	
4	弹线	末直错误一处扣 5 分	10	
5	木搁栅安装	不牢固一处扣 5 分,安装错误一处扣 2 分	15	
6	接缝	不严密,不平整一处扣 2 分	10	
7	面层铺设	铺设方法不正确一处扣 5 分;不合理一处扣 5 分	15	
8	踢脚线	收边不整齐一处扣 5 分	15	
9	实训总结报告	检查,报告每缺一项扣 2 分	10	
合计			100	

学习项目8　门窗工程

【学习目标】

1. 熟悉木门窗的构造形式与分类,掌握木门窗安装方法。

2. 熟悉钢门窗的类型及主要特点,掌握普通钢门窗、涂色镀锌钢板门窗安装方法。

3. 熟悉铝合金门窗尺寸规格,掌握铝合金门窗安装方法。

4. 熟悉塑料门窗的类型及主要特点,掌握塑料门窗安装方法。

5. 了解门窗工程在施工过程中的质量检查项目和质量验收检验项目,熟悉门窗工程施工质量检验标准及检验方法,掌握门窗工程的施工常见质量通病及其防治措施。

【学习重点】

1. 木门窗制作与安装工程施工、金属门窗安装工程施工及门窗玻璃安装工程施工的能力。

2. 依据设计要求和施工质量检验标准,对门窗工程施工质量进行检查、控制与验收。

3. 门窗工程施工过程中遇见的质量问题以及防治措施。

8.1　门窗的种类及安装机具

根据不同场合和功能的需要,在建筑工程中所设置的门窗是各种各样的,因此对门窗的分类方法也有多种。在一般情况下,既可以对门窗进行总体分类,也可以对门窗进行具体分类。

8.1.1　门窗的具体分类方法

建筑装饰工程常用的门,根据开启方式不同,主要可分为平开门、弹簧门、推拉门、折叠门以及具有特殊功能的门等;根据制作材料不同,可分为木门、钢门、塑料门和铝合金门等;根据功能要求不同,除了以上所述的普通门,还有很多不同功能的门,如用于通风、遮阳的百叶门,用于保温、隔热的保温门,用于隔音的隔音门,用于防火、防射线的防护门等。

建筑装饰工程常用的窗,根据开启方式不同,可分为固定窗、平开窗、横旋转窗、立旋转窗和推拉窗等;根据所用材料不同,主要分为木窗、钢窗、铝合金窗、玻璃钢窗和塑料窗等;根据镶嵌材料的不同,可分为玻璃窗、纱窗、百叶窗、保温窗和防风纱窗等多种;根据建筑物上开设的位置不同,可分为侧窗和天窗两大类。

8.1.2　门窗的构造组成

8.1.2.1　门的构造组成

门一般由门框(门樘)、门扇、五金零件及其他附件组成。门框一般由边框和上框组成,当其高度大于2 400 mm时,在上部可加设亮子,需增加中横框。当门宽度大于2 100

mm时,需增设一根中竖框。有保温、防水、防风、防沙和隔音要求的门应设下槛。门扇一般由上冒头、中冒头、下冒头、边梃、门芯板、玻璃、百叶等组成。门的构造如图8-1所示。

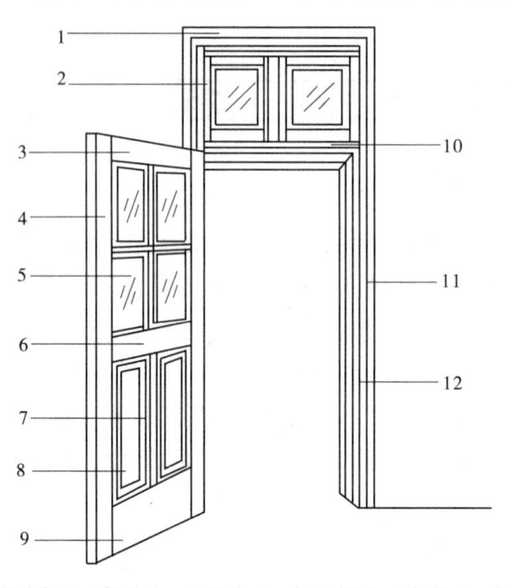

1—门樘冒头;2—亮子;3—上冒头;4—门边框;5—玻璃;6—中冒头;
7—中框;8—门芯板;9—下冒头;10—中横框;11—门贴脸;12—门樘边框

图8-1 门的构造

8.1.2.2 窗的构造组成

窗由窗框(窗栏)、窗扇、五金零件等组成。窗框由边框、上框、中横框、中竖框等组成,窗扇由上冒头、下冒头、边梃、窗芯子、玻璃等组成,如图8-2所示。

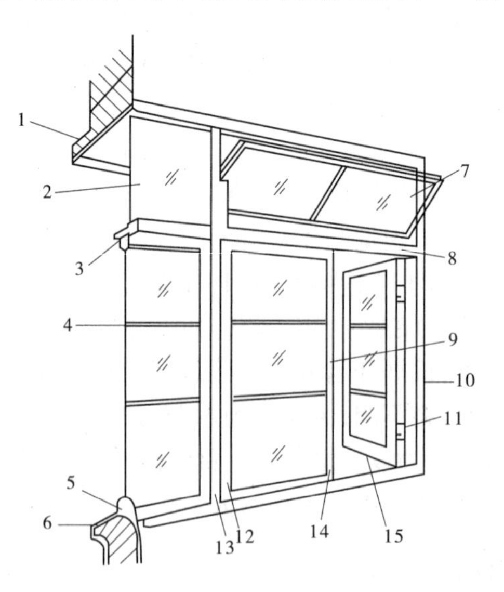

1—边梁;2—固定亮子;3—上冒头;4—窗芯;5—下冒头;6—窗台;7—中旋亮子;
8—中横框;9—拉手;10—贴脸;11—铰链;12—边梃;13—中竖框;14—插销;15—风钩

图8-2 窗的构造

8.1.3　装饰门扇施工材料与机具

8.1.3.1　施工材料

装饰门扇可采用从市场购进的各种实木门，也可以现场制作。现场制作形式以夹板门为主。夹板门的做法是在原门扇外表双面粘贴装饰面板。也可以用大芯板做里芯，外表双面粘贴装饰面（如柚木、黑桃木饰面）制成。

8.1.3.2　施工机具

施工机具以木工工具为主，且电动工具应用较多，可以提高效率、降低工人的劳动强度，保证施工制作质量。

8.2　门窗的安装施工

8.2.1　金属门窗安装工程

8.2.1.1　钢门窗安装

1. 钢门窗的类型

钢门窗分为普通钢门窗和涂层镀锌钢板门窗。普通钢门窗分为实腹钢门窗和空腹钢门窗两种；涂层镀锌钢板门窗有带副框和不带副框两种。

2. 钢门窗安装材料质量要求

（1）钢门窗。钢门窗厂生产的合格钢门窗，其型号、品种均应符合设计要求。

（2）水泥、砂。水泥为42.5级及以上，砂为中砂或粗砂。

（3）玻璃、油灰。符合设计要求的玻璃、油灰。

（4）焊条。符合要求的电焊条。

进场前应先对钢门窗进行验收，不合格的不准进场。运到现场的钢门窗应分类堆放，不能参差挤压，以免变形。堆放场地应干燥，并有防雨、排水措施。搬运时轻拿轻放，严禁扔、摔。

3. 钢门窗安装

钢门窗的安装过程为：弹控制线→立钢门窗及校正→门窗框固定→安装五金配件→安装橡胶密封条→安装纱门窗。

1）弹控制线

钢门窗安装前，应在离地、楼面500 mm高的墙面上弹一条水平控制线；再按门窗的安装标高、尺寸和开启方向，在墙体预留洞口四周弹出门窗落位线。如为双层钢窗，钢窗之间的距离应符合设计规定或生产厂家的产品要求，如设计无具体规定，两窗扇之间的净距应不小于100 mm。

2）立钢门窗及校正

将钢门窗塞入洞口内，用对拔木楔做临时固定。木楔固定钢门窗的位置，须设置于门窗四角和框梃端部，否则容易产生变形。此后即用水平尺、吊线坠及对角线尺量等方法，校正门窗框的水平与垂直度，同时调整木楔，使门窗达到横平竖直、高低一致。待同一墙面相邻的门窗就位固定后，再拉水平通线找齐；上下层窗框吊线找垂直，以做到左右通平、上下层顺直。

3）门窗框固定

钢门窗框的固定方法在实际工程中多有不同，最常用的做法是采用 3 mm ×（12 ~ 18）mm ×（100 ~ 150）mm 的扁钢铁脚。但是无论采用何种做法固定钢门窗框，均应注意三个方面的问题：

（1）认真检查其平整度和对角线，务必保证平整、方正；否则，会给进一步的安装带来困难。

（2）严格查对钢门窗的上、下冒头及扇的开启方向，以免装配时出现错误。

（3）钢门窗的连接件、配件应预先核查配套；否则，会影响安装速度和工程质量。

当采用铁脚固定钢门窗时，铁脚埋设洞必须用 1∶2 水泥砂浆或豆石混凝土填塞严实，并注意浇水养护。待填洞材料达到一定强度后，再用水泥砂浆嵌实门窗框四周的缝隙，砂浆凝固后取出木楔，再次堵嵌水泥砂浆。水泥砂浆凝固前，不得在门窗上进行任何作业。

4）安装五金配件

钢门窗的五金配件安装宜在内外墙面装饰施工结束后进行；高层建筑应在安装玻璃前将机螺钉拧在门窗框上，待油漆工程完成后再安装五金件。安装五金配件前，要检查钢门窗在洞口内是否牢固；门窗框与墙体之间的缝隙是否已嵌填密实；窗扇轻轻关拢后，其上面密合，下面略有缝隙，开关是否灵活，里框下端吊角等是否符合要求（一般双扇窗吊角应整齐一致，平开窗吊高为 2 ~ 4 mm，邻窗间玻璃形心应平齐一致）。如有缺陷，须经调整后方可安装零配件。所用五金配件应按生产厂家提供的装配图经试装合格后，方可全面进行安装。各类五金配件的转动和滑动配合处，应灵活、无卡阻现象。装配螺钉拧紧后不得松动，埋头螺钉不得高出零件表面。

5）安装橡胶密封条

氯丁海绵橡胶密封条通过胶带贴在门窗框的大面内侧。胶条有两种：一种是 K 形，适用于 25A 空腹钢门窗的密闭；另一种是 S 形，适用于 32 mm 实腹钢门窗的密闭。胶带是由细纱布双面涂胶，用聚乙烯薄膜做隔离层。粘贴时，首先将胶带粘贴于门窗框大面内侧，然后剥除隔离层，再将密封条粘在胶带上。

6）安装纱门窗

先对纱门和纱窗扇进行检查，如有变形应及时校正。高、宽大于 1 400 mm 的纱扇，在装纱前要将纱扇中部用木条做临时支撑，以防扇纱凹陷，影响使用。在检查压纱条和纱扇配套后，将纱裁割且比实际尺寸长出 50 mm，即可以绷纱。绷纱时先用机螺钉拧入上、下压纱条，再装两侧压纱条，切除多余纱头，再将机螺钉的丝扣剔平并用钢板锉锉平。待纱门窗扇装纱完成后，于交工前再将纱门窗扇安装在钢门窗框上。最后，在纱门上安装护纱条和拉手。

8.2.1.2　铝合金门窗安装

1. 铝合金门窗尺寸规格

1）规格

（1）单樘门窗尺寸规格。单樘门、窗的尺寸规格应按《建筑门窗洞口尺寸系列》（GB/

T 5824—2008)规定的门、窗洞口标志尺寸的基本规格或辅助规格,根据门、窗洞口装饰面材料厚度、附框尺寸、安装缝隙确定。应优先设计采用基本门窗。

(2)组合门窗尺寸规格。窗采用拼樘框连接组合的门、窗。其宽、高构造尺寸应与《建筑门窗洞口尺寸系列》(GB/T 5824—2008)规定的洞口宽、高标志尺寸相协调。

2)门窗及装配尺寸

(1)门窗及框扇装配尺寸偏差。门窗尺寸及形状允许偏差和框扇组装尺寸偏差应符合表8-1的要求。

表8-1 门窗及框扇装配尺寸偏差

<table>
<tr><th rowspan="2">项目</th><th rowspan="2">尺寸范围</th><th colspan="2">允许偏差(mm)</th></tr>
<tr><th>门</th><th>窗</th></tr>
<tr><td rowspan="3">门窗宽度、高度构造内侧尺寸</td><td><2 000</td><td colspan="2">±1.5</td></tr>
<tr><td>≥2 000,<3 500</td><td colspan="2">±2.0</td></tr>
<tr><td>≥3 500</td><td colspan="2">±2.5</td></tr>
<tr><td rowspan="3">门窗宽度、高度构造内侧尺寸对边尺寸之差</td><td><2 000</td><td colspan="2">≤2.0</td></tr>
<tr><td>≥2 000,<3 500</td><td colspan="2">≤3.0</td></tr>
<tr><td>≥3 500</td><td colspan="2">≤4.0</td></tr>
<tr><td>门窗及框扇搭接宽度</td><td></td><td>±2.0</td><td>±1.0</td></tr>
<tr><td rowspan="2">框、扇杆件接缝高低差</td><td>相同截面型材</td><td colspan="2">≤0.3</td></tr>
<tr><td>不同截面型材</td><td colspan="2">≤0.5</td></tr>
<tr><td>框、扇杆件装配间隙</td><td></td><td colspan="2">≤0.3</td></tr>
</table>

(2)玻璃镶嵌构造尺寸。玻璃镶嵌构造尺寸应符合《建筑玻璃应用技术规程》(JGJ 113—2015)规定的玻璃最小安装尺寸要求。

(3)隐框窗玻璃结构黏结装配尺寸。隐框窗扇梃与硅酮结构密封胶的黏结宽度、厚度,应考虑风载荷作用和玻璃自垂作用,按照《玻璃幕墙工程技术规范》(JGJ 102—2003)的有关规定设计计算确定。每个窗扇下梃处应设置两个承受玻璃自垂的钳合金托条。其厚度不小于2 mm,长度不小于50 mm。

2. 铝合金门窗安装材料要求

铝合金门窗的规格、型号应符合设计要求,五金配件应配套齐全,具有出厂合格证、材质检验报告书并加盖厂家印章。

防腐材料、填缝材料、密封材料、防锈漆、水泥、砂、连接板等应符合设计要求和有关标准的规定。

进场前应对铝合金门窗进行验收检查,不合格者不准进场。运到现场的铝合金门窗应分型号、规格堆放整齐,并存放于仓库内。搬运时轻拿轻放,严禁扔摔。

3. 铝合金门窗安装

1）检查门窗洞口和预埋件

铝合金门窗的安装同普通钢门窗、涂色镀锌钢板门窗及塑料门窗的安装一样，必须采用后塞口的方法，严禁边安装边砌口或是先安装后砌口。当设计有预埋铁件时，门窗安装前应复查预留洞口尺寸及预埋件的埋设位置，如与设计不符应予以纠正。门窗洞口的允许偏差：高度和宽度为 5 mm，对角线长度差为 5 mm，洞下口面水平标高为 5 mm，垂直度偏差不超过 1.5/1 000，洞口的中心线与建筑物基准轴线偏差不大于 5 mm。洞口预埋件的间距必须与门窗框上连接件的位置配套，门窗框上的连接件间距一般为 500 mm，但转角部位的连接件位置距转角边缘应为 100～200 mm。门窗洞口墙体厚度方向的预埋件中心线，如设计无规定，其位置距内墙面：38～60 系列为 100 mm，90～100 系列为 150 mm。

2）防腐处理

（1）门窗框四周外表面的防腐处理设计有要求时，按设计要求处理；如设计无要求，可涂刷防腐涂料或粘贴薄膜进行保护，以免水泥砂浆直接与铝合金门窗表面接触，产生电化学反应，腐蚀铝合金门窗。

（2）安装铝合金门窗时，如果采用连接铁件固定，则连接铁件、固定件等安装用金属零件最好采用不锈钢件，否则必须进行防腐处理。

3）放线

（1）在洞口弹出门、窗位置线，门、窗可立于墙的中心线部位，也可将门、窗立于内侧。使门、窗框表面与饰面平。不过，将门、窗立于洞口中心线的做法用得较多，因为这样便于室内装饰收口处理。特别是有内窗台板时，这样处理更好。

（2）对于门，除上面提到的确定位置外，还要特别注意室内地面的标高。地弹簧的表面应该与室内地面饰面标高一致。

（3）同一立面的门窗的水平及垂直方向应做到整齐一致。这样，应先检查预留洞口的偏差。对于尺寸偏差较大的部位，应及时提请有关单位，并采取妥善措施处理。

4）门窗框就位与固定

（1）对于面积较大的铝合金门窗框，应事先按设计要求进行预拼装。先安装通长的拼樘料，然后安装分段拼樘料，最后安装基本单元门窗框。门窗框横向及竖向组合应采取套插；如采用搭接，应形成曲面组合，搭接量一般不少于 8 mm，以免因门窗冷热伸缩及建筑物变形而产生裂缝；框间拼接缝隙用密封胶条密封。组合门窗框拼樟料如需采取加强措施时，其加固型材应经防锈处理，连接部位应采用镀锌螺钉。

（2）按照弹线位置将门窗框立于洞内，将正面及侧面垂直度、水平度和对角线调整合格后，用对拔木楔做临时固定。木楔应垫在边框、横框能够受力的部位，以防铝合金框料由于被挤压而变形。

（3）当门窗的设计要求为采用预埋铁件进行安装时，铝合金门窗框上预先加工的连接件为镀锌铁脚（或称镀锌锚固板、铆固头）。可直接用电焊将其与洞口内预埋铁件焊接。采用焊接操作时，严禁在铝合金框上接地打火，并应用石棉布保护好窗框。另一种做法是在门窗洞口上事先预留槽口。安装时将门窗框上的镀锌铁脚插埋于槽口内，而后用 C25 级细石混凝土或 1∶2水泥砂浆嵌堵密实。

(4)当门窗洞口为混凝土墙体并未预埋铁件或未预留槽口时,其门窗框连接锚固板可用射钉枪射入4~5 mm进行紧固。

对于砖砌结构的门窗洞墙体,门窗框连接锚固板不宜采用射钉紧固做法,应使用冲击电钻钻入不小于ϕ10的深孔。用胀铆螺栓紧固连接件。

如果属于自由门的弹簧安装,应在地面预留洞口。在门扇与地弹簧安装尺寸调整准确后,要浇筑C25级细石混凝土固定。

铝合金门边框和中竖框,应埋入地面以下20~50 mm;组合窗框间立柱的上、下端应各嵌入框顶和框底墙体(或梁内25 mm以上,转角处的主要立柱嵌固长度应在35 mm以上)。

当采用上述射钉、金属胀铆螺栓或是采用钢钉紧固铝合金门窗框连接件时,其紧固点位置距离(柱、梁)边缘不得小于50 mm,且应注意错开墙体缝隙,以防紧固失效。

5)填缝

填缝所用的材料,原则上按设计要求选用。但不论使用何种填缝材料,均是为了密闭和防水。根据现行规范要求,铝合金门窗框与洞口墙体应采用弹性连接,框周缝隙宽度宜在20 mm以上,缝隙内分层填入矿棉或玻璃棉毡条等软质材料。框边需留5~8 mm深的槽口,待洞口饰面完成并干燥后,清除槽口内的浮灰渣土,嵌填防水密封胶。

6)门窗扇与玻璃安装

铝合金门窗扇的安装,需在土建施工基本完成的条件下进行,以保护其免受损伤。框装扇必须保证框扇立面在同一平面内,就位准确,启闭灵活。平开窗的窗扇安装前,先固定窗铰,然后再将窗铰与窗扇固定。推拉门窗应在门窗扇拼装时于其下横底槽中装好滑轮,注意使滑轮框上有调节螺钉的一面向外,该面与下横端头边平齐。对于规格较大的铝合金门扇,当其单扇框宽度超过900 mm时,在门扇框下横料中需采取加固措施,通常的做法是穿入一条两端带螺纹的钢条。安装时应注意要在地弹簧连杆与下横安装完毕后再进行,也不得妨碍地弹簧座的对接。

玻璃安装时,如果玻璃单块尺寸较小,可用双手夹住就位。如一般平开窗,多用此办法;如果单块玻璃尺寸较大,为便于操作,往往用玻璃吸盘。

玻璃就位后,应及时用胶条固定。玻璃应摆在凹槽的中间,内、外两侧的间隙应不小于2 mm,否则会造成密封困难。但也不宜大于5 mm,否则胶条起不到挤紧、固定的目的。

玻璃的下部不能直接坐落在金属面上,而应用氯丁橡胶垫块将玻璃垫起。氯丁橡胶垫块厚3 mm左右。玻璃的侧边及上部都应脱开金属面一小段距离,避免玻璃胀缩发生变形。

7)安装五金配件

五金配件(见图8-3)与门窗连接使用镀锌螺钉。五金配件的安装应结实牢固,使用灵活。

8)清理

铝合金门、窗交工前,应将型材表面的塑料胶纸撕掉。如果发现塑料胶纸在型材表面留有胶痕,宜用香蕉水清理干净,玻璃应进行擦洗,对浮灰或其他杂物,应全部清理干净;待定位销孔与销对上后,再将定位销完全调出,并插入定位销孔中;最后用双头螺杆将门拉手上在门扇边框两侧。

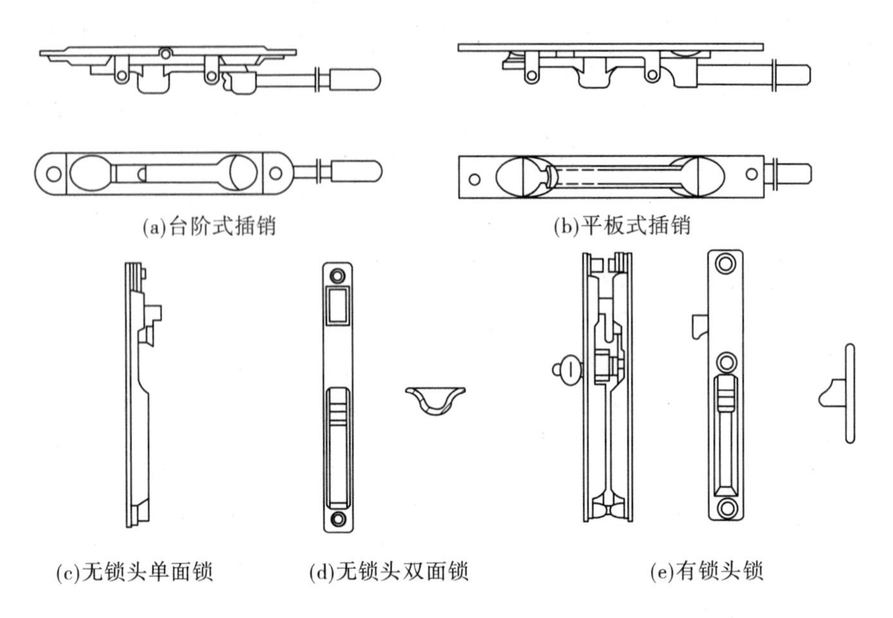

图 8-3　铝合金门窗五金配件

安装铝合金门的关键是要保持上下两个转动部分在同一条轴线上。

4. 铝合金门窗安装成品保护

铝合金门窗装入洞口临时固定后,应检查四周边框和中间框架是否用规定的保护胶纸和塑料薄膜封贴包扎好,再进行门窗框与墙体之间缝隙的填嵌和洞口墙体表面装饰施工,以防水泥砂浆、灰水、喷涂材料等污染损坏铝合金门窗表面。在室内外湿作业未完成前,不能破坏门窗表面的保护材料。

应采取措施防止焊接作业时,电焊火花损坏周围的铝合金门窗型材、玻璃等材料。

严禁在安装好的铝合金门窗上安放脚手架,悬挂重物。经常出入的门洞口,应及时保护好门框,严禁施工人员踩踏铝合金门窗,严禁施工人员碰擦铝合金门窗。

交工前撕去保护胶纸时,要轻轻剥离,不得划破、剥花铝合金表面氧化膜。

8.2.1.3　金属门窗安装禁忌

1. 禁忌 1:上下钢门窗不顺直、左右钢门窗标高不一致

1) 现象、危害性

由于钢门窗安装时没找规矩,上下钢门窗不顺直、左右钢门窗标高不一致,将直接影响外装饰的横竖线条的交圈质量,影响外立面的美观。

2) 防治措施

(1) 从上到下找好垂直线,以控制门窗安装的位置。

(2) 找出每层的窗台标高,拉通线找出门窗安装的标高。

(3) 根据外饰面装饰材的选用,找出外饰面层的基准线(可抹灰饼作为标志),往里量出门窗安装的位置。

2. 禁忌 2:铝合金门窗框与洞口墙体间的缝隙用水泥砂浆嵌填

1) 现象、危害性

一些施工单位将铝合金门窗框固定好后,在铝合金门窗框与洞口墙体间的缝隙用水

泥砂浆嵌填，误认为这样才能更好地锚固门窗框，其结果导致门窗框变形、铝合金腐蚀、门窗框周围出现缝隙，影响使用功能。

2）防治措施

（1）铝合金门窗框与洞口墙体之间应采用柔性连接，其间隙可用矿棉条或玻璃棉毡条分层填塞。缝隙表面留 5～8 mm 深的槽口，用密封材料嵌填、封严。

（2）在施工过程中不得损坏铝合金门窗上的保护膜，如表面沾了水泥砂浆，应随时擦净。

8.2.2　塑料门窗安装工程

8.2.2.1　塑料门窗的类型及主要特点

1. 塑料门窗的类型

塑料门窗的常见类型有改性全塑整体门、改性聚氯乙烯塑料夹层门、改性聚氯乙烯内门、折叠式塑料异型组合屏风、全塑折叠门、塑料百叶窗、玻璃钢门窗等。

2. 塑料门窗的特点

（1）密闭性能好。

（2）隔热性能好。塑料门窗的保温、隔热性能优于木门窗，更比钢门窗节省大量的能源。表 8-2 列出了常用门窗材料的隔热性能。

表 8-2　常用门窗材料的隔热性能

导热系数（W/（m·K））					窗的传热系数（W/（m^2·K））		
铝	钢	松木、杉木	PVC	空气	铝窗	木窗	PVC 窗
173	58	0.17～0.35	0.13～0.29	0.05	5.89	1.69	0.43

（3）经久耐用，无须维修。

（4）隔音性能好。实测塑料门窗的隔音性能在 30 dB 以上，优于钢、木门窗。

（5）可加工性能好。塑料材料具有易加工成型的优点。根据设计要求的不同，只要改变成型的模具，即可挤压出适合不同的风压强度及建筑功能要求的复杂断面的中空型材，并为在一个框、扇上安装两层以上的玻璃创造了条件。

（6）装饰性能好，塑料门窗一次挤压成型。尺寸准确，外形挺拔秀丽、线条流畅，且可以按装饰要求进行着色。

8.2.2.2　塑料门窗安装

1. 塑料门窗安装施工准备

塑料门窗安装施工准备具体如下：

（1）对于加气混凝土墙洞口，应预埋胶黏圆木。

（2）门窗及玻璃的安装应在墙体湿作业完工且硬化后进行。当需要在湿作业前进行时应采取保护措施。

（3）当门窗采用预埋木砖法与墙体连接时，对木砖应进行防腐处理。

（4）对于同一类型的窗及其相邻的上、下、左、右洞口应保持通线，洞口应横平竖直；对于高级装饰工程及放置过梁的洞口，应做洞口样板。

(5)组合窗的洞口,应在拼樘料的对应位置设预埋件或预留洞。

(6)门窗安装应在洞口尺寸检验合格并办好工种间交接手续后进行。

2. 塑料门窗安装施工要点

1)检查窗洞口

塑料窗在窗洞口的位置,要求窗框与基体之间需留有 10 ~ 20 mm 的间隙。塑料窗组装后的窗框应符合规定尺寸,一方面要符合窗扇的安装,另一方面要符合窗洞尺寸的要求,但如窗洞有差距时应进行窗洞修整。待其合格后才可安装窗框。

2)固定窗框

固定窗框的具体操作方法有三种,即直接固定法、连接件固定法、假框法,如图 8-4 所示。

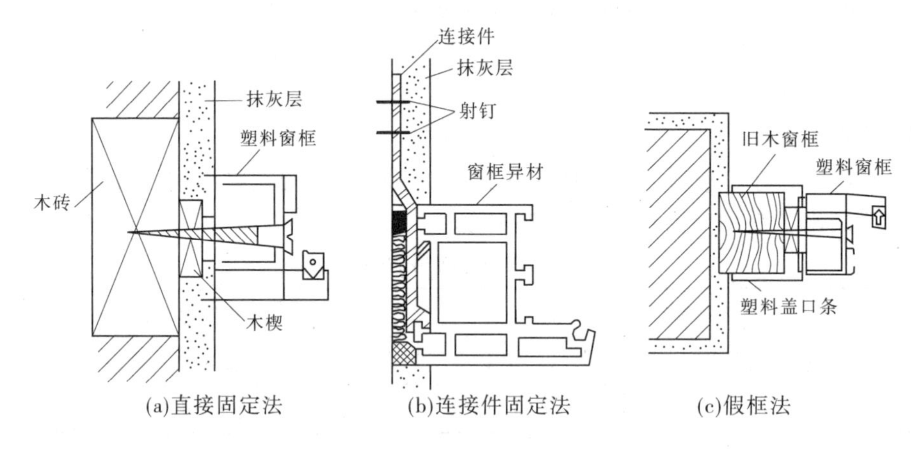

图 8-4　塑料窗框与墙体的连接固定

(1)直接固定法,即木砖固定法。窗洞施工时预先埋入防腐木砖。将塑料窗框送入洞口定位后,用木螺钉穿过窗框异型材与木砖连接,从而把窗框与基体固定。对于小型塑料窗,也可采用在基体上钻孔,塞入尼龙胀管。即用螺钉将窗框与基体连接。

(2)连接件固定法。在塑料窗异型材的窗框靠墙一侧的凹槽内或凸出部位,事先安装“之”字形铁件做连接件。塑料窗放大窗洞调整对中后用木楔临时稳固定位,然后将连接铁件的伸出端用射钉或胀铆螺栓固定于洞壁基体。

(3)假框法。先在窗洞口内安装一个与塑料窗框相配的“∩”形镀锌铁皮金属框,然后将塑料窗框固定其上,最后以盖缝条对接缝及边缘部分进行遮盖和装饰。或者是当旧木窗改为塑料窗时,把旧窗框保留,待抹灰饰面完成后即将塑料窗框固定其上,最后加盖封口板条。此做法的优点是可以较好地避免其他施工对塑料窗框的损伤,并能提高塑料窗的安装效率。

3. 连接点位置的确定

(1)在确定塑料窗框与墙体之间的连接点的位置和数量时,应主要从力的传递和 PVC 窗的伸缩变形需要两个方面来考虑。连接点的位置应能使窗扇通过铰链作用于窗框的力尽可能直接地传递给墙体。连接点的数量,由于目前多采用离散固定的方法,因此必须有足够多的固定点,以防塑料窗在温度应力、风压及其他静载的作用下产生变形。另外,连接点的位置和数量还必须适应 PVC 变形较大的特点(线膨胀系数为 5×10^{-5}/℃,冬夏最大伸缩量一般为 1.7 mm/m),以保证在塑料窗与墙体之间的微小位移不会影响到窗户的性能及连接本身。

(2)在具体布置连接点时,首先应保证在与铰链水平的位置上,应设连接点,并应注意相邻两连接点之间的距离小于 700 mm,而且在转角、直档及有搭钩处的间距应更小一些。为了适应型材的线性膨胀,一般不允许在有横档或竖梃的地方设框墙连接点,相邻的连接点应该在距其 150 mm 处。

4. 框墙间隙的处理

塑料窗框与建筑墙体之间的间隙,应填入矿棉、玻璃棉或泡沫塑料等绝缘材料做缓冲层,在间隙外侧再用弹性封缝材料如氯丁橡胶条或密封膏密封,以封闭缝隙并同时适应硬质 PVC 的热伸缩特性。注意不可采用含沥青的嵌缝材料,避免沥青材料对 PVC 的不良影响。此间隙可根据总跨度、膨胀系数、年最大温差先计算出最大膨胀量,再乘以要求的安全系数,一般取为 10 ~ 20 mm。在间隙的外侧,国外一般多用硅橡胶嵌缝条。但不论用何种弹性封缝料,重要的是应满足两个条件:一是该封缝料应能承受墙体与窗框间的相对运动而保持密封性能;二是不应对 PVC 有软化作用。例如含有沥青的材料就不能采用。在上述两项工作完成后,就可进行墙面抹灰封缝。工程有要求时,最后还需加装塑料盖口条。

8.2.2.3　塑料门窗安装成品保护

塑料门窗安装成品保护措施具体如下:

(1)塑料门窗在安装过程中及工程验收前,应采取防护措施,不得污损。

(2)已装门窗框、扇的洞口,不得再做运料通道。应防止利器划伤门窗表面,并应防止电、气焊火花烧伤或烫伤面层。

(3)严禁在门窗框、扇上安装脚手架、悬重物;外脚手架不得顶压在门窗框、扇或窗撑上,并严禁蹬踩窗框、窗扇或窗撑。

8.2.2.4　塑料门窗安装禁忌

1. 禁忌 1:塑料门窗固定片直接安装在中横框、中竖框的档头上

1)现象、危害性

塑料门窗型材具有热胀冷缩特性,若将固定计直接安装在中横框、中竖框的档头上。使与紧固螺钉呈垂直方向的中框或部分外框的膨胀受到约束,致使塑料门窗安装后不能自由胀缩,导致门窗框变形,同时固定片间距过大,也导致门窗框固定不牢靠,影响开关灵活和使用安全。

2)防治措施

(1)塑料门窗安装用的固定片,是与塑料门窗配套的附件,其安装位置应与铰链位置一致,以便将窗扇通过铰链传至窗框的力直接传递给墙体。

(2)固定片安装位置为距门窗框角、中横框、中竖框 150 ~ 200 mm,固定片之间的距离不应大于 600 mm,如图 8-5 所示。

(3)安装固定片时。应先用 ϕ 3.2 mm 的钻头钻孔。然后将十字槽盘头自攻螺钉 M4 mm × 20 mm 拧入,不得将螺钉直接锤击打入。

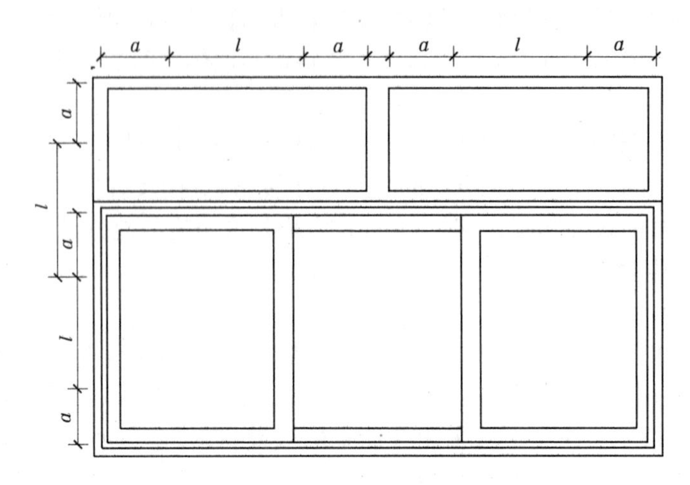

a—端头(或中框)距固定片的距离($a=150\sim200$ mm);l—固定片之间的距离($l\leqslant600$ mm)

图8-5 固定片安装位置

2. 禁忌2:塑料窗下框框槽的排水孔遗漏或位置不当

1)现象、危害性

雨水顺窗流入窗下框槽口内后,或无排水孔,则雨水无法排出,在风压作用下,雨水会溢出槽口渗入室内;如位置安装不当,也会形成局部雨水排出不通畅,滞流槽内无法排出。冬天则留在槽内的水会结冰,影响窗的开启。

2)防治措施

(1)塑料窗制作时,室外窗的下框必须开设5 mm×40 mm长方形槽孔,进水孔和出水口的位置应错开,间距一般为120 mm左右。在多腔室的型材中,排水孔不应开设在加筋的腔室内,以免腐蚀衬筋。

(2)排水孔的位置、数量应按设计或图集要求。安装后应检查排水孔是否被砂浆、玻璃垫等堵塞,并浇水检查排水是否通畅。

8.2.3 门窗玻璃安装工程

8.2.3.1 门窗玻璃材料要求

1. 玻璃

建筑装饰工程中使用的玻璃主要有平板玻璃、压花玻璃、钢化玻璃、夹层玻璃、夹丝玻璃等。玻璃安装时,监理员主要检查选用的玻璃是否符合设计要求,抽查玻璃出厂合格证、综合性能检测指标、厚度、颜色等。

2. 油灰

油灰是一种油性腻子。安装玻璃用的油灰,可以采购使用,也可以自制,其要求如下:

(1)选材。大白要干燥,不得潮湿,油料应使用不含有杂质的熟桐油、鱼油、清油。

(2)质量要求。搓捻成细条不断,具有附着力,使玻璃与窗槽连接严密而不脱落。

(3)配方。每100 kg大白用油量及每100 m^2 玻璃面积油灰用量见表8-3。

表 8-3 每 100 kg 大白用油量及每 100 m^2 玻璃面积油灰用量

工作项目	每 100 kg 大白用油量			每 100 m^2 玻璃面积油灰用量
	清油	熟桐油	鱼油	
木门窗	13.5	3.5	13.5	80 ~ 106
顶棚	12	5	12	335
坐底灰	15	5	15	

3. 其他材料

(1)橡皮条:有商品供应,可按设计要求的品种、规格进行选用。

(2)木压条:由工地加工而成,按设计要求自行制作。

(3)小圆钉:有商品供应。可以选购。

(4)胶黏剂:胶黏剂用来黏结中空玻璃,常用的有环氧树脂加 701 固化剂和稀释剂配成的环氧胶黏剂,其配合比见表 8-4。

表 8-4 胶黏剂配合比

材料名称	配合比	
	1	2
环氧树脂	100 份	100 份
701 固化剂	20 ~ 25 份	
乙二胺		8 ~ 10 份
二丁酯		20 份
乙辛基醚或二甲苯	适量	适量
瓷粉		50 份

8.2.3.2 门窗玻璃安装

1. 铝合金门窗玻璃安装

(1)玻璃裁划。应根据窗、门扇(固定扇则为框)的尺寸来计算玻璃下料尺寸裁划玻璃。一般要求玻璃侧面及上、下部应与铝材面留出一定的尺寸间隙,以确保玻璃胀缩变形的需要。

(2)玻璃的最大允许面积应符合现行行业标准《建筑玻璃应用技术规程》(JGJ 113—2015)的规定。

(3)玻璃入位。当单块玻璃尺寸较小时,可直接用双手夹住入位;如果单块玻璃尺寸较大,就需用玻璃吸盘,便于玻璃入位安装。

(4)玻璃压条可采用 90°接口,安装压条时不得划花接口位,安装后应平整、牢固。贴合紧密，其转角部位拼接处间隙应不大于0.5 mm。不得在一边使用两根或两根以上的玻璃压条。

（5）安装镀膜玻璃时，镀膜面应朝向室内侧；安装中空镀膜玻璃时，镀膜玻璃应安装在室外侧。镀膜面应朝向室内侧，中空玻璃内应保持清洁、干燥、密封。

（6）玻璃密封与固定：玻璃入位后，应及时用胶条固定。密封固定的方法有三种：一是用橡胶条压入玻璃凹槽间隙内，两侧挤紧，表面不用注胶；二是用橡胶条嵌入凹槽间隙内挤紧玻璃，然后在胶条上表面注上硅酮密封胶；三是用10 mm长的橡胶块将玻璃两侧挤住定位，然后在凹槽中注入硅酮密封胶。

（7）玻璃应放在四槽的中间，内、外两侧的间隙应控制在2～5 mm。间隙过小，会造成密封困难；间隙过大，会造成胶条起不到挤紧、固定玻璃的作用。玻璃的下部应用3～5 mm厚的氯丁橡胶垫块将玻璃垫起，而不能直接坐落在铝材表面上；否则，玻璃会因热应力胀开。

（8）玻璃密封条安装后应平直，无皱曲、起鼓现象，接口严密、平整并经硫化处理；玻璃采用密封胶安装时，胶缝应平滑、整齐，无空隙和断口。注胶宽度不小于5 mm，最小厚度不小于3 mm。

（9）平开窗扇、上悬窗扇、窗固定扇室外侧框与玻璃之间密封胶条处，宜涂抹少量玻璃胶。

2. 塑料门窗玻璃安装

（1）去除附着在玻璃、塑料表面的尘土、油污等污染物及水膜，并将玻璃槽口内的灰浆渣、异物清除干净，畅通排水孔。

（2）玻璃就位，将裁割好的玻璃在塑料框、扇就位，玻璃要摆在凹槽的中间，内外两侧的间隙不小于2 mm，也不得大于5 mm。

（3）用橡胶压条固定。先将橡胶压条嵌入玻璃两侧密封，然后将玻璃挤紧，橡胶压条规格要与凹槽的实际尺寸相符，所嵌的压条要和玻璃、玻璃槽口紧贴，安装不能偏位，不能强行填入压条，防止玻璃因较大的安装压力而严重翘曲。

（4）检查橡胶压条设置的位置是否合适，防止出现排水道受阻、泄水孔堵塞现象。

8.2.3.3 门窗玻璃安装成品保护

门窗玻璃安装成品保护措施具体如下：

（1）已安装好的门窗玻璃，必须设专人负责看管维护，按时开关门窗，尤其在大风天气。

（2）门窗玻璃安装完，应随手挂好风钩或插上插销，以防刮风损坏玻璃。

（3）对面积较大、造价昂贵的玻璃，宜在该项工程交工验收前安装，若提前安装，应采取保护措施，以防损伤玻璃。

（4）安装玻璃时，操作人员要加强对窗台及门窗口抹灰等项目的成品保护。

（5）当焊接、切割、喷砂等作业可能损伤玻璃时，应采取措施予以保护，严禁焊接等火花溅到玻璃上。

（6）玻璃安装完后，应对玻璃与框、扇同时进行清洁工作。严禁用酸性洗涤剂或含研磨粉的去污粉清洗热反射玻璃的镀膜面层。

8.3 门窗质量验收标准及检验

8.3.1 一般规定

(1)门窗工程验收时应检查下列文件和记录:

①门窗工程的施工图、设计说明及其他设计文件。

②材料的产品合格证书、性能检测报告、进场验收记录和复验报告。

③特种门及其附件的生产许可文件。

④隐蔽工程验收记录。

⑤施工记录。

(2)门窗工程应对下列材料及其性能指标进行复验:

①人造木板的甲醛含量。

②建筑外墙金属窗、塑料窗的抗风压性能、空气渗透性能和雨水渗漏性能。

(3)门窗工程应对下列隐蔽工程项目进行验收:

①预埋件和锚固件。

②隐蔽部位的防腐、填嵌处理。

(4)各分项工程的检验批应按下列规定划分:

①同一品种、类型和规格的木门窗、金属门窗、塑料门窗及门窗玻璃每100樘应划分为一个检验批。不足100樘也应划分为一个检验批。

②同一品种、类型和规格的特种门每50樘应划分为一个检验批,不足50樘也应划分为一个检验批。

(5)检查数量应符合下列规定:

①金属门窗、塑料门窗及门窗玻璃。每个检验批应至少抽查5%,并不得少于3樘,不足3樘时应全数检查;高层建筑的外窗,每个检验批应至少抽查10%,并不得少于6樘,不足6樘时应全数检查。

②特种门每个检验批应至少抽查50%,并不得少于10樘,不足10樘时应全数检查。

(6)门窗安装前,应对门窗洞口尺寸进行检验。

(7)金属门窗和塑料门窗安装应采用预留洞口的方法施工,不得采用边安装边砌口或先安装后砌口的方法施工。

(8)当金属窗或塑料窗组合时,其拼樘料的尺寸、规格、壁厚应符合设计要求。

(9)建筑外门窗的安装必须牢固,在砌体上安装门窗严禁用射钉固定。

8.3.2 主控项目

8.3.2.1 金属门窗安装工程

(1)金属门窗的品种、类型、规格、尺寸、性能、开启方向、安装位置、连接方式及铝合金门窗的型材壁厚应符合设计要求。金属门窗的防腐处理及填嵌、密封处理应符合设计要求。

检验方法:观察,尺量检查,检查产品合格证书、性能检测报告、进场验收记录和复验报告,检查隐蔽工程验收记录。

(2)金属门窗框相副框的安装必须牢固。预埋件的数量、位置、埋设方式、与框的连接方式必须符合设计要求。

检验方法:手扳检查,检查隐蔽工程验收记录。

(3)金属门窗扇必须安装牢固,并应开关灵活,关闭严密,无倒翘。推拉门窗扇必须有防脱落措施。

检验方法:观察,开启和关闭检查,手扳检查。

(4)金属门窗配件的型号、规格、数量应符合设计要求。安装应牢固,位置应正确,功能应满足使用要求。

检验方法:观察,开启和关闭检查,手扳检查。

8.3.2.2 门窗玻璃安装工程

(1)玻璃的品种、规格、尺寸、色彩、图案和涂膜朝向应符合设计要求。单块玻璃大于1.5 m^2时应使用安全玻璃。

检验方法:观察,检查产品合格证书、性能检测报告和进场验收记录。

(2)门窗玻璃裁割尺寸应正确。安装后的玻璃应牢固,不得有裂纹、损伤和松动。

检验方法:观察,轻敲检查。

(3)玻璃的安装方法应符合设计要求。固定玻璃的钉子或钢丝卡的数量、规格应保证玻璃安装牢固。

检验方法:观察,检查施工记录。

(4)镶钉木压条与接触玻璃处,应与裁口边缘平齐。木压条应互相紧密连接,并与裁口边缘紧贴,割角应整齐。

检验方法:观察。

(5)密封条与玻璃、玻璃槽口的接缝应紧密、平整。密封胶与玻璃、玻璃槽口的边缘应黏结牢固、接缝平齐。

检验方法:观察。

(6)带密封条的玻璃压条,其密封条必须与玻璃全部贴紧。压条与型材之间应无明显缝隙,压条接缝应不大于0.5 mm。

检验方法:观察,尺量检查。

8.3.3 一般项目

8.3.3.1 金属门窗安装工程

(1)金属门窗表面应洁净、平整、光滑、色泽一致,无锈蚀。大面应无划痕、碰伤。漆膜或保护层应连续。

检验方法:观察。

(2)铝合金门窗推拉门窗扇开关力应不大于100 N。

检验方法:用弹簧秤检查。

(3)金属门窗框与墙体之间的缝隙应填嵌饱满,并采用密封胶密封。密封胶表面应光滑、顺直、无裂纹。

检验方法:观察,轻敲门窗框检查,检查隐蔽工程验收记录。

(4)金属门窗扇的橡胶密封条或毛毡密封条应安装完好,不得脱槽。

检验方法:观察,开启和关闭检查。

(5)有排水孔的金属门窗,排水孔应畅通,位置和数量应符合设计要求。

检验方法:观察。

(6)钢门窗安装的留缝限值、允许偏差和检验方法符合表8-5的规定。

表8-5 钢门窗安装的留缝限值、允许偏差和检验方法

项次	项目		留缝限值(mm)	允许偏差(mm)	检验方法
1	门窗槽口宽度、高度	≤1 500 mm	—	2.5	用钢尺检查
		>1 500 mm	—	3.5	
2	门窗槽口对角线长度差	≤2 000 mm	—	5	用钢尺检查
		>2 000 mm	—	6	
3	门窗框的正、侧面垂直度		—	3	用1 m垂直检测尺检查
4	门窗横框的水平度		—	3	用1 m水平尺和塞尺检查
5	门窗横框标高		—	5	用钢尺检查
6	门窗竖向偏离中心		—	4	用钢尺检查
7	双层门窗内外框间距		—	5	用钢尺检查
8	门窗框、扇配合间隙		≤2	—	用塞尺检查
9	无下框时门扇与地面间留缝		4~8	—	用塞尺检查

(7)铝合金门窗安装的允许偏差和检验方法应符合表8-6的规定。

表8-6 铝合金门窗安装的允许偏差和检验方法

项次	项目		允许偏差(mm)	检验方法
1	门窗槽口宽度、高度	≤1 500 mm	1.5	用钢尺检查
		>1 500 mm	2	
2	门窗槽口对角线长度差	≤2 000 mm	3	用钢尺检查
		>2 000 mm	4	
3	门窗框的正、侧面垂直度		2.5	用垂直检测尺检查
4	门窗横框的水平度		2	用1 m水平尺和塞尺检查
5	门窗横框标高		5	用钢尺检查
6	门窗竖向偏离中心		5	用钢尺检查
7	双层门窗内外框间距		4	用钢尺检查
8	推拉门窗扇与框搭接量		1.5	用钢直尺检查

(8)涂色镀锌钢板门窗安装的允许偏差和检验方法应符合表8-7的规定。

表8-7　涂色镀锌钢板门窗安装的允许偏差和检验方法

项次	项目		允许偏差(mm)	检验方法
1	门窗槽口宽度、高度	≤1 500 mm	±2	用3 m钢卷尺检查
		>1 500 mm	±3	
2	门窗槽口对角线尺寸之差	≤2 000 mm	≤4	用3 m钢卷尺检查
		>2 000 mm	≤5	
3	门窗框(含拼樘料)的垂直度	≤2 000 mm	≤2	用线坠、水平靠尺检查
		>2 000 mm	≤3	
4	门窗框(含拼樘料)的水平度	≤2 000 mm	≤2	用水平靠尺检查
		>2 000 mm	≤3	
5	门窗竖向偏离中心		≤5	用线坠、钢板尺检查
6	门窗横框标高		≤5	用钢板尺检查
7	双层门窗内外框、框(含拼樘料)中心距		≤4	用钢板尺检查

8.3.3.2　门窗玻璃安装工程

(1)玻璃表面应洁净,不得有腻子、密封胶、涂料等污渍。中空玻璃内外表面均应洁净,玻璃中空层内不得有灰尘和水蒸气。

检验方法:观察。

(2)门窗玻璃不应直接接触型材。单面镀膜玻璃的镀膜层及磨砂玻璃的磨砂面应朝向室内。中空玻璃的单面镀膜玻璃应在最外层,镀膜层应朝向室内。

检验方法:观察。

(3)腻子应填抹饱满、黏结牢固,腻子边缘与裁口应平齐。固定玻璃的卡子不应在腻子表面显露。

检验方法:观察。

实训项目　塑料门窗安装实训

本实训项目为塑料门窗安装工程,可根据具体情况选择平开门、窗,推拉门、窗的安装实训练习。

(一)场景要求

(1)环境安静、整洁、不潮湿、无安全隐患。

(2)预留门窗洞口数个,要求门窗洞口分布合理,满足结构安全要求和实训操作要求。而且预留门窗洞口周边已抹2~4 mm厚的1:3水泥砂浆,并用木抹子搓平、搓毛。

(3)电源开关应装箱上锁,由专人负责;机电设备必须安装触电保护装置,使用中发现问题要立即断电修理。

(4)实训车间醒目位置悬挂施工安全注意事项、施工机具安全操作规程等,并严格执行。

(5)施工机具由专人负责管理和维护,机具维护人员要具备相应技术资格。

(6)准备简易脚手架及安全设施。

(二)主要材料及工具设备

1. 技术准备

先由学生按实训工厂提供的门窗洞口的实际条件,设计并绘制出塑料门窗安装施工图,由老师审阅后,选出统一的实训用施工图,并制订出详细、周密的实施方案,对学生进行技术交底和安全教育。

2. 材料准备

塑料门窗(成品及五金配件)、膨胀螺栓、镀锌固定铁连接件、密封条、聚氨酯泡沫或矿棉毡填充材料、密封膏等辅助材料已按设计要求的品种、规格、性能等备齐,配送现场。

组织学生对塑料门窗进行质量验收,并做好验收记录。

3. 机具准备

冲击钻、手电钻、螺丝刀、锤子、线坠木楔、注膏枪、塞尺、水平尺、钢卷尺、弹簧秤等机具已按学生施工班组配齐,并对学生进行机具的性能、操作技术与使用方法、安全操作规程等的培训与教育,要求学生熟悉机具性能,能自觉遵守安全操作规程,掌握操作技术与使用方法,能正确使用和操作机具、工具。

(三)步骤提示及操作要领

1. 施工操作

各校根据具体条件,参考各地习惯做法,学生分班组在专业老师指导下,遵循施工工艺组织实施。

2. 常见质量通病与防治措施

(1)门窗框松动。如洞口有木砖,可在门框上打孔,用木螺钉把塑料门拧在木砖上。没有木砖时,孔可直接打到砖墙上,进入砖内 25 ~30 mm 为宜,顶入塑料胀管用木螺钉拧入。使用塑料胀管应注意:钻孔深度应长出胀管 10 ~12 mm,以胀管端口深入抹灰层 10 mm 以上为宜。钻孔要尽量保持垂直墙面,并应一次成孔。

(2)门窗框安装后变形。框与洞口间填塞软质料时不应过紧,不得在门窗上铺搭脚手板,搁置脚手杆或悬挂物件。

(3)未按要求剔合页槽。合页槽深浅不一,位置不准确,或将框边剔透。应在找准位置的情况下,剔去 3 ~4 mm 的筋,不得将框剔透。

(4)塑料门窗五金配件损坏。塑料门窗五金配件损坏一般表现为:五金配件固定不牢固、松动脱落,滑轮、滑撑铰链等损坏,启闭不灵活。

产生原因:五金配件选择不当,质量低劣;紧固时未设金属衬板,没有足够的安装强度。

防治措施:

①选用五金配件的型号、规格和性能应符合国家现行标准和有关规定，并与选用的塑料门窗相匹配。

②对宽度超过1 m的推拉窗，或安装双层玻璃的门窗，宜设置双滑轮，或选用滚动滑轮。

③滑撑铰链不得采用铝合金材料，应采用不锈钢材料。

④用紧固螺钉安装五金件，必须内设金属衬板，衬板厚度至少应大于紧固件牙距的2倍。不得紧固在塑料型材上，也不得采用非金属内衬。

⑤五金配件应最后安装，门窗锁、拉手等应在窗门扇入框后再组装，保证位置正确，开关灵活。

⑥五金件安装后要注意保养，防止生锈腐蚀。在日常使用中要轻开轻关，防止硬开硬关，造成损坏。

3. 成品与半成品的保护

(1)运输门窗，应竖立排放并固定牢靠，防止颠振损坏。樘与樘之间应用非金属软质材料隔开；五金配件也应相互错开，以免相互磨损及压坏五金件。装卸门窗，应轻拿、轻放，不得撬、甩、摔。吊运门窗，其表面应采用非金属软质材料衬垫，并在门窗外缘选择牢靠平稳的着力点；不得将抬杠穿入框内抬运。

(2)门窗应放置在清洁、平整的地方，且应避免日晒雨淋，并不得与腐蚀物质接触。门窗不应直接接触地面，下部应放置垫木，且均应立放，立放角度不应小于70°，并应采取防倾倒措施。

(3)施工中不得在门窗上搭设脚手架或悬挂重物。

(4)利用门窗洞口作搬运料出入口时，应在门窗框边铺钉保护板，以防碰坏门窗框。

(5)门窗搬运上楼，不得碰坏楼梯踏步，不得撞坏墙、柱饰面板。

(6)室内外墙面抹灰或做饰面层时，应防止水泥浆污染门窗框扇，粘有胶液的表面，应用浸有中性清洁剂的抹布擦拭干净。

(7)粉刷窗台板时，应在门窗框粘纸条保护。刷浆时，用塑料薄膜遮盖门窗或取下门窗扇，编号单独保管。

(8)门窗配件安装后，应专人锁门管理，以防损坏。

(9)有后继施工的房间，门窗框的保护膜不得撕掉，如已损坏，应贴纸保护。

(四)施工质量控制要点

按上述塑料门窗安装工程质量检验标准和方法进行检验，可采取学生自检、互检和教师抽检相结合的形式进行，并做好检验记录。

(1)塑料门窗安装工程验收时应检查下列文件和记录：

①施工图、设计说明及其他设计文件。

②材料的产品合格证书、性能检测报告、进场验收记录和复验报告。

③隐蔽工程验收记录。

④施工记录。

(2)塑料门窗工程应对建筑外墙窗的抗风压性能、空气渗透性能、雨水渗漏性能进行复检。

(3)塑料门窗工程应对下列隐蔽工程项目进行验收：

①预埋件和锚固件。

②隐蔽部位的防腐、填嵌处理。

(4)塑料门窗安装工程应分批检验，每个检验批应有检验批质量验收记录。

①检验批划分。同一品种、类型和规格的塑料门窗每100樘应划分为一个检验批，不足100樘也应划分为一个检验批。

②检查数量应符合下列规定：塑料门窗每个检验批至少应抽查5%，并不得少于3樘，不足3樘时应全数检查。高层建筑的外窗每个检验批至少应抽查10%，并不得少于6樘，不足6樘时应全数检查。

(五)学生操作评定

姓名：　　　　学号：　　　　得分：

项次	项目	考核内容	评定方法	满分	得分
1	实训态度	职业素质	未做无分，做而不认真扣2分	5	
2	门窗框、副框、扇	质量	牢固，位置正确，有缺陷每处扣5分	25	
3	门窗扇	质量	开关灵活、关闭严密，无倒翘，每项错误一处扣5分	20	
4	表面	质量	洁净、平整、光滑，大面应无划痕、碰伤，每错一处扣1分	10	
5	密封条	质量	不脱槽，平整，不卷边，每错一处扣1分	10	
6	排水孔	质量	畅通，位置、数量应符合设计要求，每错一处扣2分	10	
7	安装	质量	符合允许偏差，每错一处扣1分	10	
8	安全文明施工	安全生产	发生重大安全事故本项目不合格；发生一般事故无分，有事故苗头扣2分	10	
合计				100	

考评员：　　　　日期：

学习项目9 幕墙工程

【学习目标】

1. 了解玻璃幕墙的构造分类，熟悉其材料选用要求，掌握玻璃幕墙工程施工操作方法。

2. 了解石材幕墙的构造分类，熟悉其材料选用要求，掌握石材幕墙工程施工操作方法。

3. 了解幕墙工程在施工过程中的质量检查项目和质量验收检验项目，熟悉幕墙工程施工质量检验标准及检验方法，掌握幕墙工程的施工常见质量通病及其防治措施。

【学习重点】

1. 建筑幕墙的结构构造。

2. 建筑幕墙的施工工艺及方法，饰面材料的性能及技术要求、质量标准、通病防治及施工的安全防范措施等。

9.1 幕墙的基本知识认知

建筑幕墙是指由金属构件（支承结构体系）与各种板材组成的悬挂在主体结构上、可相对主体结构有一定位移能力、不承担主体的结构荷载与作用的，将防风、遮雨、保温、隔热、防噪声、防空气渗透等使用功能与建筑装饰功能有机融合为一体的建筑外维护结构，也是当代建筑经常使用的一种装饰性很强的外墙饰面。

9.1.1 幕墙的组成

大部分幕墙主要由饰面板和框架组成，也有部分幕墙饰面板和框架合为一体。有框幕墙的饰面板支撑固定于框架上，由框架将幕墙自重及所承受各种荷载，通过连接件传递给主体结构。无框幕墙的自重及各种荷载，则直接通过连接件传递给主体结构。

9.1.2 幕墙的类型

幕墙按面板材料可分为玻璃幕墙、金属幕墙、石材幕墙；按结构形式分为型钢框架结构体系、铝合金明框结构体系、铝合金隐框结构体系、无框架结构体系；按工厂加工程度和主体结构上的安装工艺分为构件式幕墙（一般从上往下施工）、单元式幕墙（一般从下往上施工）。

9.2　幕墙施工

9.2.1　玻璃幕墙施工

9.2.1.1　构造

玻璃幕墙主要由三部分构成：饰面玻璃、固定玻璃的骨架，以及结构与骨架之间的连接和预埋材料。玻璃幕墙根据骨架形式的不同，可分为半隐框、全隐框、挂架式玻璃幕墙。

1. 半隐框玻璃幕墙

(1)竖隐横不隐玻璃幕墙。这种玻璃幕墙只有立柱隐在玻璃后面。玻璃安放在横梁的玻璃镶嵌槽内，镶嵌槽外加盖铝合金压板，盖在玻璃外面，如图9-1所示。

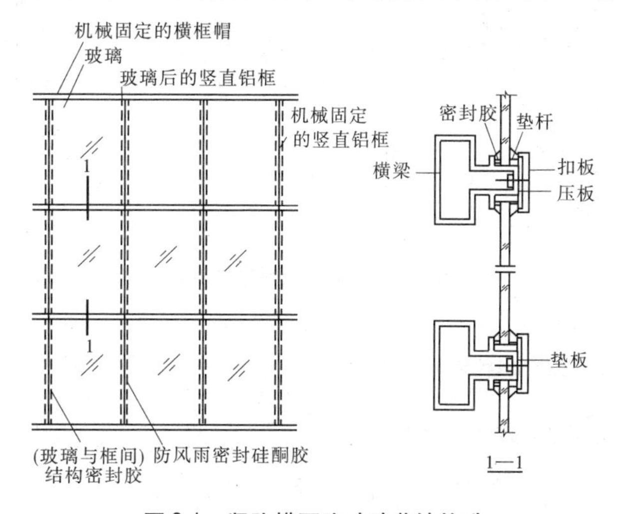

图9-1　竖隐横不隐玻璃幕墙构造

(2)横隐竖不隐玻璃幕墙。竖边用铝合金压板固定在立柱的玻璃镶嵌槽内，形成从上到下整片玻璃由立柱压板分隔成长条形画面，如图9-2所示。

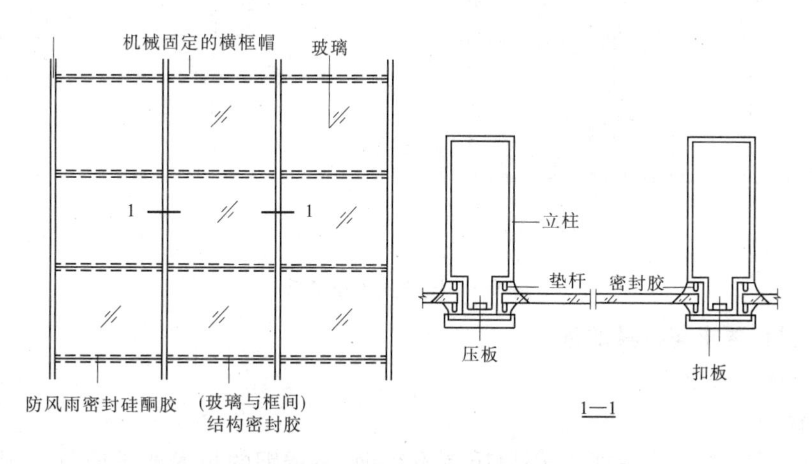

图9-2　横隐竖不隐玻璃幕墙构造

2. 全隐框玻璃幕墙

全隐框玻璃幕墙的构造是在铝合金构件组成的框格上固定玻璃框，玻璃框的上框挂在铝合金整个框格体系的横梁上，其余三边分别用不同方法固定在立柱及横梁上，如图 9-3 所示。

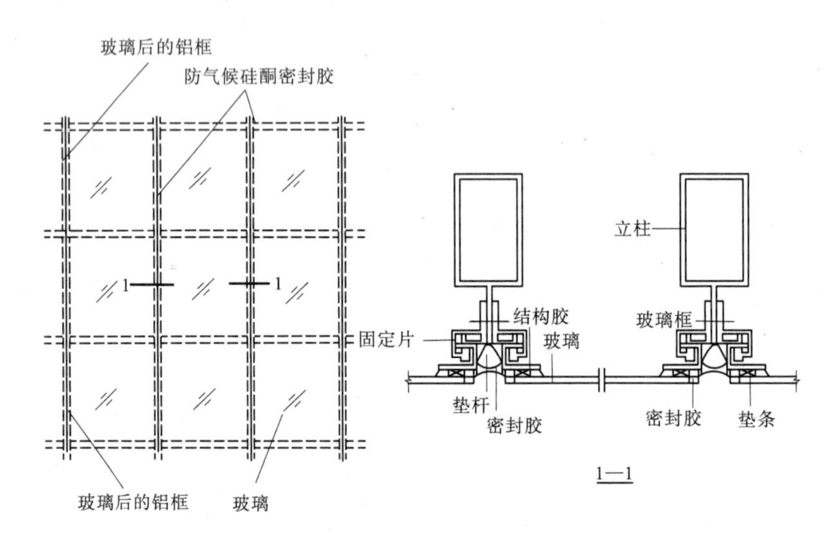

图 9-3　全隐框玻璃幕墙构造

3. 挂架式玻璃幕墙

挂架式玻璃幕墙构造如图 9-4 所示。

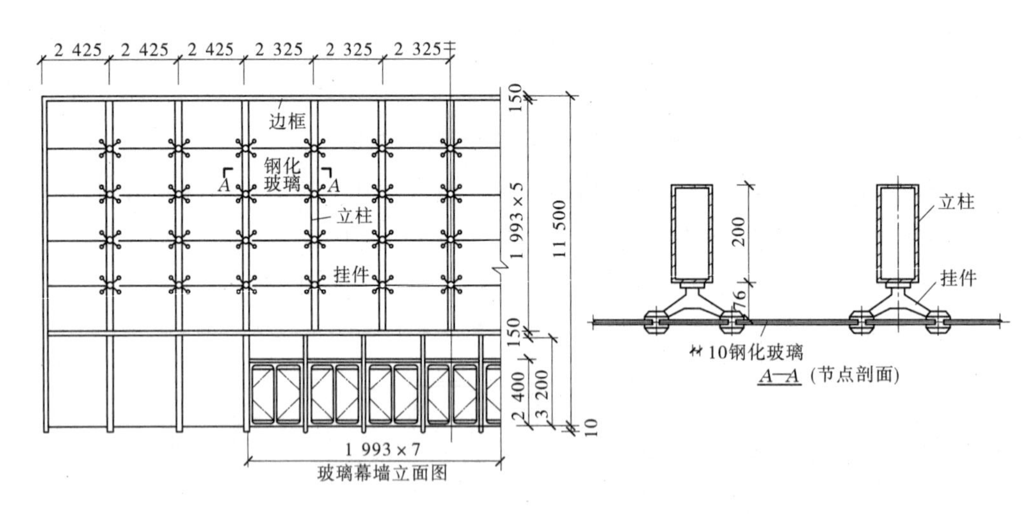

图 9-4　挂架式玻璃幕墙

9.2.1.2　**材料要求与机具准备**

1. 材料选用要求

1) 钢材

(1) 玻璃幕墙的不锈钢宜采用奥氏体不锈钢，不锈钢的技术要求应符合现行国家标准的规定。

（2）幕墙高度超过40 m时，钢构件宜采用高耐候结构钢，并应在其表面涂刷防腐涂料。

（3）钢构件采用冷弯薄壁型钢时，其壁厚不得小于3.5 mm，承载力应进行验算，表面处理应符合现行国家标准《钢结构工程施工质量验收规范》（GB 50205—2001）的有关规定。

（4）玻璃幕墙采用的标准五金件应符合铝合金窗标准件现行国家行业标准的规定。

（5）玻璃幕墙采用的非标准五金件应符合设计要求，并应有出厂合格证。

2）铝合金型材

材料进场应提供型材产品合格证、型材力学性能检验报告（进口型材应有国家商检部门的商检证），资料不全均不能进场使用。

检查铝合金型材外观质量，材料表面应清洁，色泽应均匀，不应有皱纹、裂纹、起皮、腐蚀斑点、气泡、电灼伤、流痕、发黏以及膜（涂）层脱落等缺陷存在，否则应予以修补，达到要求后方可使用。

型材作为受力杆件时，其型材壁厚应根据使用条件，通过计算选定，门窗受力杆件型材的最小实测壁厚应不小于1.2 mm，幕墙用受力杆件型材的最小实测壁厚应不小于3.0 mm。

按照设计图纸，检查型材尺寸，是否符合设计要求。玻璃幕墙采用的铝合金型材应符合现行国家标准《铝合金建筑型材》（GB/T 5237—2004）中高精级的规定。铝合金壁厚采用精度为0.05 mm的游标卡尺测量，应在杆件同一截面的不同部位量测，不少于5个，并取最小值。型材长度小于或等于6 m时，允许偏差为±15 mm；长度大于6 m时，允许偏差由双方协商确定。材料现场的检验，应将同一厂家生产的同一型号、规格、批号的材料作为一个验收批，每批应随机抽取3%且不得少于5件。

3）玻璃

（1）幕墙玻璃的外观质量和性能应符合现行国家标准、行业标准的规定。

（2）玻璃幕墙采用阳光控制镀膜玻璃时，离线法生产的镀膜玻璃应采用真空磁控溅射法生产工艺；在线法生产的镀膜玻璃应采用热喷涂法生产工艺。

（3）玻璃幕墙采用中空玻璃时，除应符合现行国家标准《中空玻璃》（GB/T 11944—2012）的有关规定外，尚应符合下列规定：

①中空玻璃气体层厚度不应小于9 mm。

②中空玻璃应采用双道密封。一道密封应采用丁基热熔密封胶。隐框、半隐框及点支承玻璃幕墙用中空玻璃的二道密封应采用硅酮结构密封胶；明框玻璃幕墙用中空玻璃的二道密封宜采用聚硫类中空玻璃密封胶，也可采用硅酮密封胶。二道密封应采用专用打胶机进行混合、打胶。

③中空玻璃的间隔铝框可采用连续折弯型或插角型，不得使用热熔型间隔胶条。间隔铝框中的干燥剂宜采用专用设备装填。

④中空玻璃加工过程应采取措施，消除玻璃表面可能产生的凹凸现象。

（4）热反射镀膜玻璃的外观质量应符合下列要求：

①热反射镀膜玻璃尺寸的允许偏差应符合表9-1的规定。

表 9-1　热反射镀膜玻璃尺寸的允许偏差

<table>
<tr><td rowspan="2">玻璃厚度(mm)</td><td colspan="2">玻璃尺寸及允许偏差(mm)</td></tr>
<tr><td>≤2 000×2 000</td><td>≥2 400×3 300</td></tr>
<tr><td>4,5,6</td><td>±3</td><td>±4</td></tr>
<tr><td>8,10,12</td><td>±4</td><td>±5</td></tr>
</table>

②热反射镀膜玻璃的光学性能应符合设计要求。

③热反射镀膜玻璃外观质量应符合表 9-2 的规定。

表 9-2　热反射镀膜玻璃外观质量

<table>
<tr><td colspan="2" rowspan="2">项目</td><td colspan="3">外观质量等级划分</td></tr>
<tr><td>优等品</td><td>一等品</td><td>合格品</td></tr>
<tr><td rowspan="2">针眼</td><td>直径≤1.2 mm</td><td>不允许集中</td><td>集中的每 1 m^2 允许 2 处</td><td></td></tr>
<tr><td>1.2 mm<直径≤1.6 mm
1 m^2 允许数</td><td>中部不允许
75 mm 边部 3 处</td><td>不允许集中</td><td></td></tr>
<tr><td rowspan="2">针眼</td><td>1.6 mm<直径≤2.5 mm
1 m^2 允许数</td><td>不允许</td><td>75 mm 边部 4 处
中部 2 处</td><td rowspan="2">75 mm 边部 8 处
中部 3 处</td></tr>
<tr><td>直径>2.5 mm</td><td colspan="2">不允许</td></tr>
<tr><td colspan="2">斑纹</td><td>不允许</td><td></td><td></td></tr>
<tr><td>斑点</td><td>1.6 mm<直径≤2.5 mm
1 m^2 允许数</td><td>不允许</td><td>4</td><td>8</td></tr>
<tr><td rowspan="2">划伤</td><td>0.1 mm≤宽度≤0.3 mm
1 m^2 允许数</td><td>长度≤50 mm
4</td><td>长度≤100 mm
4</td><td>不限</td></tr>
<tr><td>宽度>0.3 mm
1 m^2 允许数</td><td>不允许</td><td>宽度<0.4 mm
长度≤100 mm
1</td><td>宽度<0.8 mm
长度<100 mm
2</td></tr>
</table>

注:表中针眼(孔洞)是指直径在 100 mm 面积内超过 20 个针眼为集中。

(5)幕墙玻璃应进行机械磨边处理,磨轮的目数应在 180 目以上。点支承幕墙玻璃的孔、板边缘均应进行磨边和倒棱。磨边宜细磨,倒棱宽度不宜小于 1 mm。

(6)钢化玻璃宜经过二次热处理。

(7)玻璃幕墙采用夹层玻璃时,应采用干法加工合成,其夹片宜采用聚乙烯醇缩丁醛(PVB)胶片;夹层玻璃合片时,应严格控制温湿度。

(8)玻璃幕墙采用单片低辐射镀膜玻璃时,应使用在线热喷涂低辐射镀膜玻璃;离线镀膜的低辐射镀膜玻璃宜加工成中空玻璃使用,且镀膜面应朝向中空气体层。

(9)有防火要求的幕墙玻璃,应根据防火等级要求,采用单片防火玻璃或其制品。

(10)玻璃幕墙的采光用彩釉玻璃。釉料宜采用丝网印制。

幕墙使用的密封胶主要有结构密封胶、耐候密封胶、中空玻璃二道密封胶、管道防火密封胶。结构密封胶无论是双组分或单组分都必须采用中性硅酮结构密封胶。耐候密封胶必须是中性单组分胶,酸碱性胶不能使用。

材料进场时,应提供结构硅酮胶剥离试验记录,每批硅酮结构胶的质量保证书及产品合格证,硅酮结构胶、密封胶与实际工程用基材的相容性报告(进口硅酮结构胶应有国家商检部门的商检证),密封材料及衬垫材料的产品合格证。资料不全不能进场使用。

将进场的密封胶厂家、型号、规格与材料报验单对照,检查胶桶上的有效日期是否能保证施工期内使用完;结构胶与耐候胶严禁换用。

2. 施工机具

1)手动真空吸盘

手动真空吸盘是一种安装玻璃幕墙中抬运玻璃的工具,它由两个或三个橡胶圆盘组成。使用时,玻璃表面应干净无杂物,尽量减少圆盘摩擦;吸盘吸附玻璃 20 min 后,应取下重新吸附。

2)电动吊篮

电动吊篮是一种可取代传统脚手架的装修机械,主要适用于高层及多层建筑物外墙施工、装修、清洗与维护工程。

3)嵌缝枪

嵌缝枪是一种应用聚氨酯嵌缝胶、聚硫密封胶等嵌缝胶料的专用施工配套工具,操作时,可将胶筒或料筒安装在手柄棒上,扳动扳机,带棘爪牙的杆顶自行顶住胶筒后端的活塞,缓缓将胶挤出,注入缝隙中,完成嵌缝工作。

9.2.1.3　玻璃幕墙安装

1. 单元式玻璃幕墙安装

1)单元构件运输

(1)运输前单元板块应按顺序编号,并做好成品保护。

(2)装卸及运输过程中,应采用有足够承载力和刚度的周转架,衬垫弹性垫,保证板块相互隔开并相对固定,不得相互挤压和串动。

(3)超过运输允许尺寸的单元板块,应采取特殊措施。

(4)单元板块应按顺序摆放平衡,不应造成板块或型材变形。

(5)运输过程中,应采取措施减小颠簸。

2)单元构件场内堆放

(1)宜设置专用堆放场地,并应有安全保护措施。

(2)宜存放在周转架上。

(3)应依照安装顺序先出后进的原则按编号排列放置。

(4)不应直接叠层堆放。

(5)不宜频繁装卸。

3)单元吊装机具的选择

(1)应根据单元板块选择适当的吊装机具,并与主体结构安装牢固。

(2)吊装机具使用前,应进行全面质量、安全检验。

(3)吊具设计应使其在吊装中与单元板块之间不产生水平方向分力。

(4)吊具运行速度应可控制，并有安全保护措施。

(5)吊装机具应采取防止单元板块摆动的措施。

4)起吊与就位

(1)吊点和挂点应符合设计要求。吊点不应少于2个，必要时可增设吊点加固措施并试吊。

(2)起吊单元板块时，应使各吊点均匀受力，起吊过程应保持单元板块平稳。

(3)吊装升降和平移应使单元板块不摆动、不撞击其他物体。

(4)吊装过程应采取措施保证装饰面不受磨损和挤压。

(5)单元板块就位时，应先将其挂到主体结构的挂点上，板块未固定前，吊具不得拆除。

5)校正及固定

(1)单元板块就位后，应及时校正。

(2)单元板块校正后，应及时将连接部位固定，并应进行隐蔽。

(3)单元板块固定后，方可拆除吊具，并应及时清洁单元板块的型板槽口。

2. 构件式玻璃幕墙安装

1)立柱的安装施工

(1)相邻两根立柱安装标高偏差不应大于3 mm，同层立柱的最大标高偏差不应大于5 mm；相邻两根立柱固定点的距离偏差不应大于2 mm。

(2)立桩安装轴线偏差不应大于2 mm。

(3)立柱安装就位、调整后应及时坚固。

2)玻璃幕墙横梁安装

(1)同一根横梁两端或相邻两根横梁的水平标高偏差不应大于1 mm。同层标高偏差：当一幅幕墙宽度不大于35 m时，不应大于5 mm；当一幅幕墙宽度大于35 m时，不应大于7 mm。

(2)当安装完成一层高度时，应及时进行检查、校正的固定。

(3)横梁应安装牢固，设计中横梁和立柱间留有空隙时，空隙宽度应符合设计要求。

3)其他主要附件安装施工

(1)冷凝水排用管及其附件应与水平构件预留孔连接严密，与内衬板出水孔连接处应密封。

(2)防火、保温材料应铺设平整且可固定，拼接处不应留缝隙。

(3)封口应按设计要求进行封闭处理。

(4)其他通气槽孔及雨水排出口等应按设计要求施工，不得遗漏。

(5)玻璃幕墙安装用的临时螺栓等，应在构件紧固后及时拆除。

(6)采用现场焊接或高强螺栓紧固的构件，应在紧固后及时进行防锈处理。

3. 点支承玻璃幕墙安装

(1)有型钢结构构件应进行吊装设计，并应试吊。

(2)钢结构安装就位、调整后应及时紧固，并应进行隐蔽工程验收。

(3)钢构件在运输、存放和安装过程中损坏的涂层以及未涂装的安装连接部位,应按规定补涂。

(4)钢拉杆和钢拉索安装时,必须按设计要求施加预拉力,并宜设置预拉力调节装置;预拉力宜采用测力计测定。采用扭力扳手施加预拉力时,应事先进行标定。

(5)施加预拉力应以张拉力为控制量;拉杆、拉索的预拉力应分次、分批对称张拉;在张拉过程中,应对拉杆、拉索的预拉力随时进行调整。

(6)张拉前必须对构件、锚具等进行全面检查,并应签发张拉通知单。张拉通知单应包括张拉日期、张拉分批次数、每次张拉控制力、张拉用机具、测力仪器及使用安全措施和注意事项。

(7)应建立张拉记录。

(8)拉杆、拉索实际施加的预拉力值应考虑施工温度的影响。

(9)支承结构构件的安装允许偏差应符合表9-3的要求。

表9-3　支承结构构件的安装允许偏差

<table>
<tr><th>名称</th><th>允许偏差
(mm)</th><th colspan="2">名称</th><th>允许偏差
(mm)</th></tr>
<tr><td>相邻两竖向构件间距</td><td>±2.5</td><td rowspan="2">同层高度内爪座高低差</td><td>间距不大于35 m</td><td>5</td></tr>
<tr><td>竖向构件垂直度</td><td>l/1 000或≤5,l为跨度</td><td>间距大于35 m</td><td>7</td></tr>
<tr><td>相邻三竖向构件外表面平面度</td><td>5</td><td colspan="2">相邻两爪座垂直间距</td><td>±2.0</td></tr>
<tr><td>相邻两爪座水平间距和竖向距离</td><td>±1.5</td><td colspan="2">单个分格爪座对角线</td><td>4</td></tr>
<tr><td>相邻两爪座水平高低差</td><td>1.5</td><td colspan="2">爪座端面平面度</td><td>6.0</td></tr>
<tr><td>爪座水平度</td><td>2</td><td colspan="2"></td><td></td></tr>
</table>

4. 全玻璃幕墙安装

(1)全玻璃幕墙安装前,应清洁镶嵌槽;中途暂停施工时,应对槽口采取保护措施。

(2)全玻璃幕墙安装过程中,应随时检测和调整面板、玻璃肋的水平度和垂直度,使墙面安装平整。

(3)每块玻璃的吊夹应位于同一平面,吊夹的受力应均匀。

(4)全玻璃幕墙玻璃两边嵌入槽口深度及预留空隙应符合设计要求,左右空隙尺寸宜相同。

(5)全玻璃幕墙的玻璃宜采用机械吸盘安装,并应采取必要的安全措施。

9.2.1.4　玻璃幕墙工程施工禁忌

1. 禁忌1:骨架立柱安装不垂直、直线度差

1)现象、危害性

立柱安装后不垂直、直线度超过规范要求,造成玻璃幕墙不平、不直,甚至出现结构变形、玻璃安不上、渗漏等质量问题。

2)防治措施

(1)高层建筑的轴线测量应在风力不大于4级的情况下进行。每天定时对立柱位置

进行测量校核;多层建筑放线测量时,必须从标准桩往上引。如有误差应进行控制分配、削减,不得积累,以保证幕墙和立柱的垂直度与位置的正确。

(2)安装立柱时,应将立柱先与连接件连接,再与主体结构预埋件连接调整。立柱接头应有一定的空隙,并采用套筒连接法。当一根立柱有两个以上连接点时,其上连接点采用刚性构造,下连接点应采用铰接构造,使立柱始终处于受拉状态,以免造成立柱弯曲变形。

(3)立柱在运输和贮存过程中应采取措施,避免因自重或受外力影响产生变形。立柱安装前应进行检查,对变形的立柱经校正后再安装。

(4)立柱安装到顶后,经经纬仪进行垂直度检查校核,保证立柱垂直度偏差在规范允许范围之内。当立柱高度≤30 m 时,垂直度允许偏差≤10 mm;高度≤60 m 时,允许偏差≤15 mm;高度≤90 m 时,允许偏差≤20 mm;高度大于 90 m 时,允许偏差≤25 mm,立柱直线度允许偏差≤2.5 mm。

2. 禁忌2:硅酮耐候密封胶起泡、开裂、污染

1)现象、危害性

硅酮耐候密封胶起泡、开裂、污染,使硅酮耐候密封胶失去密封和防渗漏作用。

2)防治措施

(1)注胶前,要充分清洁板材间缝隙,不应有水、油渍、铁锈、涂料、灰尘、水泥砂浆等,并加以干燥。

(2)为防止玻璃和铝板被密封胶污染,应将保护胶纸贴在缝的两侧。保护胶纸粘贴要平直,密实注胶完毕后撕掉保护纸。注胶时要按顺序依次进行,以排除缝隙内的空气,防止出现气泡,要控制注胶速度,保证注胶厚度不小于 3.5 mm。注胶后应将缝表面抹光、抹平,将多余的胶除掉。

(3)硅酮结构密封胶注胶前必须取得合格的相容性检验报告,必要时应加涂底漆;双组分硅酮结构密封胶应进行混匀性蝴蝶试验和拉断试验。

(4)注胶时气候条件要符合工艺要求,当基层表面潮湿时应擦干后注胶;当基层表面温度达 60 ℃以上时不宜注胶。注胶工要进行技术培训,操作要熟练。

(5)硅酮结构密封胶完全固化后,隐框玻璃幕墙装配组件的尺寸允许偏差应符合相关规定。

3. 禁忌3:幕墙周边收口不当和女儿墙压顶板没有排水坡度

1)现象、危害性

幕墙与主体结构的墙面之间,一般宜留出一段距离,这个空隙不采取密封处理或处理不当,将影响使用及防水、防火功能,特别是防火方面,因这个空隙是上、下贯穿的,一旦失火,将成为烟火的通道。

2)防治措施

(1)幕墙与主体结构之间的空隙,常用一条 L 形 75 mm×60 mm×2 mm 镀锌钢板固定在幕墙的横梁上,然后在钢板上铺放矿棉或岩棉、超细玻璃棉等防火材料。铺放的高度应根据建筑物的防火等级,结合防火材料的耐火性能,经过计算确定。防火材料要铺放均匀、整齐,不得漏铺。

(2)女儿墙压顶用一块通长的铝合金板,用不锈钢螺钉固定在幕墙的横梁上,并用密

封胶密封处理,铝合金板应有流向屋面的排水坡度,以防雨水流向墙面造成污染。

(3)幕墙最后一根立柱侧面的收口,用一块 1.5 mm 厚铝合金板将幕墙骨架全部包住。考虑到两种不同材料的线胀系数不同,在饰面铝板与立柱及墙的相接处用密封胶处理。

9.2.2 石材幕墙施工

9.2.2.1 构造

石材幕墙干挂法构造分类基本上可分为直接干挂式、骨架干挂式、单元干挂式和预制复合板干挂式四类。前三类多用于混凝土结构基体,后一类多用于钢结构工程。石材幕墙构造如图 9-5 ~ 图 9-8 所示。

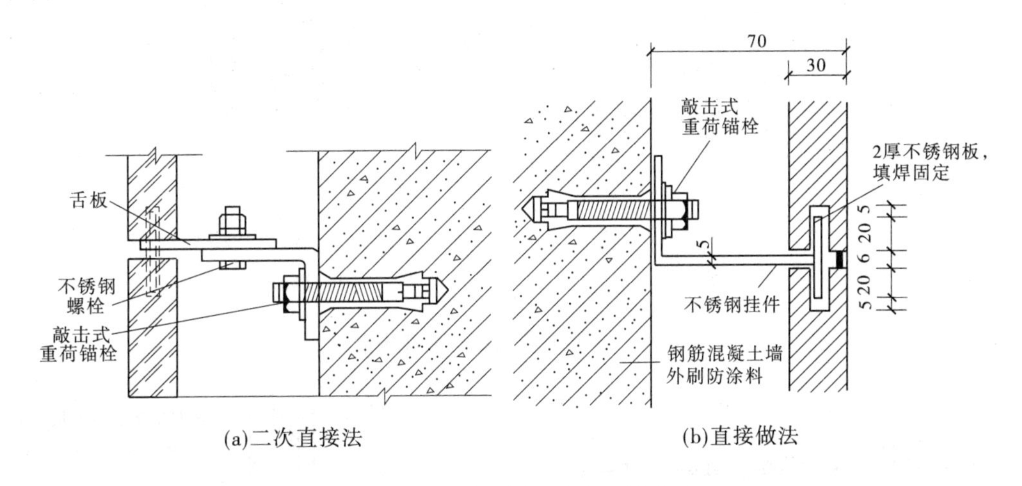

(a)二次直接法 (b)直接做法

图 9-5 直接干挂式石材幕墙构造

9.2.2.2 材料选用要求

石材幕墙工程材料的质量要求有:

(1)当石材含有放射物质时,应符合现行行业标准。

(2)密封胶条的技术要求应符合现行国家行业标准《金属与石材幕墙工程技术规范》(JGJ 133—2013)的规定。

(3)幕墙宜采用岩棉、矿棉、玻璃棉、防火板等不燃烧性或难燃烧性材料做隔热保温材料,同时应采用铝箔或塑料薄膜包装的复合材料,作为防水和防潮材料。

(4)石材幕墙材料应选用耐候性强的材料。金属材料和零配件除不锈钢外,钢材应进行表面热镀锌处理,铝合金应进行表面阳极氧化处理。

(5)石材幕墙所选用的材料应符合国家现行产品标准的规定。同时应有出厂合格证、质保书及必要的检验报告。

(6)硅酮密封胶应有保质年限的质量证书。用于石材幕墙的硅酮结构密封胶还应有证明无污染的试验报告。

(7)硅酮结构密封胶、硅酮耐候密封胶必须有与所接触材料的相容性试验报告,橡胶条应有成分分析报告和保质年限证书。

(8)花岗石板材的弯曲强度应经法定检测机构检测确定,其弯曲强度标准值不应小

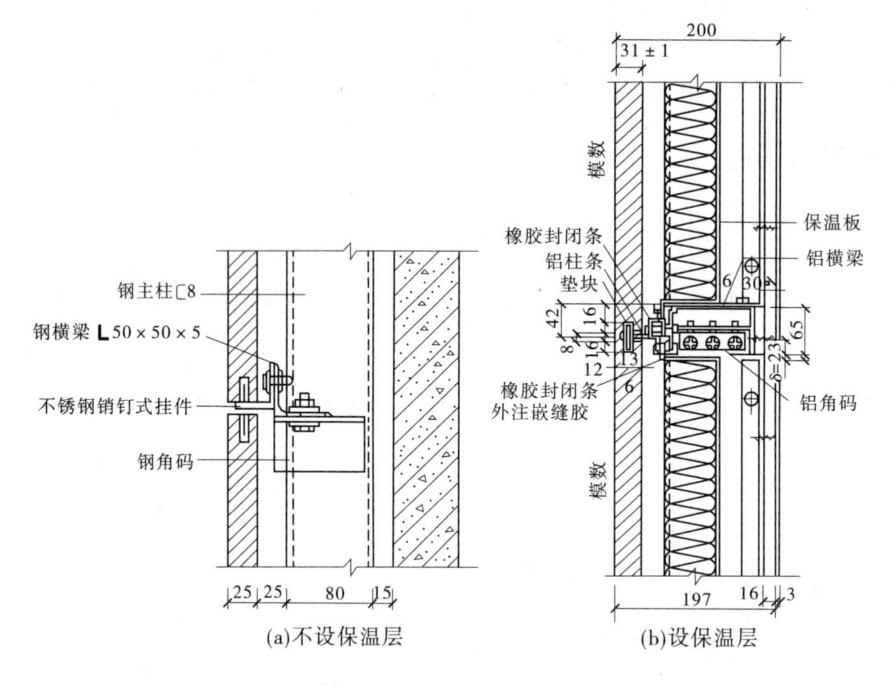

(a)不设保温层 (b)设保温层

图 9-6 骨架干挂式石材幕墙构造

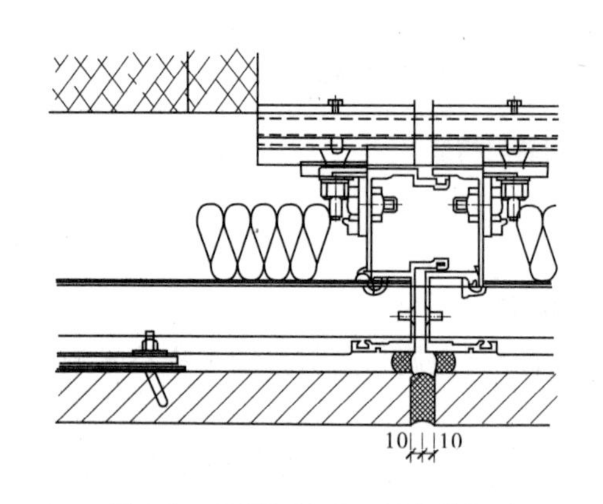

图 9-7 单元干挂式石材幕墙构造

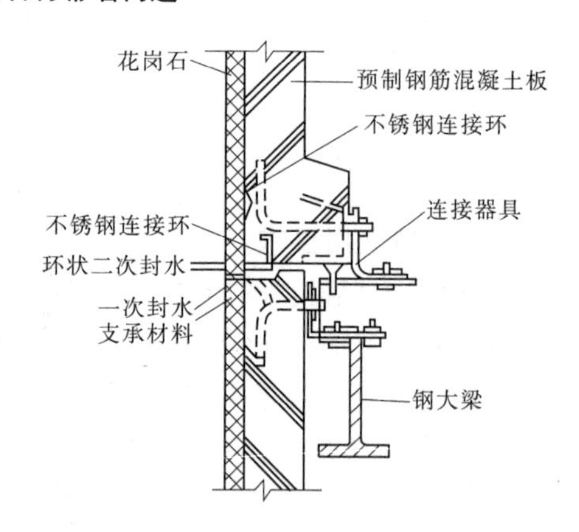

图 9-8 预制复合板干挂式石材幕墙构造

于 8.0 MPa。

(9)幕墙采用的非标准五金件应符合设计要求,并应有出厂合格证。

(10)幕墙石材宜选用火成岩,石材吸水率应小于 0.8‰。

9.2.2.3 石材幕墙安装

1. 金属骨架安装

(1)根据施工放样图检查放线位置。

(2)安装固定竖框的铁件。

(3)先安装同立面两端的竖框,然后拉通线顺序安装中间竖框。

(4)将各施工水平控制线引至竖框上,并用水平尺校核。

(5)按照设计尺寸安装金属横梁。横梁一定要与竖框垂直。

(6)如有焊接时,应对下方和邻近的已完工装饰面进行成品保护。焊接时要采用对称焊,以减少因焊接产生的变形。检查焊缝质量合格后,所有的焊点、焊缝均需做去焊渣及防锈处理,如刷防锈漆等。

(7)待金属架完工后,应通过监理公司对隐蔽工程检查后,方可进行下道工序。

2. 石材饰面板安装

(1)将运至工地的石材饰面板按编号分类,检查尺寸是否准确和有无破损、缺棱、掉角,按施工要求分层次将石材饰面板运至施工面附近,并注意摆放可靠。

(2)按幕墙面基准线仔细安装好底层第一层石材。

(3)注意安放每层金属挂件的标高。金属挂件应紧托上层饰面板,而与下层饰面板之间留有间隙。

(4)安装时,要在饰面板的销钉孔或切槽口内注入石材胶(环氧树脂胶)以保证饰面板与托件的可靠连接。

(5)安装时,应先完成窗洞口四周的石材镶边,以免安装发生困难。

(6)安装到每一楼层标高时,要注意调整垂直误差,不积累。

(7)在搬运石材时,要有安全防护措施,摆放时下面要垫木方。

3. 嵌胶封缝施工

(1)要按设计要求选用合格且未过期的耐候嵌缝胶,最好选用含硅油少的石材专用嵌缝胶,以免砖油渗透污染石材表面。

(2)用带有凸头的刮板填装泡沫塑料圆条,保证胶缝的最小深度和均匀性。选用的泡沫塑料圆条直径应稍大于缝宽。

(3)在胶缝两侧粘贴纸面胶带纸保护,避免嵌缝胶迹污染石材板表面质量。

(4)用专用清洁剂或草酸擦洗缝隙处石材板表面。

(5)派受过训练的工人注胶。注胶应均匀、无流淌。边打胶边用专用工具勾缝,使嵌缝胶成型后呈微弧形四面。

(6)施工中要注意不能有漏胶污染墙面,如墙面上有胶液应立即擦去,并用清洁剂及时擦净余胶。

(7)在大风下雨时不能注胶。

9.2.2.4　石材幕墙工程施工禁忌

1. 禁忌1:骨架立柱的垂直度、横梁的水平度偏差较大

1)现象、危害性

石材幕墙立柱的垂直度、横梁的水平度偏差较大,安装的牢固性差,严重影响幕墙质量及安全性能。

2)防治措施

(1)根据控制线确定骨架位置,严格控制骨架位置偏差。

(2)施工前全面检查预埋件位置,有位置偏移的按技术处理方案先行进行处理,经检查合格后先对支撑件、连接件进行点焊,再调整立柱。达到垂直度要求后进行支撑件、连接件的焊接、固定。

（3）施工前在墙面按排板图进行弹线。将立柱、横梁的位置弹到墙面上，并再纵、横向拉通线进行校核。

（4）横梁角码安装后，拉通线进行检查验收；按层进行横梁安装，并拉通线检查。

（5）对横梁误差较大的进行返工处理，误差小的可在下一步的安装中用不锈钢垫片进行调整。

2. 禁忌2：石板接缝宽窄、深浅不一致，填嵌不密实

1）现象、危害性

接缝宽窄、深浅不一致，一方面影响石材幕墙观感效果；另一方面易渗水、返潮，影响使用功能。

2）防治措施

（1）在主体结构各转角外吊垂线，用来确定石材的外轮廓尺寸，并检查墙面的平整度，误差较大时进行部分剔凿处理；以轴线及各层标高线为基层，在墙面上分别弹出板材横竖向分格线。当为骨架式石板幕墙时，安装骨架后，根据翻样图用经纬仪测出大角两个面的竖向控制线，并在大角上下固定位线的角钢，用钢丝挂竖向控制线。

（2）板材暂时固定后应立即进行水平度和垂直度以及缝的细微调整。

（3）板缝宽度和嵌缝深度按设计要求确定，一般做法如图9-9所示。缝宽一般为8 mm。

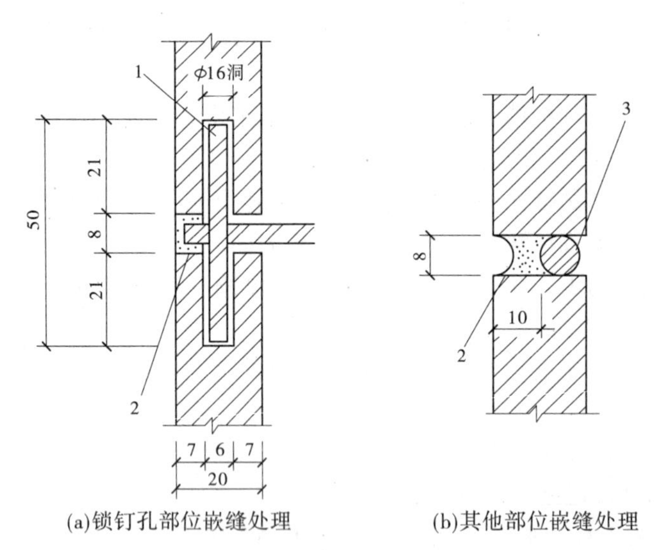

(a)锁钉孔部位嵌缝处理　(b)其他部位嵌缝处理

1—不锈钢钢钉；2—密封胶；3—泡沫塑料圆条

图9-9　石材幕墙嵌缝示意

9.3　幕墙施工的质量标准及检验

9.3.1　一般规定

（1）幕墙工程验收时应检查下列文件和记录：

①幕墙工程的施工图、结构计算书、设计说明及其他设计文件。

②建筑设计单位对幕墙工程设计的确认文件。

③幕墙工程所用各种材料、五金配件、构件及组件的产品合格证书、性能检测报告、进场验收记录和复验报告。

④幕墙工程所用硅酮结构胶的认定证书和抽查合格证明,进口硅酮结构胶的商检证;国家指定检测机构出具的硅酮结构胶相容性和剥离黏结性试验报告;石材用密封胶的耐污染性试验报告。

⑤后置埋件的现场拉拔强度检测报告。

⑥幕墙的抗风压性能、空气渗透性能、雨水渗漏性能及平面变形性能检测报告。

⑦打胶、养护环境的温度、湿度记录,双组分硅酮结构胶的混匀性试验记录及拉断试验记录。

⑧防雷装置测试记录。

⑨隐蔽工程验收记录。

⑩幕墙构件和组件的加工制作记录,幕墙安装施工记录。

(2)幕墙工程应对下列材料及其性能指标进行复验:

①铝塑复合板的剥离强度。

②石材的弯曲强度,寒冷地区石材的耐冻融性,室内用花岗石的放射性。

③玻璃幕墙用结构胶的邵氏硬度、标准条件拉伸黏结强度、相容性试验,石材用结构胶的黏结强度,石材用密封胶的污染性。

(3)幕墙工程应对下列隐蔽工程项目进行验收:

①预埋件(或后置埋件)。

②构件的连接节点。

③变形缝及墙面砖角处的构造节点。

④幕墙防雷装置。

⑤幕墙防火构造。

(4)各分项工程的检验批应按下列规定划分:

①相同设计、材料、工艺和施工条件的幕墙工程每500~1 000 m^2 应划分为一个检验批,不足500 m^2 也应划分为一个检验批。

②同一单位工程的不连续的幕墙工程应单独划分检验批。

③对于异型或有特殊要求的幕墙。检验批的划分应根据幕墙的结构、工艺特点及幕墙工程规模,由监理单位(或建设单位)和施工单位协商确定。

(5)检查数量应符合下列规定:

①每个检验批每100 m^2 应至少抽查一处,每处不得小于10 m^2。

②对于异型或有特殊要求的幕墙工程,应根据幕墙的结构和工艺特点,由监理单位(或建设单位)和施工单位协商确定。

(6)幕墙及其连接件应具有足够的承载力、刚度和相对于主体结构的位移能力。幕墙构架立柱的连接金属角码与其他连接件应采用螺栓连接,并应有防松动措施。

(7)隐框、半隐框幕墙所采用的结构黏结材料必须是中性硅酮结构密封胶,其性能必须符合《建筑用硅酮结构密封胶》(GB 16776—2005)的规定;硅酮结构密封胶必须在有效期内使用。

(8)立柱和横梁等主要受力构件,其截面受力部分的壁厚应经计算确定,且铝合金型材壁厚不应小于3.0 mm。钢型材壁厚不应小于3.5 mm。

(9)隐框、半隐框幕墙构件中板材与金属框之间硅酮结构密封胶的黏结宽度,应分别计算风载荷标准值和板材自重标准值作用下硅酮结构密封胶的黏结宽度,并取较大值,且不得小于7.0 mm。

(10)硅酮结构密封胶应打注饱满,并应在温度15 ~ 30 ℃、相对湿度50%以上、洁净的室内进行;不得在现场墙上打注。

(11)幕墙的防火除应符合现行国家标准《建筑设计防火规范》(GB 50016—2014)的有关规定外,还应符合下列规定:

①应根据防火材料的耐火极限决定防火层的厚度和宽度,并应在楼板处形成防火带。

②防火层应采取隔离措施。防火层的衬板应采用经防腐处理且厚度不小于1.5 mm的钢板,不得采用铝板。

③防火层的密封材料应采用防火密封胶。

④防火层与玻璃不应直接接触,一块玻璃不应跨两个防火分区。

(12)主体结构与幕墙连接的各种预埋件,其数量、规格、位置和防腐处理必须符合设计要求。

(13)幕墙的金属框架与主体结构预埋件的连接、立柱与横梁的连接及幕墙面板的安装必须符合设计要求,安装必须牢固。

(14)单元幕墙连接处和吊挂处的铝合金型材的壁厚应通过计算确定,并不得小于5.0 mm。

(15)幕墙的金属框架与主体结构应通过预埋件连接。预埋件应在主体结构混凝土施工时埋入,预埋件的位置应准确。当没有条件采用预埋件连接时,应采用其他可靠的连接措施,并应通过试验确定其承载力。

(16)立柱应采用螺栓与角码连接,螺栓直径应经过计算,并应不小于10 mm。不同金属材料接触时应采用绝缘垫片分隔。

(17)幕墙的防震缝、伸缩缝、沉降缝等部位的处理应保证缝的使用功能和饰面的完整性。

(18)幕墙工程的设计应满足维护和清洁的要求。

9.3.2 主控项目

9.3.2.1 玻璃幕墙工程

(1)玻璃幕墙工程所使用的各种材料、构件和组件的质量,应符合设计要求及国家现行产品标准和工程技术规范的规定。

检验方法:检查材料、构件、组件的产品合格证书,进场验收记录,性能检测报告和材料的复验报告。

(2)玻璃幕墙的造型和立面分格应符合设计要求。

检验方法:观察,尺量检查。

(3)玻璃幕墙使用的玻璃应符合下列规定:

①幕墙应使用安全玻璃。玻璃的品种、规格、颜色及安装方向应符合设计要求。

②幕墙玻璃的厚度不应小于6 mm,全玻幕墙肋玻璃的厚度不应小于12 mm。

③幕墙的中空玻璃应采用双道密封。明框幕墙的中空玻璃应采用聚硫密封胶及丁基密封胶;隐框和半隐框幕墙的中空玻璃应采用硅酮结构密封胶及丁基密封胶;镀膜面应在中空玻璃的第二或第三面上。

④幕墙的夹层玻璃应采用聚乙烯醇缩丁醛(PVB)胶片干法加工合成的夹层玻璃。点支承玻璃幕墙夹层玻璃的夹层胶片(PVB)厚度不应小于0.76 mm。

⑤钢化玻璃表面不得有损伤,8.0 mm以下的钢化玻璃应进行引爆处理。

⑥所有幕墙玻璃均应进行边缘处理。

检验方法:观察,尺量检查,检查施工记录。

(4)玻璃幕墙与主体结构连接的各种预埋件、连接件、紧固件必须安装牢固,其数量、规格、位置、连接方法和防腐处理应符合设计要求。

检验方法:观察,检查隐蔽工程验收记录和施工记录。

(5)各种连接件、紧固件的螺栓应有防松动措施,焊接连接应符合设计要求和焊接规范的规定。

检验方法:观察,检查隐蔽工程验收记录和施工记录。

(6)隐框或半隐框玻璃幕墙,每块玻璃下端应设置两个铝合金或不锈钢托条,其长度不应小于100 mm,厚度不应小于2 mm,托条外端应低于玻璃外表面2 mm。

检验方法:观察,检查施工记录。

(7)明框玻璃幕墙的玻璃安装应符合下列规定:

①玻璃槽口与玻璃的配合尺寸应符合设计要求和技术标准的规定。

②玻璃与构件不得直接接触。玻璃四周与构件凹槽底部应保持一定的空隙,每块玻璃下部应至少放置两块宽度与槽口宽度相同、长度不小于100 mm的弹性定位垫块;玻璃两边嵌入量及空隙应符合设计要求。

③玻璃四周橡胶条的材质、型号应符合设计要求,镶嵌应平整,橡胶条长度应比边框内槽长1.5%~2.0%,橡胶条在转角处应斜面断开,并用胶黏剂黏结牢固后嵌入槽内。

检验方法:观察,检查施工记录。

(8)高度超过4 m的全玻幕墙应吊挂在主体结构上,吊夹具应符合设计要求;玻璃与玻璃、玻璃与玻璃肋之间的缝隙,应采用硅酮结构密封胶填嵌严密。

检验方法:观察,检查隐蔽工程验收记录和施工记录。

(9)点支承玻璃幕墙应采用带方向头的活动不锈钢爪,其钢爪间的中心距离应大于250 mm。

检验方法:观察,尺量检查。

(10)玻璃幕墙四周、玻璃幕墙内表面与主体结构之间的连接节点、各种变形缝、墙角的连接节点应符合设计要求和技术标准的规定。

检验方法:观察,检查隐蔽工程验收记录和施工记录。

(11)玻璃幕墙应无渗漏。

检验方法:在易渗漏部位进行淋水检查。

(12)玻璃幕墙结构胶和密封胶的打注应饱满、密实、连续、均匀、无气泡,宽度和厚度应符合设计要求和技术标准的规定。

检验方法:观察,尺量检查,检查施工记录。

(13)玻璃幕墙开启窗的配件应齐全,安装应牢固,安装位置和开启方向、角度应正确;开启应灵活,关闭应严密。

检验方法:观察,手扳检查,开启和关闭检查。

(14)玻璃幕墙的防雷装置必须与主体结构的防雷装置可靠连接。

检验方法:观察,检查隐蔽工程验收记录和施工记录。

9.3.2.2 **石材幕墙工程**

(1)石材幕墙工程所用材料的品种、规格、性能和等级,应符合设计要求及国家现行产品标准和工程技术规范的规定。石材的弯曲强度不应小于8.0 MPa,吸水率应小于0.8%。石材幕墙的铝合金挂件厚度不应小于4.0 mm,不锈钢挂件厚度不应小于3.0 mm。

检验方法:观察,尺量检查,检查产品合格证书、性能检测报告、材料进场验收记录初复验报告。

(2)石材幕墙的造型、立面分格、颜色、光泽、花纹和图案应符合设计要求。

检验方法:观察。

(3)石材孔、槽的数量、深度、位置、尺寸应符合设计要求。

检验方法:检查进场验收记录或施工记录。

(4)石材幕墙主体结构上的预埋件和后置埋件的位置、数量及后置埋件的拉拔力必须符合设计要求。

检验方法:检查拉拔力检测报告和隐蔽工程验收记录。

(5)石材幕墙的金属框架立柱与主体结构预埋件的连接、立柱与横梁的连接、连接件与金属框架的连接、连接件与石材面板的连接必须符合设计要求,安装必须牢固。

检验方法:手扳检查,检查隐蔽工程验收记录。

(6)金属框架和连接件的防腐处理应符合设计要求。

检验方法:检查隐蔽工程验收记录。

(7)石材幕墙的防雷装置必须与主体结构防雷装置可靠连接。

检验方法:观察,检查隐蔽工程验收记录和施工记录。

(8)石材幕墙的防火、保温、防潮材料的设置应符合设计要求,填充应密实、均匀、厚度一致。

检验方法:检查隐蔽工程验收记录。

(9)各种结构变形缝、墙角的连接节点应符合设计要求和技术标准的规定。

检验方法:检查隐蔽工程验收记录和施工记录。

(10)石材表面和板缝的处理应符合设计要求。

检验方法:观察。

(11)石材幕墙的板缝注胶应饱满、密实、连续、均匀、无气泡,板缝宽度和厚度应符合设计要求和技术标准的规定。

检验方法:观察,尺量检查,检查施工记录。

(12)石材幕墙应无渗漏。

检验方法:在易渗漏部位进行淋水检查。

9.3.3　一般项目

9.3.3.1　玻璃幕墙工程

(1)玻璃幕墙表面应平整、洁净,整幅玻璃的色泽应均匀一致,不得有污染和镀膜损坏。

检验方法:观察。

(2)每平方米玻璃的表面质量和检验方法应符合表9-4的规定。

表9-4　每平方米玻璃的表面质量和检验方法

项次	项目	质量要求	检验方法
1	明显划伤和长度>100 mm的轻微划伤	不允许	观察
2	长度≤100 mm的轻微划伤	≤8条	用钢尺检查
3	擦伤总面积	≤500 mm^2	用钢尺检查

(3)一个分格铝合金型材的表面质量和检验方法应符合表9-5的规定。

表9-5　一个分格铝合金型材的表面质量和检验方法

项次	项目	质量要求	检验方法
1	明显划伤和长度>100 mm的轻微划伤	不允许	观察
2	长度≤100 mm的轻微划伤	≤2条	用钢尺检查
3	擦伤总面积	≤500 mm^2	用钢尺检查

(4)明框玻璃幕墙的外露框或压条应横平竖直,颜色、规格应符合设计要求,压条安装应牢固。单元玻璃幕墙的单元拼缝或隐框玻璃幕墙的分格玻璃拼缝应横平竖直、均匀一致。

检验方法:观察,手扳检查,检查进场验收记录。

(5)玻璃幕墙的密封胶缝应横平竖直、深浅一致、宽窄均匀、光滑顺直。

检验方法:观察,手摸检查。

(6)防火、保温材料填充应饱满、均匀,表面应密实、平整。

检验方法:检查隐蔽工程验收记录。

(7)玻璃幕墙隐蔽节点的遮封装修应牢固、整齐、美观。

检验方法:观察,手扳检查。

(8)明框玻璃幕墙安装的允许偏差和检验方法应符合表9-6的规定。

(9)隐框、半隐框玻璃幕墙安装的允许偏差和检验方法应符合表9-7的规定。

表 9-6　明框玻璃幕墙安装的允许偏差和检验方法

项次	项目		允许偏差(mm)	检验方法
1	幕墙垂直度	幕墙高度≤30 m	10	用经纬仪检查
		30 m < 幕墙高度≤60 m	15	
		60 m < 幕墙高度≤90 m	20	
		幕墙高度 > 90 m	25	
2	幕墙水平度	幕墙幅宽≤35 m	5	用水平仪检查
		幕墙幅宽 > 35 m	7	
3	构件直线度		2	用 2 m 靠尺和塞尺检查
4	检件水平度	构件长度≤2 m	2	用水平仪检查
		构件长度 > 2 m	3	
5	相邻构件错位		1	用钢直尺检查
6	分格框对角线长度差	对角线长度≤2 m	3	用钢尺检查
		对角线长度 > 2 m	4	

表 9-7　隐框、半隐框玻璃幕墙安装的允许偏差和检验方法

项次	项目		允许偏差(mm)	检验方法
1	幕墙垂直度	幕墙高度≤30 m	10	用经纬仪检查
		30 m < 幕墙高度≤60 m	15	
		60 m < 幕墙高度≤90 m	20	
		幕墙高度 > 90 m	25	
2	幕墙水平度	层高≤3 m	3	用水平仪检查
		层高 > 3 m	5	
3	幕墙表面平整度		2	用 2 m 靠尺和塞尺检查
4	板材立面垂直度		2	用垂直检测尺检查
5	板材上沿水平度		2	用 1 m 水平尺和钢直尺检查
6	相邻板材板角错位		1	用钢直尺检查
7	阳角方正		2	用直角检测尺检查
8	接缝直线度		3	拉 5 m 线,不足 5 m 拉通线,用钢直尺检查
9	接缝高低差		1	用钢直尺和塞尺检查
10	接缝宽度		1	用钢直尺检查

9.3.3.2　石材幕墙工程

(1)石材幕墙表面应平整、洁净,无污染、缺损和裂痕。颜色和花纹应协调一致,无明显色差,无明显修痕。

检验方法:观察。

(2)石材幕墙的压条应平直、洁净、接口严密、安装牢固。

检验方法:观察,手扳检查。

(3)石材接缝应横平竖直、宽窄均匀;阴阳角石板压向应正确,板边合缝应顺直;凸凹线出墙厚度应一致,上下口应平直;石材面板上洞口、槽边应套割吻合,边缘应整齐。

检验方法:观察,尺量检查。

(4)石材幕墙的密封胶缝应横平竖直、深浅一致、宽窄均匀、光滑顺直。

检验方法:观察。

(5)石材幕墙上的滴水线、流水坡向应正确、顺直。

检验方法:观察,用水平尺检查。

(6)每平方米石材的表面质量和检验方法应符合表9-8的规定。

表9-8　每平方米石材的表面质量和检验方法

项次	项目	质量要求	检验方法
1	裂痕、明显划伤和长度>100 mm的轻微划伤	不允许	观察
2	长度≤100 mm的轻微划伤	≤8条	用钢尺检查
3	擦伤总面积	≤500 mm^2	用钢尺检查

(7)石材幕墙安装的允许偏差和检验方法应符合表9-9的规定。

表9-9　石材幕墙安装的允许偏差和检验方法

<table>
<tr><th rowspan="2">项次</th><th rowspan="2" colspan="2">项目</th><th colspan="2">允许偏差(mm)</th><th rowspan="2">检验方法</th></tr>
<tr><th>光面</th><th>麻面</th></tr>
<tr><td rowspan="4">1</td><td rowspan="4">幕墙垂直度</td><td>幕墙高度≤30 m</td><td colspan="2">10</td><td rowspan="4">用经纬仪检查</td></tr>
<tr><td>30 m<幕墙高度≤60 m</td><td colspan="2">15</td></tr>
<tr><td>60 m<幕墙高度≤90 m</td><td colspan="2">20</td></tr>
<tr><td>幕墙高度>90 m</td><td colspan="2">25</td></tr>
<tr><td>2</td><td colspan="2">幕墙水平度</td><td colspan="2">3</td><td>用水平仪检查</td></tr>
<tr><td>3</td><td colspan="2">板材立面垂直度</td><td colspan="2">3</td><td>用水平仪检查</td></tr>
<tr><td>4</td><td colspan="2">板材上沿水平度</td><td colspan="2">2</td><td>用1 m水平尺和钢直尺检查</td></tr>
<tr><td>5</td><td colspan="2">相邻板材板角错位</td><td colspan="2">1</td><td>用钢直尺检查</td></tr>
<tr><td>6</td><td colspan="2">幕墙表面平整度</td><td>2</td><td>3</td><td>用垂直检测尺检查</td></tr>
<tr><td>7</td><td colspan="2">阳角方正</td><td>2</td><td>4</td><td>用直角检测尺检查</td></tr>
<tr><td>8</td><td colspan="2">接缝直线度</td><td>3</td><td>4</td><td>拉5 m线,不足5 m拉通线,用钢直尺检查</td></tr>
<tr><td>9</td><td colspan="2">接缝高低差</td><td>1</td><td>—</td><td>用钢直尺和塞尺检查</td></tr>
<tr><td>10</td><td colspan="2">接缝宽度</td><td>1</td><td>2</td><td>用钢直尺检查</td></tr>
</table>

实训项目　玻璃幕墙实训

某工程外墙装修为局部玻璃幕墙,装饰施工图(局部)如图9-10所示。

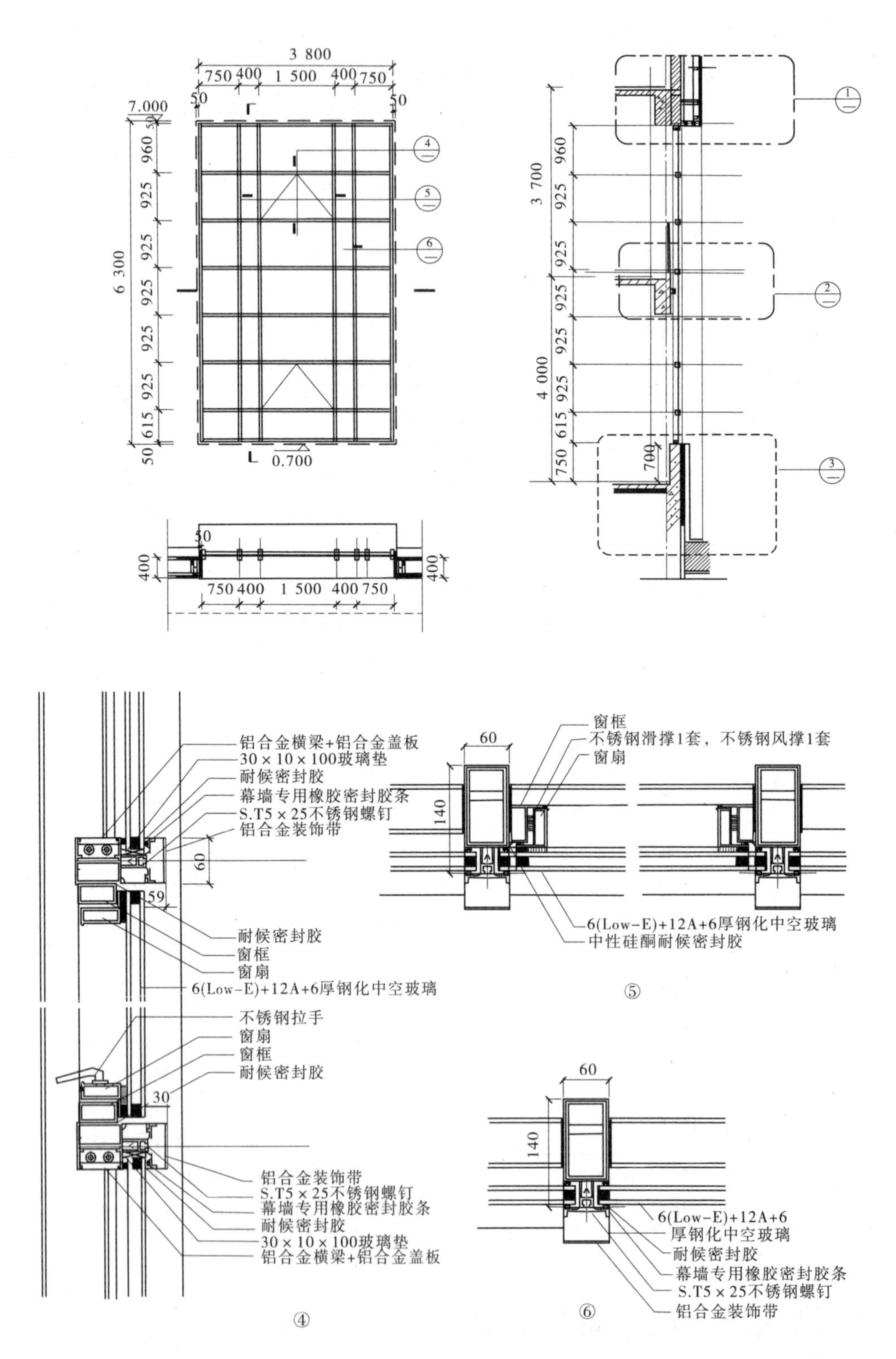

图 9-10 某工程外墙明框玻璃幕墙施工图

示范教材

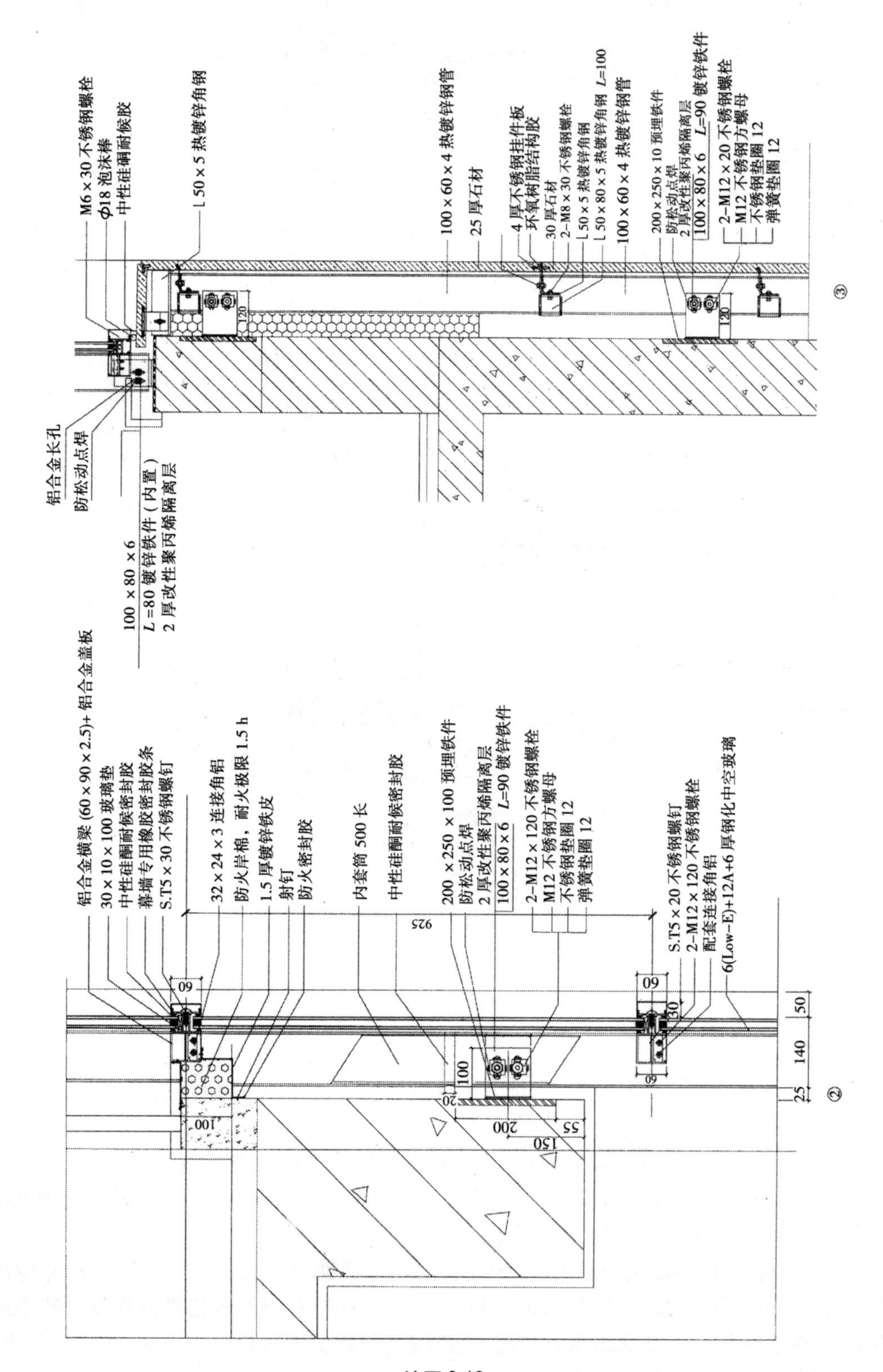

M6×30 不锈钢螺栓
Φ18 泡沫棒
中性硅酮耐候胶
L50×5 热镀锌角钢
100×60×4 热镀锌钢管
25 厚石材
4 厚不锈钢挂件板
环氧树脂结构胶
30 厚石材
2-M8×30 不锈钢螺栓
L50×5 热镀锌角钢
L50×80×5 热镀锌角钢 L=100
100×60×4 热镀锌钢管
200×250×10 预埋铁件
防松动点焊
2 厚改性聚丙烯隔离层
100×80×6 L=90 镀锌铁件
2-M12×20 不锈钢螺栓
M12 不锈钢方螺母
不锈钢垫圈 12
弹簧垫圈 12
120
铝合金长孔
防松动点焊
100×80×6
L=80 镀锌铁件（内置）
2 厚改性聚丙烯隔离层
③
铝合金横梁 (60×90×2.5)+ 铝合金盖板
30×10×100 玻璃垫
中性硅酮耐候密封胶
幕墙专用橡胶密封胶条
S.T5×30 不锈钢螺钉
32×24×3 连接角铝
防火岩棉，耐火极限 1.5 h
1.5 厚镀锌铁皮
射钉
防火密封胶
内套筒 500 长
中性硅酮耐候密封胶
200×250×100 预埋铁件
防松动点焊
2 厚改性聚丙烯隔离层
100×80×6 L=90 镀锌铁件
2-M12×120 不锈钢螺栓
M12 不锈钢方螺母
不锈钢垫圈 12
弹簧垫圈 12
S.T5×20 不锈钢螺钉
2-M12×120 不锈钢螺栓
配套连接角铝
6(Low-E)+12A+6 厚钢化中空玻璃
925
60
60
60
30
50
140
25
100
20
200
55
150
100
②

续图 9-10

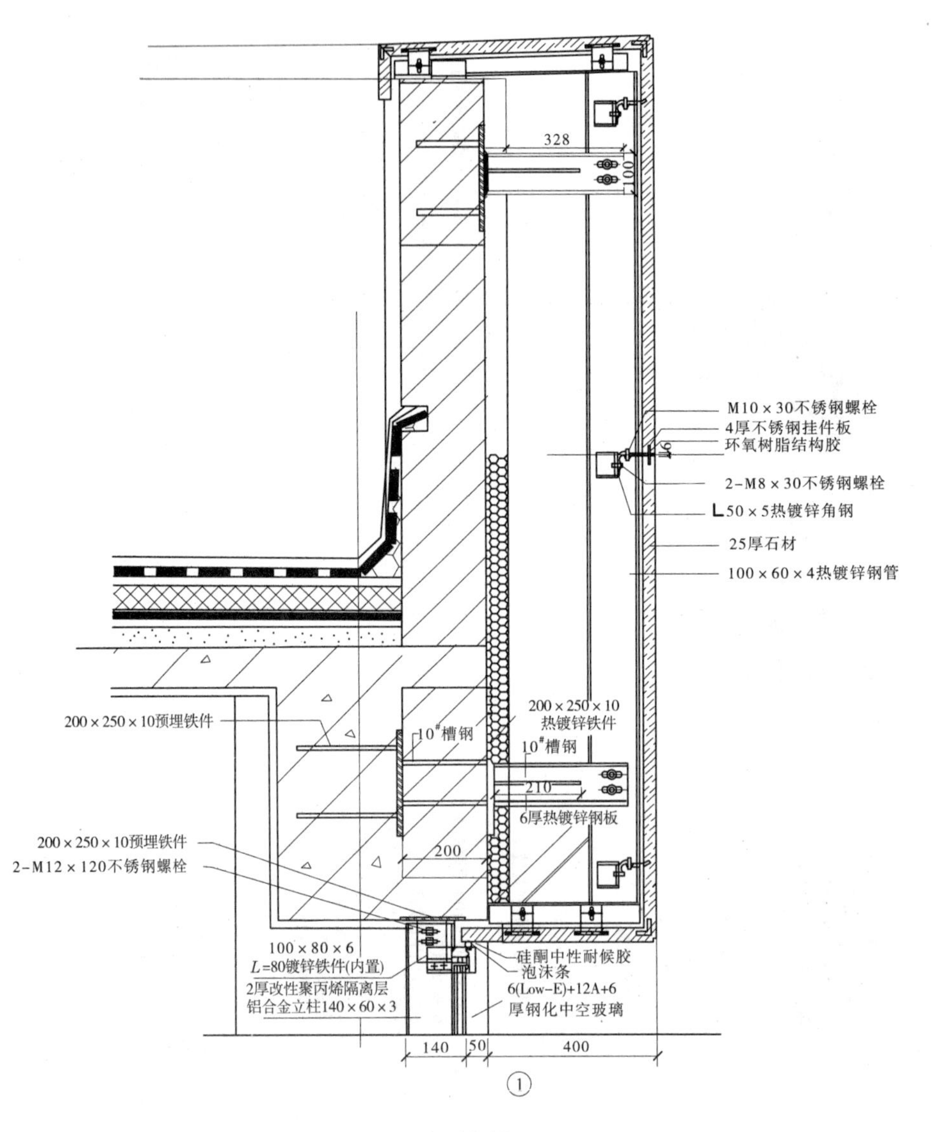

续图 9-10

(一)场景要求

组织技术人员完成设计计算、设计方案及进行施工设计,对图纸进行会审、进行现场勘察,找出不利于施工的情况。

确定材料堆放和临时垃圾堆放点,应选择没有危险性的地方堆放,以防止坠落物损坏,堆放场地不因其他施工而移动,场内搬运、配置,应做到通道畅通便捷。做好各种操作人员上岗前的考核工作,合格者方可上岗。

构件进行钻孔、装配接头芯管、安装连接附件等辅助加工时,其加工位置、尺寸应准确。构件搬运、吊装时要避免碰撞、损坏和污染。构件应按品种、规格堆放在特种架子或垫木上,在室外堆放时,应采取保护措施,构件安装前均要进行检验与校正,构件应平直、规方,不得有变形和刮痕,不合格的构件不得安装。

（二）主要材料及工具设备

按照要求，填写主要施工机具表。

现场主要施工设备和机具：吊篮或脚手架、电焊机、手电钻、冲击电钻、螺丝刀、胶枪、小型切割机、割胶刀、电动自攻螺钉钻、射钉枪、手动玻璃吸盘、铝型材切割机、活动扳手、吊车、卷扬机、电动玻璃吸盘、手动葫芦和其他机具。

现场主要检测仪器：经纬仪、水准仪、激光垂准仪、2 m 靠尺、卡尺、深度尺、钢卷尺、塞尺、邵氏硬度计、韦氏硬度计、金属测厚仪、玻璃测厚仪等。

（三）步骤提示及操作要领

玻璃幕墙工艺流程如下：测量放线→幕墙预埋件检查→立柱准备→立柱安装→横梁安装→主要附件安装→安装层间保温防火材料→面板安装→注密封胶→收边收口→清洗幕墙→竣工验收。

（1）幕墙安装前，应按规定进行幕墙的风压变形性能、气密性能、水密性能和平面内变形性能的检测试验及其他设计要求的性能检测试验，并提供检测报告。

（2）预埋件位置偏差过大或未设预埋件时，应制订后置埋件施工方案或其他可靠连接方案，经业主、监理、建筑设计单位会签后方可实施。

（3）由于主体结构施工偏差超过规定而妨碍幕墙施工安装时，应会同业主、监理和土建承包方采取相应措施，并在幕墙安装前实施。

（4）幕墙的连接部位应采取措施防止产生摩擦噪声。构件式幕墙的立柱与横梁连接处应避免刚性接触，可设置柔性垫片或预留 1 ~2 mm 的间隙，间隙内填胶。

（5）玻璃安装前应进行检查，并将表面尘土和污染物擦拭干净。除设计另有要求外，应将镀膜面朝向室外。

（6）应按规定型号选用玻璃四周的橡胶条，其长度宜比边框内槽口长 1.5% ~2%。橡胶条斜面断开后，应拼成预定的设计角度，并应采用黏结剂黏结牢固。镶嵌应平整。

（7）幕墙安装完毕后应首先自检，自检合格后报验。

（8）幕墙使用的耐候胶与工程所用的铝合金型材和镀膜玻璃的镀膜层必须相容。耐候胶应在保质期内使用，并有合格证明、出厂年限批号。进口耐候胶应有商检合格证。

（9）幕墙的金属支承构件与连接件如果是不同金属，其接触面应采用柔性隔离垫片。

（10）幕墙安装过程中，构件存放、搬运、吊装时不应碰撞和损坏，半成品应及时保护，对型材保护膜应采取保护措施。构件存储时应依照幕墙安装顺序排列放置，储存架应有足够的承载力和刚度。

（四）施工质量控制要点

玻璃与构件槽口的配合尺寸应符合相关规程的规定。

每块玻璃下部应设不少于两块弹性定位垫块，垫块的宽度与槽口宽度应相同，长度不应小于 100 mm，厚度不应小于 5 mm。

橡胶条镶嵌应平整、密实，橡胶条长度宜比边框内槽口长 1.5% ~2.0%，其断口应留在四角，拼角处应黏结牢固。

不得采用自攻钉固定承受水平荷载的玻璃压块。压块的固定方式、固定点数量应符合设计要求。

检查明框玻璃幕墙的安装质量，应采用观察检查、查施工记录和质量保证资料的方法，也可采用分度值为 1 mm 的钢直尺或分辨率为 0.5 mm 的游标卡尺测量垫块长度和玻璃嵌入量。

明框玻璃幕墙拼缝质量的检验指标，应符合下列规定：

金属装饰压板应符合设计要求，表面应平整，色彩应一致，不得有变形、波纹和凹凸不平，接缝应均匀严密。

明框拼缝外露框料或压板应横平竖直，线条通顺，并应满足设计要求。

当压板有防水要求时，必须满足设计要求；排水孔的形状、位置、数量应符合设计要求且排水通畅。

检查明框玻璃幕墙拼缝质量时，应与设计图纸核对，观察检查，也可打开检查。

(五)学生操作评定

姓名：　　　　　　　　　　学号：　　　　　　　　　　得分：

项次	项目	考核内容	评定方法	满分	得分
1	实训态度	职业素质	未做无分，做而不认真扣 2 分	5	
2	预埋件	质量	埋件加工制作材料的规格、型号、尺寸，焊接必须符合设计要求，有缺陷每处扣 5 分	35	
3	构件	质量	牢固，各构件连接缝必须进行可靠的密封处理，每项错误一处扣 5 分	20	
4	骨架	质量	骨架型材颜色一致，无砸压变形，表面洁净，无污染，拼接严密平整，接口平滑，每错一处扣 2 分	10	
5	玻璃	质量	表面平整、无翘曲、无裂纹、无划痕、颜色一致，每错一处扣 2 分	10	
6	封耐候胶缝	质量	横竖缝的大小、宽窄一致，无错台错位。耐候胶与玻璃、铝材黏结牢固，胶缝表面平整，光滑、深浅一致，每错一处扣 2 分	10	
7	安全文明施工	安全生产	发生重大安全事故本项目不合格；发生一般事故无分，事故苗头扣 2 分	10	
合计				100	

考评员：　　　　　　　　　　　　　　　　　　日期：

学习项目 10　其他装饰工程

【学习目标】

1. 熟悉轻质隔墙工程施工操作方法。

2. 了解橱柜、木窗帘盒制作与安装方法;了解门窗套、护栏和扶手安装方法。

3. 了解细部工程在施工过程中的质量检查项目和质量验收检验项目,熟悉细部工程施工质量检验标准及检验方法,掌握细部工程的施工常见质量通病及其防治措施。

【学习重点】

轻质隔墙工程施工工艺。

10.1　轻质隔墙的施工

轻质隔墙工程是现代建筑装饰工程的重要组成部分,用以分隔室内空间。相比于传统墙体,具有质量轻、节约空间、分隔空间更加灵活、易安装拆除的特点。随着经济水平和生活水平的提高,新材料、新工艺在不断发展,目前轻质隔墙主要包括骨架类隔墙、板材类隔墙、玻璃类隔墙。本节简要介绍骨架隔墙的施工。

骨架隔墙是以木材、金属型材等作为骨架材料,在龙骨上按照设计要求安装各种轻质装饰罩面板材共同组成,见图 10-1。

常用的主要是木龙骨板材隔墙和轻钢龙骨板材隔墙。本节以轻钢龙骨板材隔墙为例,介绍轻质隔墙的施工。

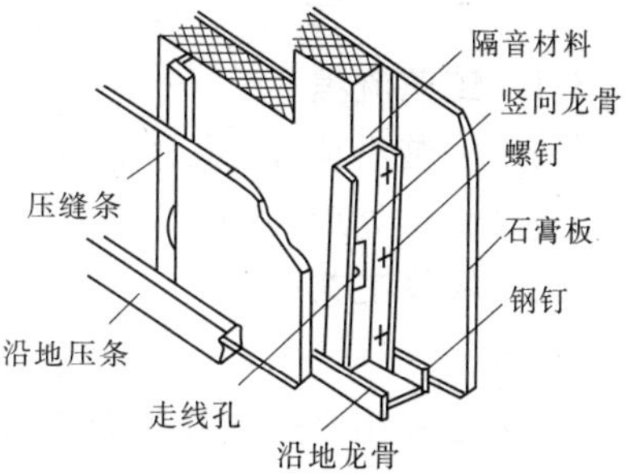

图 10-1　骨架隔墙构造

10.1.1　材料要求

(1)轻钢龙骨主件:沿顶龙骨、沿地龙骨、加强龙骨、竖向龙骨、横撑龙骨的规格、型号、表面处理等应符合设计和相关标准的要求。

(2)轻钢骨架配件:支撑卡、卡托、角托、连接件、固定件、护墙龙骨和压条等附件,应符合设计和相关标准的要求。

(3)紧固材料:射钉、膨胀螺栓、镀锌自攻螺钉、木螺钉和粘贴嵌缝料,应符合设计和相关标准的要求。

(4)填充隔音材料:岩棉、玻璃丝棉等按设计要求选用并符合环保要求。

(5)罩面板材:可选用石膏板、胶合板、纤维板、塑料板、铝合金装饰条板等。

(6)嵌缝材料:嵌缝腻子、接缝带、胶黏剂、玻璃纤维布等按设计要求选用并符合环保要求。

(7)通常隔墙使用的轻钢龙骨为 C 形隔墙龙骨。

10.1.2 构造做法

轻钢龙骨隔墙的骨架一般由沿顶龙骨、沿地龙骨、竖向龙骨、横撑龙骨及加强龙骨和各种配套件组成。一般做法如图 10-2、图 10-3 所示。

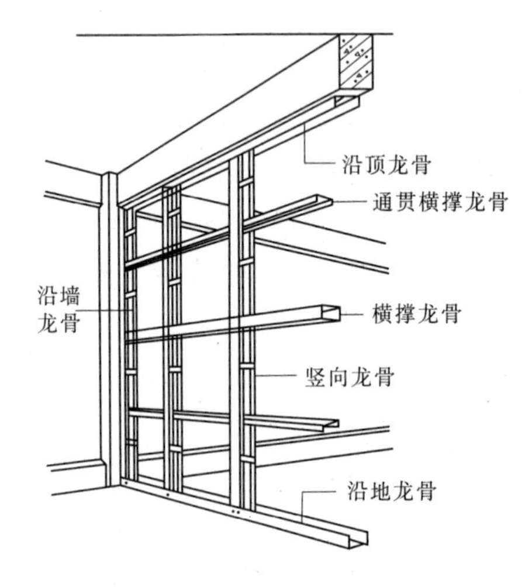

图 10-2 轻钢龙骨隔墙骨架构造

面板与骨架的固定方式有钉、粘或通过专门的卡具连接三种。

10.1.3 施工工艺

10.1.3.1 工艺流程

弹线→安装沿顶、沿地龙骨→安装门窗框→安装龙骨→安装系统管线→安装石膏板→接缝及面层处理→细部收口处理。

10.1.3.2 操作工艺

1. 弹线

在基体上弹出水平线和竖向垂直线,以控制隔断龙骨安装的位置、龙骨的平直度和固定点。

2. 安装沿顶、沿地龙骨

按墙顶龙骨位置边线,安装顶龙骨和地龙骨。安装时一般用射钉或金属膨胀螺栓固定于主体结构上,其固定间距不大于 600 mm。

3. 安装门窗框

隔墙的门窗框安装并临时固定,在门窗框边缘安加强龙骨。

4. 安装龙骨

(1)安装竖龙骨。按门窗位置进行竖龙骨分格。根据板宽不同,竖龙骨中心距尺寸一般为 453 mm、603 mm。安装时,按分格位置将竖龙骨上、下两端插入沿顶、沿地龙骨内,调整垂直,用抽芯铆钉固定。靠墙、柱的边龙骨除与沿顶、沿地龙骨用抽芯铆钉固定外,还需用金属膨胀螺栓或射钉与墙、柱固定,钉距一般为 900 mm。竖龙骨与沿顶、沿地

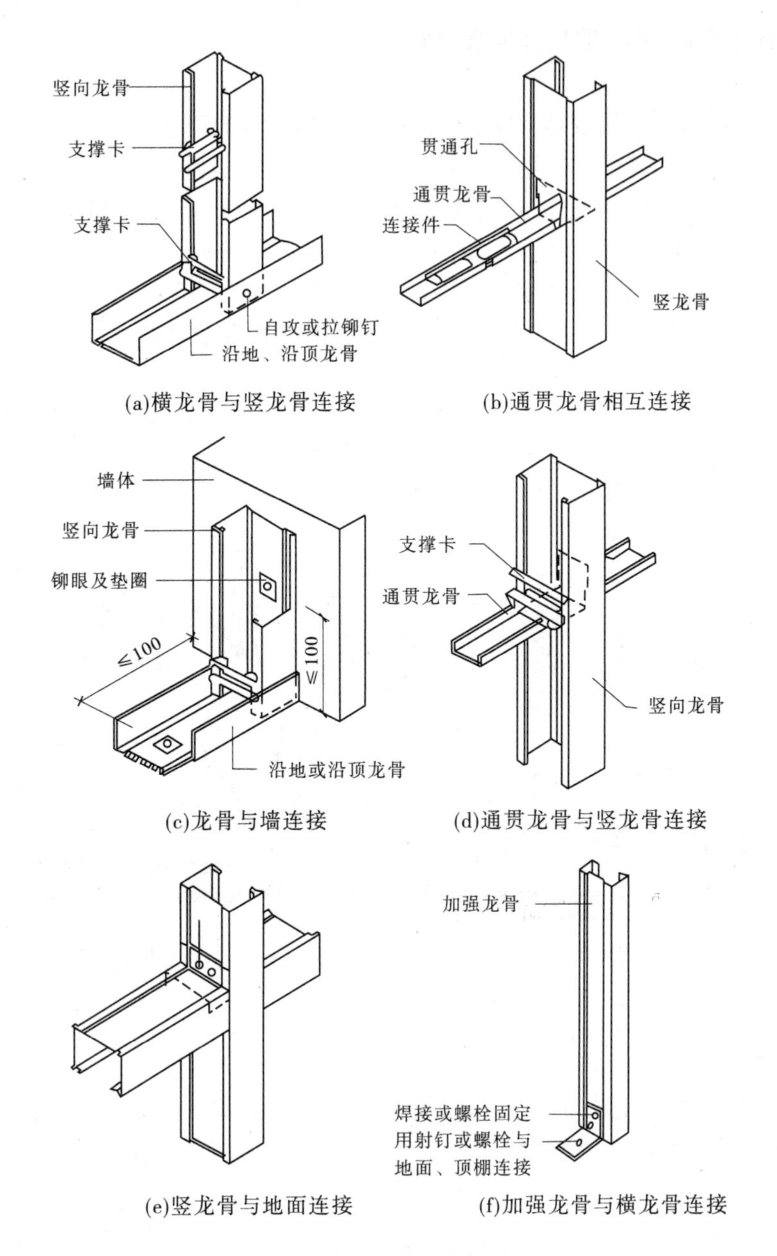

(a)横龙骨与竖龙骨连接　(b)通贯龙骨相互连接

(c)龙骨与墙连接　(d)通贯龙骨与竖龙骨连接

(e)竖龙骨与地面连接　(f)加强龙骨与横龙骨连接

图 10-3　龙骨连接构造

龙骨固定时，抽芯铆钉每面不少于 3 颗，“品”字形排列，双面固定。

(2)安装横向龙骨。根据设计要求布置横向龙骨。当使用贯通式横向龙骨时，若高度小于 3 m 应不少于 1 道，3 ~ 5 m 设 2 道，大于 5 m 设 3 道横向龙骨，与竖向龙骨采用抽芯铆钉固定。使用支撑卡式横向龙骨时，卡距 400 ~ 600 mm，支撑卡应安装在竖向(横向龙骨间距)龙骨的开口上，并安装牢固。

5. 安装系统管线

安装墙体内水、电管线和设备时，应避免切断横、竖向龙骨，同时避免在沿墙下端设置

管线。要求固定牢固,并采取局部加强措施。

6. 安装石膏板

(1)首先从门口处开始安装一侧的石膏板,无门洞口的墙体由墙的一端开始。石膏板宜竖向铺设,长边接缝宜落在竖向龙骨上。曲线墙石膏板宜横向铺贴。门窗口两侧应用刀把形板。石膏板用自攻螺钉固定到龙骨上,板边钉距不应大于 200 mm,板中间钉距不应大于 300 mm,螺钉距石膏板边缘的距离应为 10 ~ 16 mm。

(2)其次,墙体内安装防火、隔音、防潮填充材料,与另一侧石膏板安装同时进行。

(3)最后,安装墙体另一侧石膏板。安装方法同第一侧石膏板,接缝应与第一侧面板缝错开,拼缝不得放在同一根龙骨上,见图 10-4(a)。

(4)双层石膏板墙面安装。第二层板的固定方法与第一层相同,但第二层板的接缝应与第一层错开,不能与第一层的接缝落在同一龙骨上, 见图 10-4(b)。

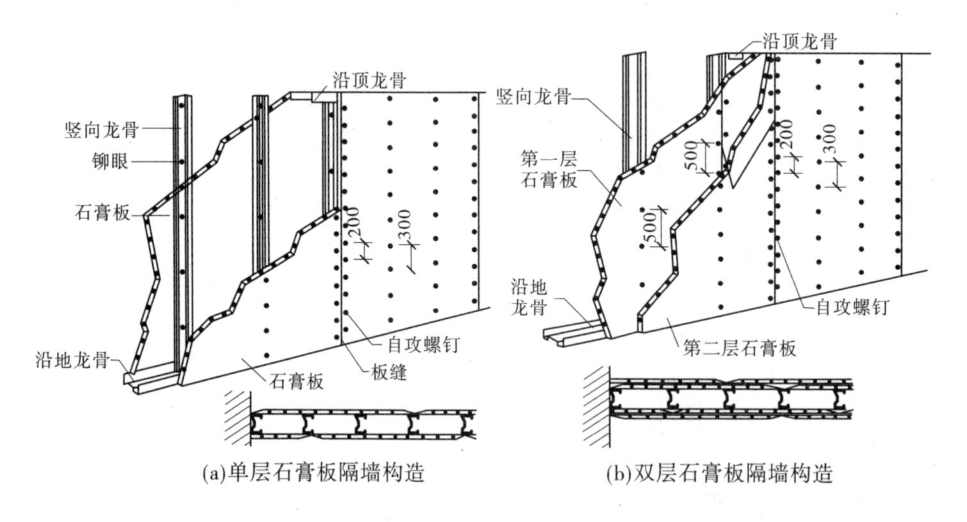

图 10-4　石膏板隔墙构造

7. 接缝及面层处理

隔墙石膏板之间的接缝一般做平缝,并按以下程序处理:

(1)首先,刮嵌缝腻子。刮嵌缝腻子前,将接缝内清除干净,固定石膏板的螺钉帽进行防腐处理。

(2)其次,粘贴接缝带。嵌缝腻子凝固后粘贴接缝带。先在接缝上薄刮一层稠度较稀的胶状腻子,厚度一般为 1 mm,比接缝带略宽,然后粘贴接缝带,并用开刀沿接缝带自上而下一个方向刮平压实,使接缝带粘贴牢固,见图 10-5。

(3)再次,刮中层腻子。接缝带粘贴后,立即在上面再刮一层比接缝带宽 80 mm 左右、厚度约 1 mm 的中层腻子。

(4)最后,刮平腻子。用大开刀将腻子在板面接缝处满刮,尽量薄,与板面填平为准。

8. 细部收口处理

墙面、柱面和门口的阳角应按设计要求做护角;阳角处应粘贴两层玻璃纤维布,角两边均拐过 100 mm,表面用腻子刮平。

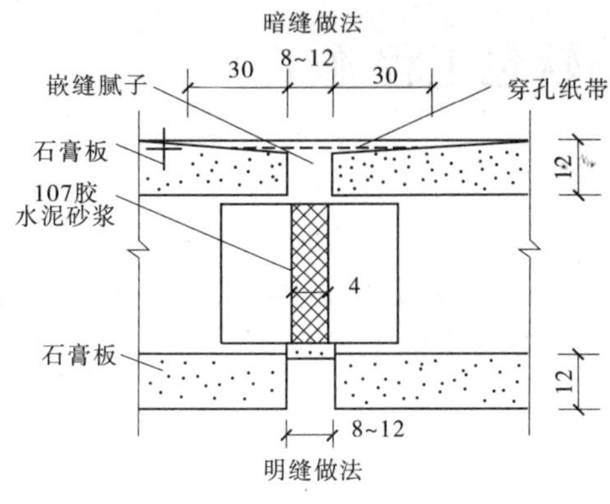

图 10-5　板缝节点做法

10.1.3.3　**季节性施工**

(1)雨期施工时,轻钢骨架、石膏板应入库存放,注意保持通风干燥,防止受潮生锈和变形。

(2)冬期施工时,做嵌缝和刮找平腻子时,环境温度应不低于 5 ℃。

10.1.4　质量控制

(1)骨架和罩面板材质、品种、规格、式样应符合设计要求和施工规范的规定。人造板、黏结剂必须有游离甲醛含量或游离甲醛释放量及苯含量检测报告。

(2)骨架必须安装牢固,无松动,位置准确。

(3)罩面板无脱层、翘曲、折裂、缺棱掉角等缺陷,安装必须牢固。

(4)施工时要保证骨架的固定间距、位置和连接方法应符合设计和规范要求,防止因节点构造不合理造成骨架变形。

(5)安装罩面板前要检查龙骨的平整度,挑选厚度一致的石膏板,避免罩面板不平。

(6)门窗口排板应用刀把形板材安装,防止门窗口上角出现裂缝。

(7)轻钢骨架隔墙施工时应选择合理的节点构造和材质好的石膏板。嵌缝腻子选用变形小的原料配制,操作时认真清理缝内杂物,腻子填塞适当,接缝带粘贴后放置一段时间,待水分蒸发后,再刮腻子将接缝带压住,并把接缝板面找平,防止板缝开裂。

(8)轻钢龙骨隔墙与顶棚及其他墙体的交接处应采取防开裂措施。

(9)隔墙周边应留 3 mm 的空隙,做打胶或柔性材料填塞处理,可避免因温度和湿度影响造成墙边变形裂缝。

(10)超长的墙体(超过 12 m)受温度和湿度的影响比较大,应按照设计要求设置变形缝,防止墙体变形和裂缝。

10.2　裱糊与软包工程施工

10.2.1　裱糊工程

裱糊工程就是在墙面、顶棚表面用黏结材料把塑料壁纸、复合壁纸、墙布和绸缎等薄型柔性材料粘到上面，形成装饰效果的工艺。

10.2.1.1　主要材料

108 胶、修补用腻子、玻璃网格布、胶黏剂、壁纸。各种壁纸、墙布的质量应符合设计要求的相应国家标准。

10.2.1.2　施工工艺

施工工艺流程为：基层处理→吊直、套方、找规矩、弹线→计算用料、裁纸→刷胶→裱贴→修整。

1. 基层处理

（1）混凝土及抹灰基层处理。裱糊壁纸的基层是混凝土面，抹灰面（如水泥砂浆、水泥混合砂浆、石灰砂浆等）要满刮腻子再打磨砂纸。但有的混凝土面，抹灰面有气孔、麻点、凹凸不平时，为了保证质量，应增加满刮腻子和磨砂纸遍数。刮腻子时，将混凝土或抹灰面清洁干净，使用胶皮刮板满刮一遍。待腻子干固后，打磨砂纸并扫净。处理好的底层应该平整光滑，阴阳角线通畅、顺直，无裂痕、崩角，无砂眼、麻点。

（2）不同基层相接处的处理。不同基层材料的相接处，如石膏板与木夹板、水泥板或抹灰基面与木夹板、水泥基面与石膏板之间的对缝，应用棉纸带或穿孔纸带粘贴封口，以防止裱糊后的壁纸面层被拉裂撕开。

（3）为了防止壁纸受潮脱胶，一般对要裱糊塑料壁纸壁布、纸基塑料壁纸、金属壁纸的墙面，涂刷防潮底漆。

2. 吊直、套方、找规矩、弹线

（1）顶棚。首先应将顶棚的对称中心线通过吊直、套方、找规矩的办法弹出中心线，以便从中间向两边对称控制。墙顶交接处的处理原则是：凡有挂镜线的，按挂镜线弹线，没有挂镜线，则按设计要求弹线。

（2）墙面：首先将房间四角的阴阳角通过吊垂直、套方、找规矩，并确定从哪个阴角开始按照壁纸尺寸进行分块弹线控制（习惯做法是进门左阴角处开始铺贴第一张），有挂镜线的，按挂镜线弹线，没有挂镜线的，按设计要求弹线控制。

3. 计算用料、裁纸

按基层实际尺寸进行测量并计算所需用量。并在每边增加 2 ~ 3 cm 作为裁纸量。

裁剪在工作台上进行。对有图案的材料，无论顶棚还是墙面，均应从粘贴的第一张开始对花，墙面从上部开始。边裁边编号，一边按顺序粘贴。

对于对花墙纸，为减少浪费，应事先计算，如一间房需要 5 卷纸，则用 5 卷纸同时展开裁剪，可大大减少壁纸的浪费。

4. 刷胶

现在的壁纸一般质量比较好,所以不必润水。在进行施工前将2~3块壁纸进行刷胶,使壁纸起到湿润、软化的作用,塑料纸基背面和墙面都应涂刷胶黏剂,刷胶应厚薄均匀,从刷胶到最后上墙的时间一般控制在5~7 min。

5. 裱贴

(1)吊顶裱贴。在吊顶面上标贴壁纸,第一段通常要贴近主窗,与墙壁平行。长度过短时(小于2 m),则可跟窗户成直角。在裱糊第一段前,要先弹出一条直线。裁纸、浸水、刷胶后,将整条壁纸反复折叠。然后一卷未开封的壁纸卷或长刷撑起折叠好的一段壁纸,并将边缘靠齐弹线,用排笔铺平一段,再展开下折的端头部分,并将边缘靠齐弹线,用排笔铺平一段,再展开弹线铺平,直到整截贴好为止,如图10-6所示。剪齐两端多余部分,如有必要,应将墙顶线和墙角修剪整齐。

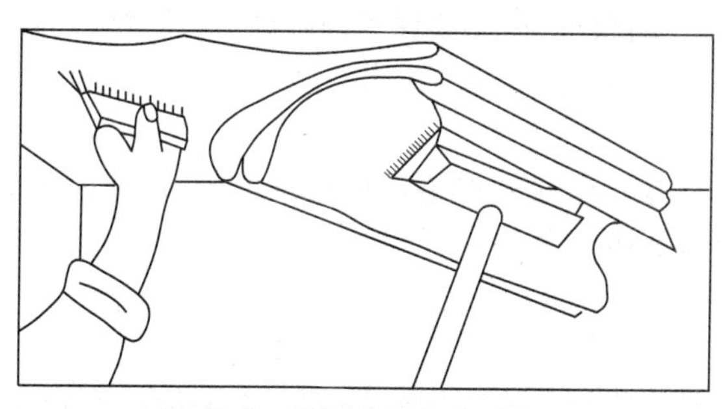

图10-6 吊顶裱贴方法示意

(2)墙面裱贴。裱贴壁纸时,首先要垂直,而后对花纹拼缝,再用刮板用力抹压平整。原则是先垂直后水平面,先细部后大面。贴垂直面时,先上后下;贴水平面时先高后低。裱贴壁纸时,注意在阳角处不能拼缝,阴角边壁纸搭缝时,应先抹贴压在里面的转角壁纸,再粘贴非转角的正常壁纸。搭接面应根据阴角垂直度而定,搭接宽度一般为2~3 cm,并且要保持垂直无毛边。

6. 修整

裱糊后认真检查是否有空鼓不实之处,接梯是否平顺,墙面有无翘边翘角、气泡、皱褶及胶痕,发现问题及时修整。

10.2.1.3 质量检查、验收与成品保护

1. 质量检查、验收

(1)壁纸、墙布的种类、规格、图案、颜色和燃烧性能等级必须符合设计要求及国家现行的有关规定。

(2)裱糊工程基层处理质量应符合要求。

(3)裱糊后各幅拼接应横平竖直,拼接处花纹、图案应吻合,不离缝、不搭接、不显拼缝。

(4)壁纸、墙布应粘贴牢固,不得有漏贴、补贴、脱层、空鼓和翘边。

(5)裱糊后的壁纸,墙布表面应平整,色泽应一致,不得有波纹起伏、气泡、裂痕、皱褶及污斑,斜视时应无胶痕。

(6)复合压花壁纸的压痕及发泡壁纸的发泡应无损伤。

(7)壁纸、墙布与各种装饰线、设备线盒应交接严密。

(8)壁纸、墙布边缘应平直整齐,不得有纸毛、飞刺。

(9)壁纸、墙布阴角处搭接应顺光,阳角处应无接缝。

2. 成品保护

(1)壁纸、墙布、锦缎修饰面与裱糊完的房间应及时清理干净,不准做临时料房或休息室避免污染和损坏,并应设专人负责管理,如及时锁门、定期通风换气、排气等。

(2)在整个墙面装饰工程裱糊施工过程中,严禁非操作人员触摸成品。

(3)暖通、电气、上下水管工程裱糊施工过程中,操作者应注意保护墙面,严防污染和损坏成品。

(4)严禁在已裱糊完墙布、锦缎的房间内剔眼、打洞。若纯属设计变更所致,也应采取可靠有效的措施,施工时要仔细,小心保护,施工后要及时认真修补,以保证成品完整。

(5)二次补油漆,涂浆及地面磨石、花岗石清理时,要注意保护好成品,防止污染、碰撞与损坏墙面。

(6)墙面裱糊时,各道工序必须严格按照规格施工,操作时要做到干净利落,边缝要切割整齐到位。胶痕迹要擦干净。

10.2.2 软包工程

软包饰面是将以纺织物与海绵复合而成的软包布粘贴,固定在墙体基面上的装饰做法。软包饰面构造如图10-7所示。

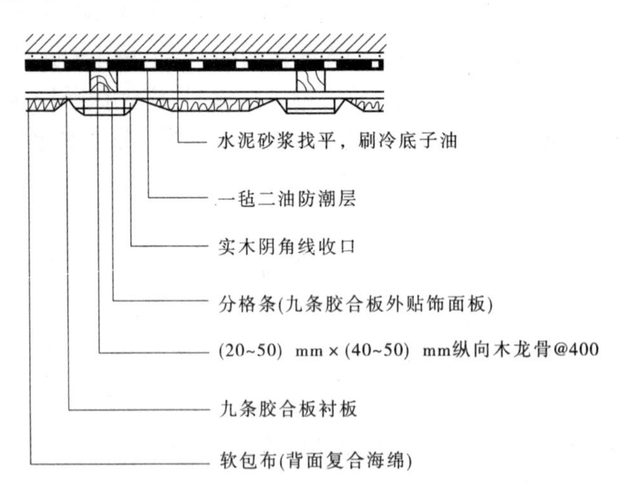

图10-7 软包饰面构造

10.2.2.1 施工工艺

施工工艺流程为:基层处理→吊直、套方、找规矩、弹线→计算用料,套裁面料→木龙骨及墙体安装→固定面料→安装贴脸或装饰边线,刷镶边油漆→修整软包墙面。

(1)基层处理。人造革软包要求基层牢固,构造合理。防潮通常的做法是,采用1∶3的水泥砂浆抹灰做至20 mm,然后刷涂冷底子油一道并做一毡二油防潮层。

（2）吊直、套方、找规矩、弹线。根据设计要求，把该房间需要软包墙面的装饰尺寸、造型等通过吊直、套方、找规矩、弹线等工序，把实际尺寸与造型落实到墙面上。

（3）计算用料，套裁面料。按照设计要求进行用料计算、面料套裁工作，要注意同一房间统一图案，且必须用同一材料。

（4）木龙骨及墙体安装。当在建筑墙、柱面做皮革或人造革装饰时，应采取墙筋木龙骨，钉在墙、柱体的预埋木砖或预埋的木楔上。

（5）固定面料。皮革和人造革饰面的铺钉方法，主要有成卷铺装和分块固定两种形式。

（6）安装贴脸或装饰边线，刷镶边油漆。根据设计选定和加工好贴脸或装饰边线，按设计要求把油漆刷好（达到交活条件），便可进行装饰板安装边线，最后涂刷边油漆成活。

（7）修整软包墙面。软包墙面施工完毕，进行除尘清理，钉粘保护膜，如果有胶痕，要进行处理。

10.2.2.2　质量检查及验收

（1）软包的面料、内衬材料及边框的材质、颜色、图案、燃烧性能等级和木材的含水率应符合设计要求及国家现行标准的有关规定。

（2）软包工程的安装位置及构造做法应符合设计要求。

（3）软包工程的龙骨、衬板、边框应安装牢固，无翘曲，拼缝应平直。

（4）单块软包面料不应有接缝，四周应绷压严密。

（5）软包工程表面应平整、洁净，无凹凸不平及皱褶；图案应清晰、无色差，整体应协调美观。

（6）软包边框应平整、顺直，接缝吻合。其表面涂饰质量应符合相关规定。

（7）软包工程安装的允许偏差和检测方法应符合相关规定。

10.3　细部装饰工程施工

10.3.1　橱柜制作与安装

（1）选料与配料。

根据图纸要求的规格、结构、式样、材种列出所需木方料及人造木板等材料。配坯料时，应先配长料、宽料，后配短料；先配大料，后配小料；先配主料，后配次料。

（2）刨料与画线。

刨料应顺木纹方向，先刨大面，再刨小面，相邻的面形成90°角。画线前应认真看图纸，根据纹理、色调、节疤等因素确定其内外面。

（3）榫槽。

无专用机械设备时，选择合适榫眼的杠凿，采用“大凿通”的方法手工凿眼。

榫的种类有多种样式，根据设计要求进行配制。榫头与榫眼配合时，榫眼长度比榫头短1 mm左右，不过紧又不过松。

（4）组（拼）装。

橱柜组(拼)装前,应将所有的结构件用细刨刨光,按顺序逐件依次装配。

(5)收边、饰面。

对外露端口用包边木条进行装饰收口,饰面板在大部位的材种应相同,纹理相似并通顺,色调相同无色差。

10.3.2 窗帘盒制作与安装

木窗帘盒分为明窗帘盒和暗窗帘盒两种。明窗帘盒用于室内标高矮,不做吊预装饰的房间;暗窗帘盒则适用于室内标高高,且为吊预装饰的房间。窗帘轨有单轨、双轨和三轨三种形式,窗帘在轨道上的移动又有手拉和电动拉两种。图 10-8 所示为常用的单轨明、暗窗帘盒节点构造。

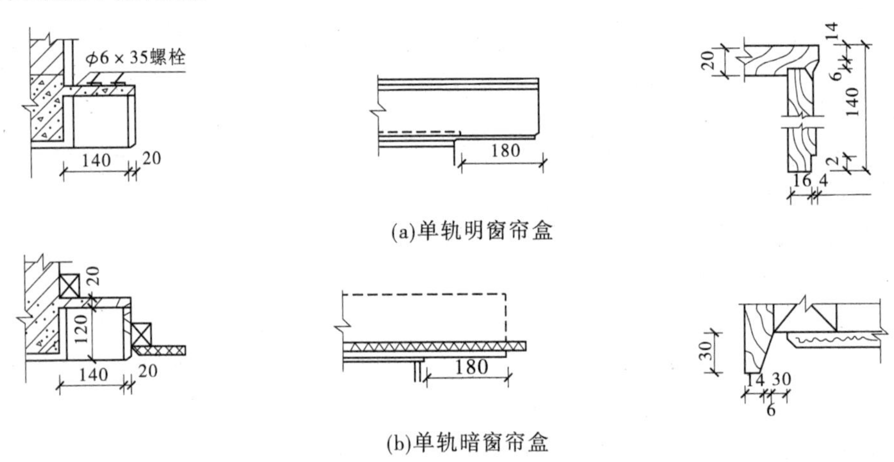

图 10-8　暗窗帘盒节点构造

10.3.2.1　木窗帘盒制作

木窗帘盒制作要根据施工图或标准图的要求,进行选料、配料,先加工成半成品,再细致加工成型。在加工时,多层胶合板按设计施工图要求下料,细刨净面。需要起线时,多采用粘贴木线的方法。线条要光滑顺直、深浅一致,线型要清秀。组装时,先抹胶,再用钉条钉牢。将溢胶及时擦净。不得有明榫,不得露钉帽。

结构固化后可修正砂光。用 0 号砂纸打磨掉毛刺、棱角、立梯。注意不可逆木纹方向砂光。

10.3.2.2　木窗帘盒安装

暗装窗帘盒的窗帘轨可以后装,明装窗帘盒应先装窗帘轨。

1. 暗装窗帘盒安装

(1)暗装内藏式窗帘盒需要在吊顶施工时一并做好。其主要形式是在窗顶部位的吊顶处做出一条凹槽,以便在此安装窗帘导轨,如图 10-9 所示。

(2)暗装外接式窗帘盒是在平面吊顶上做出一条通贯墙面长度的遮挡板,窗帘就装在吊顶平面上,如图 10-10 所示。由于施工质量难以控制,目前较少采用。

2. 明装窗帘盒安装

明装窗帘盒以木材占多数,也有用塑料、铝合金的。明装窗帘盒一般用木楔铁钉或膨

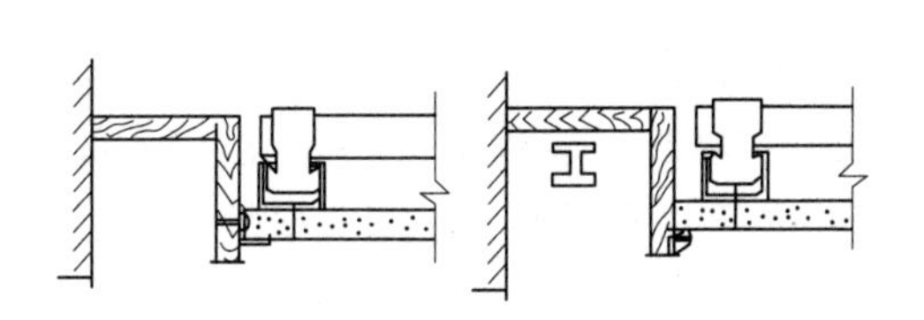

图10-9　暗装内藏式窗帘盒的固定

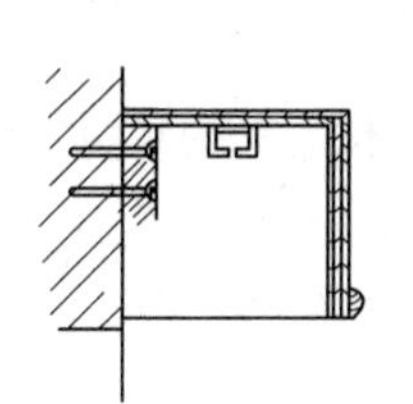

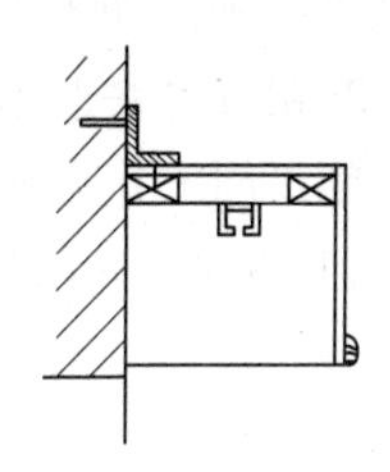

图10-10　暗装外接式窗帘盒的固定

胀螺栓固定于墙面上，其安装要点如下：

(1)定位画线。将施工图中窗帘盒的具体位置画在墙面上，用木螺钉把两个铁脚固定于窗帘盒顶面的两端。按窗帘盒的定位位置和两个铁脚的间距，画出墙面固定铁脚的孔位。

(2)打孔。用冲击钻在墙面画线位置打孔，如用M6膨胀螺钉固定窗帘盒，需用ϕ8.5冲击孔头，孔深大于40 mm。如用木楔配木螺钉固定，其打孔直径必须大于ϕ18，孔深大于50 mm。

(3)固定窗帘盒。固定窗帘盒的常用方法是膨胀螺栓或木楔配木螺钉固定法。膨胀螺栓是将连接于窗帘盒上面的铁脚固定在墙面上，而铁脚又用木螺钉连接在窗帘盒的木结构上。

一般情况下，塑料窗帘盒、铝合金窗帘盒自身都具有固定耳，可通过固定耳将窗帘盒用膨胀螺栓或木螺钉固定于墙面。

10.3.3　门套制作与安装

木质门套主要由筒子板、贴脸板和门墩子板等组成。木质窗套主要由筒子板、贴脸板和窗台板等组成，如图10-11所示。

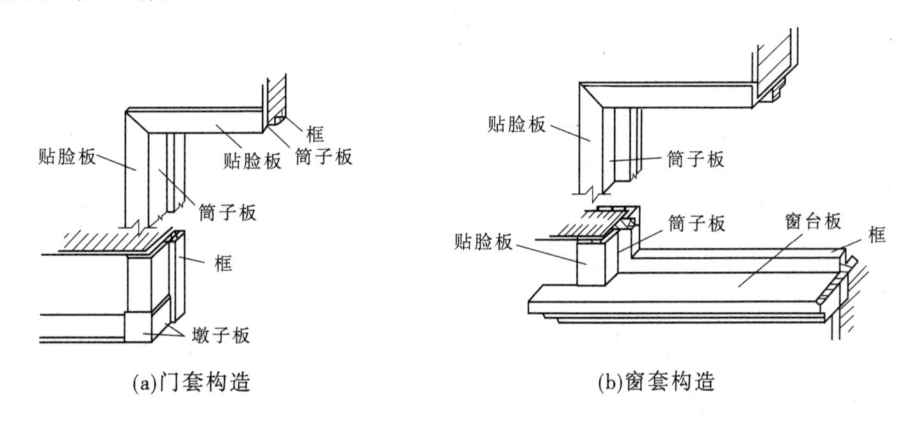

(a)门套构造　(b)窗套构造

图10-11　门窗套构造示意图

10.3.3.1　筒子板制作与装订

1. 检查门窗洞口及埋件

检查门窗洞口尺寸是否符合要求，是否垂直方正。预埋木砖或连接铁件是否齐全，位

置是否准确。如果发现问题,必须修理或校正。

2. 制作与安装木龙骨

施工时一定要确保木龙骨的尺寸、数量和位置准确无误。

(1)根据门窗洞口实际尺寸,先用木方制成龙骨架,一般骨架分三片:洞口上部一片,两侧各一片。一般每片为两根立杆,当木筒子板宽度大于 500 mm 需要拼缝时,中间适当增加立杆。

(2)横撑间距根据木筒子板厚度决定:当面板厚度为 10 mm 时,横撑间距不大于 400 mm;当面板厚度为 5 mm 时,横撑间距不大于 300 mm。横撑位置必须与预埋件位置相对应。安装龙骨架一般先上端后两侧,洞口上部骨架应与预埋螺栓或铅丝拧紧。

(3)龙骨架表面刨光,其他三面刷防腐剂(氟化钠)。为了防潮,龙骨架与墙之间应干铺油毡一层。龙骨架必须平整牢固,为安装面板打好基础。

10.3.3.2 木贴脸板制作与装钉

1. 木贴脸板制作

(1)检查配料的规格、质量和数量,符合要求后,先用粗刨刮一遍,再用细刨刨光;先刨大面,后刨小面;刨面须平直、光滑;背面打凹槽。

(2)用线刨顺木纹起线,线条要深浅一致,清晰、美观。

(3)如果做圆贴脸时,必须先套出样板,然后根据样板画线刮料。

2. 木贴脸板装钉

(1)在门窗框安装完毕及墙面做好后即可装钉木贴脸板。

(2)贴脸板距门窗口边 15 ~ 20 mm。当贴脸板的宽度大于 80 mm 时,其接头应做暗榫;其四周与抹灰墙面须接触严密,搭盖墙的宽度一般为 20 mm,不应少于 10 mm。

(3)装钉贴脸板时,一般是先钉横向的,后钉竖向的。先量出横向贴脸板所需的长度,两端锯成 45°(割角),紧贴在框的上槛上,其两端伸出的长度应一致。将钉帽砸扁,顺木纹冲入板表面 1 ~ 3 mm,钉子的长度宜为板厚的 2 倍,钉距不大于 500 mm。接着量出竖向贴脸板长度,钉在边框上。

(4)贴脸板下部宜设贴脸墩,贴脸墩要稍厚于踢脚板。不设贴脸墩时,贴脸板的厚度不能小于踢脚板的厚度,以免踢脚板冒出而影响美观。

(5)横竖贴脸板的线条要对正,割角应准确平整、对缝严密、安装牢固。

10.3.4 护栏和扶手安装工程

凡以板状构件作为阻挡设施的称为栏板;以垂直杆件作为阻挡设施的称为栏杆,其外形如图 10-12 所示。

10.3.4.1 石材栏板安装

根据装饰设计图和实测尺寸绘制内外侧面展开图,并将栏板石材进行合理分格。一般分格宽度不宜大于 1 000 mm,并应考虑所选用石材品种大板的规格尺寸。外侧栏板最好先不切割成斜边,以便在施工时可方便支撑在支撑木上,上端最好也适当留出余量,以便施工时可以拼对花纹和调整尺寸。最后统一弹线现场切割。

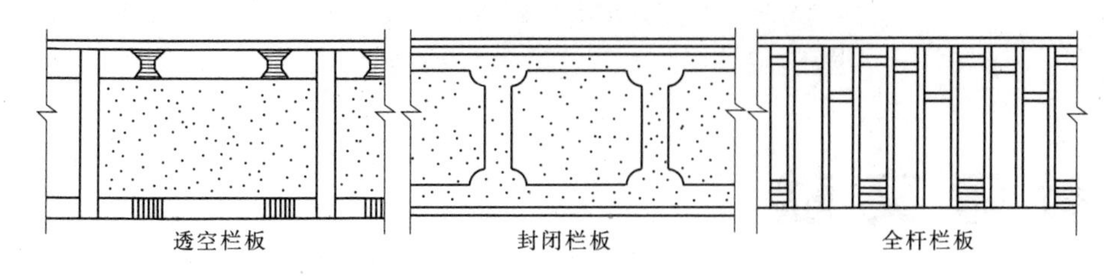

图10-12　栏板和栏杆的外形

10.3.4.2　**石材扶手安装**

石材楼梯或柱杆扶手现在仅在少数豪华宾馆内使用,采用较多的是圆形断面,这主要取决于石材加工的方便。材料以雪花白大理石为多,因为白色更容易与其他颜色相配,加工后的大理石扶手细腻光滑,更显豪华。由于加工机械能力的限制,现在只能加工直线形和圆弧曲线形的扶手,还不能加工螺旋曲线形的扶手。所以,在旋转曲线楼梯中,还只能用圆弧曲线形扶手近似替代螺旋曲线形扶手,相当于平面几何中用多边形来近似替代圆形。应当注意的是,圆弧曲线形扶手的分段尺寸不宜太大,否则在安装时扶手会出现明显的死弯硬角。扶手立柱支点的排列要均匀美观,其间距的大小也和石材扶手的直径有关。在旋转曲线楼梯,内外圈栏板(杆)和扶手要分别绘制出内外立面展开图,才能确定扶手等石材的安装定位尺寸。实际订货时,对于起始和拐折处需现场加工拼接处的扶手的石料长度要留出足够的余量。

参考文献

[1] 中华人民共和国建设部. 屋面工程质量验收规范:GB 50207—2012[S]. 北京:中国建筑工业出版社,2012.

[2] 中华人民共和国建设部. 地下防水工程施工质量验收规范:GB 50208—2002[S]. 北京:中国建筑工业出版社,2002.

[3] 建筑施工手册编写组. 建筑施工手册[M]. 北京:中国建筑工业出版社,2003.

[4] 中华人民共和国建设部. 建筑装饰装修工程质量验收规范:GB 50210—2001 [S]. 北京:中国建筑工业出版社,2002.

[5] 中华人民共和国建设部. 住宅装饰装修施工规范:GB 50327—2001[S] 北京:中国建筑工业出版社,2001.

[6] 王作成,郭宏伟. 建筑工程质量与安全管理[M]. 北京:中国建筑工业出版社,2015.

[7] 李媛. 建筑施工技术[M]. 西安:西安电子科技大学出版社,2013.

[8] 姚谨英. 建筑施工技术[M]. 北京:中国建筑工业出版社,2007.

[9] 薛莉敏. 建筑屋面与地下工程防水施工技术[M]. 北京:机械工业出版社,2004.

[10] 王朝熙. 建筑装饰装修施工工艺标准手册[M]. 北京:中国建筑工业出版社,2005.

[11] 王军. 建筑装饰工程质量缺陷分析及处理[M]. 北京:机械工业出版社,2005.

[12] 王军. 建筑装饰施工技术[M]. 北京:北京大学出版社,2014.

[13] 李继业,邱秀梅. 建筑装饰施工技术:2 版[M]. 北京:化学工业出版社,2011.

[14] 付成喜,等. 建筑装饰施工技术与组织:2 版[M]. 北京:电子工业出版社,2011.

[15] 吴之昕. 建筑装饰工长手册:2 版[M]. 北京:中国建筑工业出版社,2005.